U0159994

数字建造与生态发展

《数字建造与生态发展》编委会　编著

中国建筑工业出版社

图书在版编目（CIP）数据

数字建造与生态发展 /《数字建造与生态发展》编
委会编著. — 北京：中国建筑工业出版社，2023.3
ISBN 978-7-112-28365-1

Ⅰ. ①数… Ⅱ. ①数… Ⅲ. ①数字技术－应用－建筑
工程 Ⅳ. ①TU-39

中国国家版本馆 CIP 数据核字（2023）第 019627 号

责任编辑：刘颖超　杨　允　李静伟
责任校对：张辰双

数字建造与生态发展
《数字建造与生态发展》编委会　编著
*
中国建筑工业出版社出版、发行（北京海淀三里河路9号）
各地新华书店、建筑书店经销
北京红光制版公司制版
河北鹏润印刷有限公司印刷
*
开本：787 毫米×1092 毫米　1/16　印张：21¾　字数：540 千字
2023 年 3 月第一版　2023 年 3 月第一次印刷
定价：**100.00** 元
ISBN 978-7-112-28365-1
（40772）

编　委　会

3

主 编 单 位：中交第一航务工程局有限公司
　　　　　　中国交通信息科技集团有限公司
　　　　　　住房和城乡建设部科技与产业化发展中心
副主编单位：交通运输部规划研究院
　　　　　　中国联合网络通信有限公司天津市分公司
　　　　　　中交水运规划设计院有限公司
　　　　　　中交路桥建设有限公司
参 编 单 位：中国基本建设优化研究会
　　　　　　中国疏浚协会
　　　　　　天津大学
　　　　　　南京水利科学研究院
　　　　　　河海大学
　　　　　　中国海洋大学
　　　　　　交通运输部北海航海保障中心青岛通信中心
　　　　　　中交第一公路勘察设计研究院有限公司
　　　　　　中交第一航务工程勘察设计院有限公司
　　　　　　中交第三公路工程局有限公司
　　　　　　中国建筑一局（集团）有限公司
　　　　　　上海华测导航技术股份有限公司
　　　　　　宁夏大学
　　　　　　大连海事大学
　　　　　　山东省青年科学家协会
　　　　　　浪潮电子信息产业股份有限公司
　　　　　　中铁四局集团有限公司
　　　　　　天津市软件行业协会
　　　　　　山东省工程师协会
　　　　　　交通运输网络安全技术行业研发中心
　　　　　　天津市建筑设计研究院有限公司
　　　　　　安徽天恩信息科技有限公司
　　　　　　中交一公局集团有限公司
　　　　　　中交第二航务工程局有限公司
　　　　　　中交一航局安装工程有限公司
　　　　　　广联达科技股份有限公司
　　　　　　青岛理工大学
　　　　　　中交一航局第二工程有限公司

江苏东交智控科技集团股份有限公司
河北工程大学
中交一航局城市交通工程有限公司
筑讯（北京）科技有限公司
浙江小塔塔慧信息技术有限公司
青岛一瞬网络科技有限公司
北京道亨软件股份有限公司
江苏加信智慧大数据研究院有限公司
青岛中航工程试验检测有限公司
山东省建筑企业外出施工联络服务站
鄂尔多斯市城市建设档案馆
中交天津航道局有限公司
中交天津港湾工程研究院有限公司
合肥中科深谷科技发展有限公司
天津中怡建筑规划设计有限公司
中交一航局城市建设工程（河南）有限责任公司
安徽数智建造研究院有限公司
中交一航局第三工程有限公司
中交河海工程有限公司
青岛市青年科学家协会
重庆普斯克科技有限公司
中交武汉智行国际工程咨询有限公司
中交一航局第一工程有限公司
中交一航局第五工程有限公司
中交一航局第四工程有限公司
中交天津港湾工程设计院有限公司
深圳海清智元科技股份有限公司
青岛华正信息技术股份有限公司
金富瑞（北京）科技有限公司
深信服科技股份有限公司
三六零数字安全科技集团有限公司
中铁通信信号勘测设计院有限公司
北京蓝象标准咨询服务有限公司
中交一航局生态工程有限公司

前　言

随着产业结构的加速重构，5G、人工智能等新技术、新业态、新平台蓬勃兴起，万物互联、跨界融合越来越成为推动生产方式、组织运行方式重塑变革的关键力量。

面对新一代信息技术的高速发展和激烈的竞争环境，建筑行业数字化转型正如火如荼的开展，行业内"嗅觉"敏感的企业都在加速推进数字建造、智能化施工研发和实施。

数字建造聚焦于价值和效率，落地实施需要在数字化融合人才、数字化基础设施、数字化业务融合等方面体系化发展，秉承"开放、协同、创新"的理念，搭建资源共享合作平台，形成数字建造生态圈，发挥整体合力，才能加速发展。

为持续提速数字建造实施落地，促进行业数字建造技术水平整体提升，由中交第一航务工程局有限公司发起倡议，中国交通信息科技集团有限公司、住房和城乡建设部科技与产业化发展中心联合牵头，组织和筛选国内交通、建筑、水利、铁路、港口和数字化等专业领域的专家组成编写组，编制内容方面以案例、场景、标准、实施方式和效果等为主，《数字建造与生态发展》（以下简称"本书"）收集了百余项优秀案例和先进技术指导工程应用实施。

在全体编写成员的共同努力下，本书从策划到编写完成，历时近 18 个月，经过精密筹划、调研研究和精心编制，集合建筑行业数字化建造应用领域的技术成果和实践经验，召开了 20 余次会议讨论和研究，完成了超过百余家企业的意见征集和完善提升，并得到了国家重点研发计划 2020YFE0201200 的支持，圆满完成了本书的编写任务。

本书可较好地为数字建造体系建设、数字建造基础设施建设、新兴技术赋能数字建造、数字建造应用场景及价值挖掘、数字建造与生态发展提供参考。

同时，在数字建造生态建设上，汇聚了来自于相关部委所属单位、行业协会、高等院校、科研院所、建筑央企、科技和数字化等企业的 200 余位专家参加编写，形成了数字建造的研发和实施生态圈，不仅支撑了本书的高质量编写，同时形成了后期持续研发、技术支持和服务保障的团队，对推动数字建造持续发展具有重要的应用和指导意义。

目　　录

1 数字建造与生态发展综述

1.1 发展背景

全球化经济放缓，传统产业面临需求乏力、竞争过度、产能过剩问题，经济已由高速增长转至低速、高质量发展阶段，数字经济成为大变局下的可持续发展新动能。数字经济发展既是对信息化的迎合和推动，也是促进经济转型升级和持续发展的内生力。以新一代信息技术为核心的新一轮科技革命和产业变革加速兴起，整体呈现出"变革局、高技术、强产业、优政策、新经济"五大趋势特征，推动工业经济向数字经济加速转型过渡，为我国强国建设带来重大历史机遇。近年来，我国数字经济规模占 GDP 的比重持续攀升，数字经济成为经济增长的核心要素和企业竞争的关键领域，是我国实现"变道超车"的关键举措，我国经济正在向以新基建为战略基础、以数据为生产要素、以产业互联网为赋能载体的新经济迈进。

新基建全称是"新型基础设施建设"，是指智慧经济时代贯彻新发展理念，吸收新科技革命成果，实现国家生态化、数字化、智能化、高速化、新旧动能转换与经济结构对称态，建立现代化经济体系的国家基本建设与基础设施建设。新基建主要包括信息基础设施、融合基础设施和创新基础设施三大类，涵盖 5G、人工智能、大数据中心、工业互联网、特高压、新能源汽车充电桩、城际高速铁路和城市轨道交通八个领域。

党和国家高度重视数字经济和产业数字化发展。2022 年 1 月 16 日出版的第 2 期《求是》杂志发表了习近平总书记的重要文章《不断做强做优做大我国数字经济》，强调要充分发挥海量数据和丰富应用场景优势，促进数字技术与实体经济深度融合，赋能传统产业转型升级，催生新产业新业态新模式。2021 年 12 月国资委发布了《国有企业数字化转型行动计划》，指出要加速促进数字技术与实体经济深度融合，特别在建筑企业数字化转型方面，要求加快推进智能建造与建筑工业化协同发展，有效提高人均劳动效能，打造"中国建造"升级版。

随着我国经济进入增速放缓、提质增效、业务转型的新发展阶段，高速城镇化已进入尾声，建筑业正由工程单一业态向投资、勘察设计、工程施工、运营维护产业链融合转型，推动新型城镇化、装配式建筑和建筑智能化，催生新产业、新业态、新模式，将成为建筑行业现代化发展的重点方向。未来行业将逐渐改变依靠规模扩张和资源消耗的传统路径，加大供给侧结构性改革，实现由规模速度型发展向质量效益型发展的转变，由依赖资源要素投入和大规模投资拉动向数据贯通驱动转变。目前，我国建筑业仍处于高环境负荷下的低质量供给，行业标准化程度较低、业务协作和产业链协同管理较为粗放，以及资源配置效率不高、大数据应用发展缓慢等现状，使得整个行业工业化和数字化程度都明显落后于其他行业。聚焦行业业务特性，建筑类企业面临利润空间收窄、运营效率不高、核心

1

优势不强、创新能力不足等问题，迫切需要通过加快推动智能建造与建筑工业化协同发展，集成新一代信息技术，形成数字建造产业体系，走出内涵集约式高质量发展新道路，更好地适应国家政策要求和市场形势需要，保持强劲的市场竞争力。

国家层面针对加快推进数字化转型不断明确要求，出台支持政策，优化产业环境。习近平总书记多次强调指出，要推动互联网、大数据、人工智能同实体经济深度融合。党的二十大对加快建设网络强国、数字中国作出了重要部署。《国民经济和社会发展第十四个五年发展规划和 2035 年远景目标纲要》（以下简称《纲要》）单设篇章明确提出要加快数字化发展，以数字化转型整体驱动生产方式、生活方式和治理方式变革。《2022 年国务院政府工作报告》指出，过去一年，我国"传统产业数字化智能化改造加快，新兴产业保持良好发展势头"，今年要"促进产业数字化转型，发展智慧城市、数字乡村"。建造行业数字化转型也在国家政策的推动下逐步加深，2021 年 12 月，工业和信息化部等八部门联合印发《"十四五"智能制造发展规划》，提出依托产业集群等载体，构建虚实融合、知识驱动、动态优化、安全高效的智能生产模式，加快推动智能建造与建筑工业化协同发展，集成 5G、人工智能、物联网等新技术，形成涵盖科研、设计、生产加工、施工装配、运营维护等全产业链融合一体的智能建造产业体系。2020 年 7 月，住房和城乡建设部、国家发改委等 13 部门联合印发的《关于推动智能建造与建筑工业化协同发展的指导意见》指出，要以大力发展建筑工业化为载体，以数字化、智能化升级为动力，创新突破相关核心技术，加大智能建造在工程建设各环节应用，形成涵盖科研、设计、生产加工、施工装配、运营等全产业链融合一体的智能建造产业体系。从社会发展的智慧城市建设，到工程设计应用的 BIM 技术，再到项目审查的数字审图，国家数字化转型政策已经覆盖建筑行业的全产业链，《纲要》中也明确了工程建设未来新型工业化、信息化、绿色化等相关方向，对建筑工程领域智能化、数字化提出了更高要求。

大兴土木的时代已经过去，建筑行业的发展逻辑发生剧变，需要从过去传统粗放模式转变为高效率、低成本、可持续的新模式。数字经济是新兴技术和先进生产力的代表，通过数字技术的广泛应用实现两化融合，以及数据与智能化驱动变革与创新，推动工程项目全要素、全生命期闭环化管理，高效引导各类要素更加协同地向先进生产力集聚，建立与数字生产力相匹配的新型生产关系，是赋能建筑施工行业转型升级，催生新产业新业态新模式，实现高质量发展的必然选择。

1.2　数字建造的定义

数字建造技术是指系统性运用技术、管理和监测评测实现数字化技术的能力提升，达到工程建造的降本增效、高效作业和高品质管控效果，以平台操控、数据驱动和辅助智能决策为主要内容的技术，其本质是让数据成为生产力。因此，数字建造技术的简单表述就是，将数字化技术与工程技术、装备操控、项目管理和安全监测评测进行深度融合，实现"技术实施数字化（数字化施工技术）＋项目管理数字化（智慧工地主要侧重项目管理数字化）＋安全监测评测数字化（数字化监测监控）"。这也是首次明晰现阶段工程数字建造技术的本质定义和预期效果。

因此，数字建造与信息化有本质的区别，信息化是汇集运营数据，实现提升管理效能的重要手段，而数字化则是运营并持续优化数据实现，管理高效化、技术提升效益化和决策正确的重要手段，智能化则是创新体系和管控方法，实现企业品质化发展的重要手段。

1.3 发展现状

数字建造的发展目前仍处于较为初级的阶段。从行业层面看，仍处于百家争鸣的状态，软件、硬件产品种类繁多，但应用效果难以保证，大部分产品为边研发、边应用，在应用中优化产品。从应用层面看，各项应用普遍以应用点的形式存在，未能形成完整的应用体系，仍处于多点开花的状态，部分应用点如劳务实名系统、智能地磅系统等应用相对成熟，效果较为明显，但仍有大量应用点处于不断优化的过程中，现场应用的投入和应用效果难以匹配，且各应用点缺少统一的应用标准，各种平台产品杂而不精，在后续发展中，仍需不断完善。

就智慧工地而言，当前，我国建筑行业在该方面的探索与研究发展仍处于初级阶段，但随着粗放式项目管理不能满足企业发展需求、施工安全管理压力大等问题越发突出，国家层面陆续颁布了相应政策文件，也提出了"推动新型工业化、信息化、城镇化、农业现代化同步发展"的发展战略；地方各级政府管理部门也出台了相应的管理办法与指导意见，共同促进智慧工地信息化的发展和建设工程管理规范化、智慧化的新局面。

国内已有不少行业专家、学者、研究机构与公司开展了智慧工地的理论与技术研究，并进行了广泛的实践与推广应用。同时，已经出现了各种信息管理系统与配套设备，基本覆盖了项目安全、质量、进度、成本管理等多个方面，且在实际过程中得到了应用。但是，主要以单点、单项应用为主，尚未形成相对完善的集成应用与系统。

1.4 难点及痛点

目前，数字建造的发展仍然存在一些不成熟之处，其发展的难点和痛点主要可以归结为以下几方面。

（1）数据链互通难

围绕项目的数据，由于管理权限的分割，数据往往被集中在某一个阶段的主体，不能实现项目数据在投资、设计、施工、运维等全过程的自由流转，更不能实现基于数据的全产业链指导价值。通俗来讲，在使用者视角下，由于存在企业上级、业主、政府监管等多种信息化平台需要数据上报，而上述各系统或平台之间又无法实现互联互通。直接的结果就是数据填报者基于同一个数据填报多次，无形中增加了数字化应用的工作量。

（2）数字见效慢

目前建筑行业数字化仍处于单项应用向集成创新的过渡阶段，数字化投入大，但是却没有实现数字化的集约化效益，更无法赋能每一个具体岗位实现提效或省力，导致数字化推广阻力大。且存在对数字化价值不认可的普遍现象，建筑数字化成功案例少，无成熟的方法论和经验可循。

（3）数字化管理难

许多数字建造应用仍不能完全替代传统管理的工作，导致出现大量的重复工作，不仅未能实现项目管理减压，反而增加了项目管理难度。

（4）数字建造技术难

许多数字建造应用点仍存在技术上的难题，或者虽然理论上能够解决，但投入成本远大于应用效果的价值，在项目上难以真正发挥作用，例如，人员在结构物内的空间定位问题等。

（5）数据碎片化应用严重

当前数字化应用仍然处于百花齐放的阶段，数字化建设和应用缺乏顶层设计，各业务垂直数字化应用已基本覆盖，但是各单项应用之间缺乏互联互通，信息孤岛现象仍普遍存在。碎片化应用导致各应用之间数据不能实现数据同源，很难支撑基于数据的统一决策指导。

（6）数字建造应用缺少相对权威的标准

在具体应用上，缺少成熟的实施标准和成套的评价体系。

1.5 发展意义

数字建造与生态的发展是进一步提升建设工程施工管理水平的重要突破方向。对于基建板块而言，竞争日益激烈，对劳务、环境等的管控日益严格，如何用更短的工期，更低的成本，更优的质量赢得市场的认可是施工单位面临的挑战。在降本增效方面，数字建造通过先进的信息技术，在传统施工作业流程的基础上，可以大量减少对劳务的需求，达到省人、省钱的目的，同时也能减少人在施工作业中的不确定因素，提升施工标准化水平，降低人的风险，此外，总体来讲，设备的工作效率也要比人的作业效率高很多。在管理提升方面，数字建造利用先进的数据采集、综合分析等技术可以更好地实现数据决策，相比于传统的经验决策，会为管理提升带来质的飞越。此外，在数据爆炸的时代，各行各业的智能化水平均呈现飞跃式的发展，工程建造行业作为国家、社会发展的重要组成部分，在智能化、智慧化方面已经远远落后于多数行业，如果数字建造得不到快速发展，将成为智慧城市、数字地球发展的限制因素，因此，数字建造与生态的发展已是大势所趋，并且迫在眉睫。

1. 提高项目管理者工作效率

智慧工地将施工现场项目管理的五大核心要素进行数字化，体现了工地现场"数字孪生"的概念。项目管理者利用部署的智能感知设备对施工现场进行动态实时感知与监测，通过智慧工地系统平台计算分析的数据与结论，可以快速高效地进行施工现场的感知、判断与决策，并进行信息的共享与传递。应用智慧工地这种新型项目管理工具之后，大大提高了项目管理的监管、掌控力度，对项目管理工作效率是一个质的提升。

2. 打通企业信息化管理最后一公里

当前，建筑施工企业都在积极布局信息化建设，加快产业转型升级。企业通过信息化应用提升管理水平，实现精细化管理，数智升级迫在眉睫，而建筑工地作为建筑企业的基层一线组织单位，其管理理念直接决定了企业管理的高度。智慧工地可以作为建筑企业信息化网络的末端神经元，其采集捕获的项目管理信息，可以使企业跨越空间限制，实时掌握施工现场情况与项目管理动态，为企业管理提供实时的、真实的一手数据与资料，解决企业信息化管理最后一公里的问题。

3. 降低项目管理成本

智慧工地的建设与应用，通过信息化新技术、新设备，可以提高项目管理效率，减少管理人员投入；在施工安全、质量监测等方面的应用，通过平台与系统的 24 小时不间断实时监测，在安全质量隐患发生的第一时间进行告警与预警推送，可以极大程度降低安全质量隐患问题带来的项目损失，同时还能根据客观历史记录追本溯源。因此，管理费用的减少和项目损失的降低，均可以有效降低项目管理成本。

4. 提升企业与项目管理水平

智慧工地的建设与应用，打破了传统项目管理"空间"的限制，使项目各层级管理人员可以对施工现场进行远程、客观、真实地了解与感知；打破了传统项目管理"时间"的限制，一方面可以进行实时监控、动态预警，另一方面还可通过海量数据做到项目管理的历史回溯，进而分析项目管理过程中存在的问题，为企业与项目团队积累宝贵的管理经验。同时，智慧工地的应用还让项目管理发生了"扁平化管理"的转变，相对于传统等级式管理，其管理方式灵活，大大缩减了中间层级，使管理结构呈现扁平化，让最基层执行者拥有充分的自主权，也让高层管理者拥有了对基层执行者/管理人员最直接的监督和管理手段。因此，智慧工地的建设与应用可以大大提高企业与项目的管理水平。

5. 助力建筑业持续健康发展

建筑业未来发展的要求是节能环保、过程安全、精益建造、品质保证、价值创造；策略是绿色化、信息化、工业化。以节能环保为核心的绿色建造将改变传统的建造方式，以信息化融合工业化形成智慧建造是未来行业的发展方向。传统的建造模式终将被淘汰，而智慧工地正是实现绿色建造和智慧建造的正确途径和有效手段。在绿色建筑设计和绿色施工指标体系中，都有"通过科学管理和技术进步"的要求，实施智慧工地的核心就是提升"科学管理和技术水平"，实施智慧工地的过程也是实现绿色建造的过程。可促进建筑企业转型升级、提质增效，助力建筑业的持续健康发展。

6. 成为数字转型的重要抓手

建筑施工项目往往周期长、任务重、管理要素复杂、安全监管困难，传统的管理手段在实际过程中已暴露出不少问题，尤其是在信息数据的准确性、及时性、全面性方面，难以满足当前项目管理需要。当前，建设工程行业普遍存在高耗能、低效率、管理粗放化、信息不流畅等痛点。不仅影响了企业管理运营效率，利润率低下，还有安全监管漏洞、环境污染影响，制约着整个行业的发展。面对积弊已久的行业痛点，以及势不可挡的"新基建"浪潮，建筑企业的数字化转型成为必然选择，而智慧工地在转型过程中的重要地位亦日益凸显。智慧工地是一种崭新的工程现场一体化管理模式，是互联网＋与传统建筑行业的深度融合。通过运用信息化手段，围绕施工过程管理，建立互联协同、智能生产、科学管理的施工项目信息化生态圈，从而提高工程管理信息化水平，逐步实现绿色建造和生态建造。通过智慧工地，将更多人工智慧、传感技术、虚拟现实等高科技技术植入到建筑、机械、人员穿戴设施、场地进出关口等各类物体中，并且被普遍互联，形成"物联网"，再与"互联网"整合在一起，实现工程管理干系人与工程施工现场的整合。

1.6 目标及思路

1. 数字建造与生态的发展方向

随着劳动力短缺和用工成本增加的问题日益凸显，建筑行业向数字化发展已是大势所趋。现阶段的数字建造是利用先进的信息技术赋能传统的建设工程设计、建造过程，数字建造的目标是在保证产品质量的前提下，降低生产投入、提高生产效率、降低生产风险，同时，为项目无人化、少人化的智能运维提供数字化产品和配套的解决方案。

随着生产技术的不断升级，未来的数字建造或能颠覆当前的生产方式，比如，利用3D打印替代现有的建造生产过程，多种施工机器人的广泛应用等。此外，在城市高速发展的推动下，"城市大脑"需要变得越来越聪明，而数字建造是发展智慧城市的基础。

2. 数字建造与生态的基本框架

数字建造的基本框架（图1.6-1）大体可分为三层结构，自下而上分别为设施层、技术层、应用层。设施层主要包括数据采集设施、数据存储设施、数据运算设施、网络通信设施。技术层主要包括数据通信技术、数据处理技术、图形处理技术、业务处理技术四个方面。应用层主要是在设施层与技术层共同形成的解决方案和配套的软件产品。所有层次的内容均应制定统一的标准规范，并且保证数据安全。最终形成的产品面向建设工程全生命期、全产业链进行推广应用。

图 1.6-1　数字建造基本框架图

3. 数字建造与生态的发展模式

目前，数字建造的发展主要包括政府驱动、建设单位驱动、设计单位驱动和施工单位驱动四种模式，具体的推动手段均为结合具体项目的各方面因素，开展研发投入，并打造样板示范项目，通过数字建造应用点的标准化，连点成线、连线成面，逐步形成可复制、可推广的数字建造应用体系，使数字建造及其配套生态逐步成熟。

建设单位驱动的数字建造模式具有先天的优势，因为在建设单位驱动模式下，数字建造的应用可以通过合同得到保障，相应的资源投入也更加充足，配套的管理也更加规范。设计单位驱动的数字建造具有一定的倾向性，在 BIM 技术应用上推动力更强一些，而其他的数字建造应用推动力较弱。施工单位驱动的数字建造能够更好地将各项应用与生产实际相结合，在应用效果上，也能得到更直观的体现。由于现阶段的数字建造仍处于发展期，在应用过程中，并不能保证稳定的正收益，因此施工单位驱动模式往往存在动力不足的情况，但随着技术的不断成熟，数字建造收益越来越明显，这一问题将得到缓解。

通过企业搭建创新平台，利用业务技术优势，借助 IT 公司信息化优势，联合攻关研发，打造创新研发基地。依托信息化创新平台，开展信息化一体化管理，系统化梳理业务场景的标准工序。联合国内高校、科研院所、自动化操控公司及 IT 公司，将信息化、数字化融入生产业务，加速智慧工地、数字化技术与业务融合，培育优秀成果。同时开展数字化技术人才的培养，推进数字化专业人员 100％轮训，继续扩大分平台建设，加快培育"管理＋数字化、技术＋数字化"专业融合人才，加快研发"管理＋数字化、技术＋数字化"数字化创新成果。针对数字化研发过程中的"卡脖子"难题和专业培养时间长、产出难的问题，采用专业化人才引进，帮助企业快速提升数字建造和研发能力，同时注重与高校的人才合作，联合培养数字化专业的研究生，带着课题在高校进行研究，提前进入工作状态，能够更快更好地融入工作。打造全产业链的生态平台，以数智、数据为核心，汇集行业智慧，打造数智生态、凝聚数智智慧、培养和聚集数智人才、提供数智服务，达到国内先进的数字化技术发展水平。

2 数字建造体系建设

2.1 体系规划

数字建造体系是用数字化技术达到管理、技术、人员、业务等数据全面贯通和穿透，构建以客户为中心、以流程为驱动、以数据为资产、以平台为支撑的组织和生态，核心是激活行业内的数据要素流转，加速构建行业数据生态，颠覆组织形态及业务模式，加速构建连接行业的数据生态平台。数字建造体系主要包括数字化管理、产业数字化、数字产业化及数字化生态。

2.1.1 数字化管理

通过"数字技术＋管理创新"双轮驱动，构建工程建造的智慧大脑，保证项目卓越运营，实现工程项目智慧管理能力的持续提升。

智慧运营赋能项目精细化管理。在项目总体管控层面，以企业视角围绕企业监管、流程审批、上下穿透、评价考核、业务管理、业务标准，打通企业与项目的管理关系，优化各管理层级之间和管理层级内部的工作流程，汇总企业项目管理指标数据，提供从市场经营接口到后期管理的项目群全生命周期管理，提高企业项目监管水平。在项目施工层面，围绕项目进行全生命周期管理，以"全面提升项目管理品质"为目标，实现工序级别的量价双控以及从计划预控、过程管控到分析提升的管理闭合，实现施工项目从规划立项、初步设计、建设施工到竣工验收的全流程管理，满足项目的精细化管理需求。通过劳务管理、物资设备管理、物料计量、造价评估、工序检验、工艺改进、风险控制等多种类、多业务场景数字化应用的研发和使用，实现贯穿生产一线的数字化管控；基于对施工作业过程管控、资源配置、人员监测、设备状态等信息的采集、处理、分析，针对施工管理计划、合同、采购、结算等重要环节，做到事前费用预算、事中风险控制、过程动态监控、事后经济活动分析，并进行追踪控制，提高管理效率、规范标准作业。

数据资产赋能决策。依托以 BIM 为核心的信息技术形成支撑服务工程建管运的工程大数据平台，推动建筑工程从物理资产到数字资产的转变。围绕工程环境数据、工程产品数据、工程过程数据、工程要素数据进行数据的采集、存储、集成、共享、分析，借助大数据平台规模化效应将低价值密度的数据整合为高价值密度的信息资产，使工程建造由"经验驱动"向"数据驱动"转变，从数据中提取知识、预测未来，服务工程优化、风险控制、项目管理等，以行为数据分析实现对客户的全面理解，以大数据预测实现敏捷的服务能力，以数据的互联驱动开展个性化服务，逐步向以客户需求为主要驱动力的模式转变，支撑和快速响应业务变化和需求，支撑未来业务发展各类场景，从而创造数据资产价值和工程业务价值。

平台化赋能创新。将所有项目集成于同一平台，以支撑多复杂度、多建设类型、多承包模式项目的交付为核心，加强建筑工程项目的各设计方、管理方及施工方之间、项目之间、项目与企业运营之前的协同，充分实现信息数据资源的共享，实现设计施工协同、前后场管理联动和现场智慧化管控，打通产品交付价值链，驱动以万物互联、软件定义、平台支撑、智能发展为特点的智能创新应用。

2.1.2　产业数字化

构建数字化生产体系。通过数字技术实现设计、施工生产、设备装备、现场管理的智能化，提升工程各参建方及客户的体验感，提高劳动生产率，实现建造价值链中各利益相关者的价值增值，赋能现有业务转型升级。主要包括数字设计、数字施工、数字运维。

数字设计。以二维和三维协同设计平台、BIM＋GIS三维实景测绘、各专业BIM辅助设计系统为基础，通过标准化设计、参数化建模和各类数据要素的整合，强化BIM模型与构件族库建设，完善二维和三维协同设计的数据标准体系；通过总体协同设计平台，辅以各专业的设计系统，集成业主、设计团队、总包、分包、监理等全参与方，实现各专业高效、精确的数字化协同设计，提升数字设计与交付能力。以数据和算法驱动数字设计协作式发展，运用三维建模、面向对象设计等技术手段，打造数字设计平台。以BIM技术为核心对各工程生产要素进行模拟设计，支持从设计到施工、运维环节的数据归集、多方协作，前置后期施工、运维等环节产生的风险与问题，达到跨专业高效协同、岗位设计提效、成果质量提升、项目管理提升等目标，提升全产业链的整体效益。

数字施工。运用数字化技术和先进管理方法，依托三维设计平台对工程项目进行精益化施工，作为项目现场全要素数字化智能化管理的核心平台，围绕施工过程管理，进行施工全过程模拟，将管理活动、数据采集、智能装备等关键要素有机地连接在一起，实现少人化、无人化施工，推动项目生产工艺、生产组织、生产方式的变革，最终实现提高效率、降低消耗、提升品质、保障安全等目标。聚焦施工现场"人、机、料、法、环"五大生产要素，实现新一代信息技术与施工生产过程、施工管理过程的融合集成，并将此数据在虚拟现实环境下结合物联网采集到的工程信息进行数据挖掘分析，提供过程趋势预测及专家预案，实现作业现场全要素自动感知、实时分析和自适应优化决策。

数字运维。在数字化交付成果基础上，结合运营维护业务的特点，利用数字化资产系统和智能化管控系统，开展数字化运营和维护工作，通过基础设施IoT网络集成为一个互联互通、统一协调的系统，实现信息、资源、EBS的重组和共享，获取交付物的实时数据信息，进而任意角度地进行三维可视化展现，实现建筑数据系统分析、综合监视、运营协调、应急指挥等多服务一体化的能力。基于BIM技术的运维阶段协同管理，利用BIM与移动互联技术结合，在业务管理、数据服务、建筑维护决策等多方面全方位地提高运维管理的数字化、信息化水平，从而规范运维阶段业务流程实现运维管理标准化，同时实现数据有序归集，提供运维决策支持，并对数字资产提供有效管理。

2.1.3　数字产业化

基于数字化转型过程中形成的数字应用产品和数字技术能力，构建数字化交付体系或平台，贯通设计、施工、运维全过程，实现基于数字的产品和服务交付模式创新，以产业链供应链上下游为市场对象进行市场化成果转化，发现新的市场领域，创造新的商业模式，形成新的增长点和行业竞争优势。主要包括数字化施工产品、工程建设"数字化产品＋实体工程"双交付、"工程产品＋服务"的建造服务化及"BIM＋业务"新模式等。

数字化施工产品。基于在产业数字化转型过程中积累的能力，形成数字化施工产品，通过数字化产品服务化，赋能智慧工程、智慧城市、智慧流域、智慧电站、智慧水务等数字化工程，培育新的价值增长点，促进企业业务转型。

工程建设"数字化产品＋实体工程"双交付。以市场和客户为导向，围绕勘察设计、施工建造、运营服务产业链协同发展需要，全面整合智能化建造、数字化管控等相关系统平台和数据治理平台，构建数字化交付体系，提升传统建造产品智能生产和产品一体化交付能力，通过产品的数字化交付积累，逐步打造工程大数据中心。

通过"工程产品＋服务"推动建造服务化转型。通过数字化技术推动建筑业从产品建造向服务建造转型，通过"工程产品＋服务"的方式，在建造过程中增加建筑产品的数字化衍生服务，围绕"三场（市场、现场、内场）、三资（资源、资产、资本）、三链（价值链、产业链、供应链）"，创新驱动，打造网络互联、信息互通、资源共享、业务协同的数字化产品和服务。将建造工程进行数字化改造，提升工程参建各方的体验感，实现建造价值链中各利益相关者的价值增值，创造更多的新业务机会。

探索"BIM＋业务"新模式。一是BIM＋全过程咨询/EPC。结合EPC与全过程咨询的特点，BIM的优势在初期就可以体现，前期设计咨询工作的高度可视化与可衡量性，以及通过BIM技术构建孪生模型，能够极大地提升相关决策准确性、投资可控性与设施可运维性。二是BIM智慧运营。BIM贯穿项目立项、建筑设计、施工、竣工、运维等所有过程与参与方。BIM强大的信息整合能力可以大量附加区域信息和运营管理信息，为区域运营管理特别是涉及建筑物的运营维修提供强有力的依据，并且提供可视化的环境展示，使数据更为精确、直观地表达出现实情况。

2.1.4　数字化生态

构建互利共赢融合发展的数字建造产业链生态圈。通过数字建造驱动，依托建筑行业产业链，建立"工程建设命运共同体"，构建工程数字化生态圈，通过"平台＋生态"的模式，重构产业全要素、全过程和全参与方，把传统工程管理、传统基建融入信息化、数字化平台，推动工程设计、监造、储运、施工、调试、运营等各环节的无缝衔接、高效协同，推动产业链上下游企业间数据贯通、资源共享和业务协同，依托数字化、网络化、智能化形成新的生产力、竞争力，形成新设计、新建造和新运维，打造规模化数字创新体，带动关联建筑产业发展和催生建造服务新业态。

可以采取多种生态合作模式。以联合组织、联合研发、联合应用、联合运营多种方式充分连接内外部跨组织、跨业务、跨行业产业资源，推动产业链协同和产业聚集，培育基于企业特色的产业数字化和数字产业化生态模式，创新发展内外部产业联盟，实现产业链各环节的共建、共赢、共发展，推动建造体系数字化转型升级。

2.2   网络安全体系建设

数字建造核心是建筑企业数字化和企业新基建的建设过程，数字化过程中必然要建设数字支撑系统，形成大量企业电子数据。随着网络安全的边界和风险大幅扩散、放大，前所未知、前所未有的新威胁接踵而来。因而网络攻击成为危害数字建造稳定运行最大风险之一。

随着《网络安全法》《数据安全法》《个人信息保护法》以及等级保护等法律、标准及制度的颁发实施，网络安全体系建设工作应当与数字建造工作"同步规划、同步建设、同步使用"，最终达到保障数字建造的目的。

2.2.1   网络安全架构

建筑企业网络安全体系建设是一项复杂的系统性工程，尤其对于数字建造阶段的安全防护，必须深入保障数字化业务的各个方面，加强网络安全顶层设计规划，以体系化、工程化的模式建立新型网络安全防御体系，增强应对各类网络安全风险的能力。统一出口安全防护，通过网络安全架构实现整体网络安全能力的大幅提升，并在此基础上进行体系化的网络安全能力建设，逐步构建网络安全纵深防御体系，夯实网络安全基础。

网络安全保护架构应按照一个中心（安全管理中心）、三重防护（安全通信网络、安全区域边界、安全计算环境）综合设计，参考"实战化、体系化、常态化"和"动态防御、主动防御、纵深防御、精准防护、整体防控、联防联控"的"三化六防"原则建设。

建设 SD-WAN、MPLS-VPN、零信任为技术架构的海内外广域网架构。综合利用 SD-WAN、低轨宽带卫星等技术建设覆盖海外工作驻地，为海外工作驻地提供项目管理工具等统建系统接入服务。推进 MV 专线建设，逐步替代现有 MSTP 专线。推进 SM 专网建设，按照"SM 不上网、上网不 SM"的原则实施，确保系统和数据安全。

加速推进企业专业信息化支撑队伍平台建设，整合现有数字化建设服务力量，实现人力资源共享，形成一支企业自有的、规模化的、专业化的网络安全保障团队，为支撑企业数字化建设服务。

2.2.2   云基础设施平台

建设混合架构、快速迭代、快速部署、弹性伸缩的私有云＋公有云的混合云，实现财务系统集中部署和资源弹性扩展，有效支撑企业统建、自建系统上云。

2.2.3   异地灾备建设

开展异地容灾建设，选择同城或异地，实现关键信息系统数据异地备份，推进一套数据中心规划。建设多重备份、安全可靠的备份容灾中心，逐步建立异地备份容灾、两地三中心的数据中心架构。

大幅提升终端环境管理能力。通过制定终端安全管理办法和标准，建立终端安全管理界面和统一防病毒软件以及终端服务支持，实现终端环境集中管理。

通过各项技术手段对各应用系统的安全进行监控，部署安全机制来侦测安全威胁和配置更改，保障信息安全环境。

2.2.4 网络安全一体化平台建设

网络安全一体化平台应当能实现第三方安全设备或系统的日志、告警、事件等多类海量异构数据的实时采集，为平台分析提供多样化的高价值数据。同时将云端安全大数据本地化部署，实现开放式智能分析、研判、预警、响应、评估的统一安全平台，形成多场景方案，可视化、自动化、智能化高效完成态势感知、高级威胁检测、威胁自动化响应、抗攻击能力评估等安全工作。

网络安全一体化平台应接受云端赋能、连接安全设备、汇聚安全数据、积累安全知识，实现全景安全知识融合、全栈核心技术融合、全视安全大数据融合，全方位提升安全体系能力。

将企业所属各单位网络安全纳入统一态势感知平台，实现企业网络安全态势统一监测、分析研判、处置；完成态势感知、安全运营、资产管理、威胁情报等网络安全基础平台之间流程与数据的融合打通，整合为一体化的网络安全智能防护平台，完成全网覆盖，对各级单位网络安全工作进行闭环管理、精细化管理及量化实现全网安全态势动态感知、智能分析、联动处置。

网络中的所有服务器上均统一部署网络版防病毒系统，并确保系统的病毒代码库保持最新状态，实现恶意代码、病毒的全面防护和全网病毒的统一监控管理。在物理环境中，每一操作系统上都必须安装防病毒软件。部署一套漏洞扫描系统，能够帮助提升安全管理手段，增强系统风险应对水平，贴合等保对主机安全的要求。对重要服务器部署安全加固系统。

完善信息安全策略、标准、操作流程、标准体系及制度体系建设，修编网络安全管理办法、网络安全管理体系等，按照等保级别标准体系要求，细化完成各项管理制度。

在安全运维建设方面，重点对 IT 运维组织、IT 运维服务内容开展标准化流程化管理。

2.2.5 持续提升网络安全建设和防范水平

开展网络安全联合实验室和攻防团队建设，团队成员具备一定的渗透测试能力。组建网络安全攻防队伍，通过不断强化学习、培训、比赛，打造具备网络安全攻防对抗能力的专业团队，保障企业网络安全，并对外提供安全保障服务。保障基础设施与网络安全建设。

网络安全攻防演练是检验网络安全防护水平最直接、最有效的方式。数字建造企业应持续开展攻防演习，真实掌握自身网络安全防护水平，发现网络安全防御体系中的短板和薄弱环节，及时优化整改，提升整体防御能力，同时检验和完善网络安全应急预案，提升突发网络安全事件应急处置和协同联动能力。

实现常态化、体系化、实战化的安全保障和及时高效的运维服务。基本建成新一代数字基础设施及网络安全保障体系，促进企业网络、安全、存储、算力及数据、运维等资源的优化布局、深度整合和充分利用。开展企业范围内的系统等保测评、终端准入管理、零信任 VPN 体系、公安部 HW 行动、重大事项网络安全重保等工作。

2.2.6 网络安全责任与制度管理建设

落实网络安全主体责任，厘清界面职责，健全组织架构，编制和修订管理制度，强化考核督导，不断完善网络安全保障、信息通报和应急体系。建立健全网络安全管理体系，落实主体责任，强化考核监督，明确分工界面、理顺工作流程，实现全产业、全业务、全过程、全要素的网络安全管理。

建设《网络与安全应急预案》和《网络安全事件处置流程》，协调整改各类漏洞，协同处置上级（主管部门、网信部门、网安部门）通报的网络安全风险事件。在重保前期准备阶段，依据业务系统保障级别、对全网进行隐患排查和安全加固，建立纵深防御体系，安排网络安全专业技术人员和采购第三方服务，实施 24 小时值班制度，确保紧急事件发生时能做到第一时间应急响应，及时、高效完成应急处置工作。

2.3 数据治理体系建设

2.3.1 数据治理概述

数据治理（Data Governance）是组织中涉及数据使用的一整套管理行为，是通过一系列信息相关过程来实现决策权和职责分工的系统，具体模型表达为：谁（Who）能根据什么信息，在什么时间（When）和情况（Where）下，用什么方法（How），采取什么行动（What）。

借鉴资产管理的方法理论来管理数据，将数据作为一种特殊的资产，对进入平台的数据进行标准化的规范约束，并以元数据作为驱动，连接数据的标准管理、数据质量管理、数据安全管理的各个阶段，形成统一、完善的数据治理体系，以解决实际业务问题为导向，增强数据治理子系统对业务发展的支撑能力，提升数字建造领域的数据价值。

2.3.2 数据治理目标

数字建造领域的数据治理体系建设的目标是：以元数据为驱动，建立完整的数据治理体系，从组织架构、系统功能等方面增强数据宏观管控，并实现精细化管理。具体包括：

（1）数据治理组织架构管理：定义数据治理所需人员组织上的岗位和职责，从管理角度支撑数据治理工作的落地和执行。

（2）数据标准管理：建立数字建造大数据平台数据标准体系，并制定数据标准运维管控制度和流程。

（3）元数据管理：降低元数据使用难度、提升用户体验，使大数据平台各类用户均能参与到元数据运营维护当中。

（4）数据质量管理：为内、外部用户提供平台化的数据质量监控；通过扩充和优化公共规则库、保证数据的完整性、一致性、准确性、及时性、合法性，提升用户使用感知；并提供数据质量应用满足个性化需求。

（5）数据资产管理：重点建设从规划、注册、运维到注销的全流程管理体系，使数据资产管理系统化、可视化。

（6）数据安全管理：建立体系化的数据安全管控策略，通过用户安全管理、数据安全管理实现全方位数据安全管控机制，通过技术手段与管理措施相结合的方式落实数据安全，做到事前可管、事中可控、事后可查。

2.3.3 数据治理原则

（1）有效性原则。体现大数据平台数据治理过程中数据的标准、质量、价值及管控的有效性、高效性。

（2）价值化原则。体现数据治理过程中以数据资产为价值核心，最大化大数据平台的数据价值。

（3）统一性原则。体现为架构统一、标准统一、元数据统一、质量流程统一、资产价值统一。

（4）开放性原则。体现平台化、开放性运维思想，实现人人参与数据治理、人人参与数据运维。

（5）产品化原则。体现大数据平台数据治理能力的显性化，通过产品化互联网思维服务大数据平台数据生态圈用户。

（6）安全性原则。体现安全的重要性、必要性，保障大数据平台数据安全和数据治理过程中数据的安全可控。

2.3.4 数据治理体系建设

2.3.4.1 总体框架

数据治理总体框架包括组织架构、数据治理、数据运维三部分。

组织架构：通过组织架构建立管理办法，制定工作流程，确定角色职责。

数据治理：通过治理工具完成数据治理工作，包括数据标准管理、元数据管理、数据质量管理、数据资产管理、数据安全管理五部分，各模块协同运营，确保大数据平台的数据一致、安全、有效。

数据运维：贯穿整个数据治理体系的流程中，实现平台化的运维管理思路。

数据治理体系框架如图 2.3-1 所示。

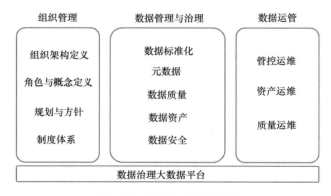

图 2.3-1　数据治理体系框架

2.3.4.2 组织架构

数据治理组织的构建旨在通过建立数据治理组织架构明确各级角色和职责，保障数据治理的各项管理办法、工作流程的实施，推动数据治理工作的有序开展。

数据治理组织架构主要由数据治理领导小组、数据治理中心和业务部门构成，核心是建立组织责任体系，形成数据治理责任落地保障。数据治理组织架构通过明确各角色职责，推动数据治理与业务工作相结合，从而推动数据运维自治的实现，组织架构划分和角色设定如图 2.3-2 所示，数据治理组织架构角色职责定义如表 2.3-1 所示。

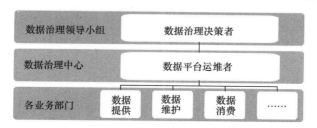

图 2.3-2　组织架构划分和角色设定

数据治理组织架构角色职责定义内容　　　　　　　　　　表 2.3-1

组织结构	角色	角色主要职责
数据治理领导小组	数据管理决策者	负责牵头数据治理工作；制定数据治理的政策、标准、规则、流程，协调认责冲突；对数据事实治理，保证数据的质量和隐私；在数据出现质量问题时负责仲裁工作
数据治理中心	数据平台运维者	负责提交数据标准的要求及数据质量规则和业务规范，解释数据的业务规则和含义；监督各项数据规则和规范约束的落实情况；负责数据治理平台中整体数据的管控流程制定和平台功能系统支撑的实施；负责平台的整体运营、组织、协调
各业务部门	数据提供者	负责数据及相关系统的开发，有责任执行数据标准和数据质量内容；负责从技术角度解决数据质量问题；作为数据出现质量问题时的主要责任者
各业务部门	数据维护者	制定相关数据标准、数据制度和规则；遵守和执行数据标准管控相关流程，根据数据标准要求提供相关数据规范；作为数据出现质量问题时的次要责任者
各业务部门	数据消费者	作为数据治理平台数据管控流程的最后参与使用者；是数据资产价值的获益者；作为数据治理平台数据闭环流程的发起人

2.3.4.3　数据治理

1. 数据标准管理

（1）定义及分类

本部分包括数据标准体系划分和数据标准内容制定，具体可分为基础类数据标准和指标类数据标准，如图 2.3-3 所示。

① 基础类数据标准是通过各种业务处理产生或各类渠道采集的基础性数据，在一定范围内是唯一定义的，分为行业参考模型实体标准和公共代码标准。定义参考如表 2.3-2 所示。

图 2.3-3　数据标准制定分类参考

基础类数据标准定义参考　　　　　　　　　　　　　　表 2.3-2

行业参考模型 实体标准	标准体系属性说明	公共代码标准	标准体系属性说明
数据标准编码	根据数据标准编码命名规则进行编写	数据标准编码	根据数据标准编码命名规则进行编写
标准主题	数据标准归属主题	公共标准号	引入外部公共标准号
标准子类	数据标准归属类型	中文名称	数据标准中文名称
中文名称	数据标准中文名称	英文名称	数据标准英文名称
英文名称	数据标准英文名称	标准状态	该标准的状态，如现行、停止
实体编号	根据行业参考模型实体编号命名规则编写	公共标准机构名称	引入该公共标准的机构名称
实体名称	根据行业参考模型实体名称命名规则编写	数据标准体系	根据数据分类规则对数据进行分类，保证易用性及符合用户习惯
数据版本	该数据标准版本信息	重要级别	根据管理权限划分一级、二级、三级
数据体系分类	根据数据分类规则对数据进行分类，以保证数据体系的易用性，以及符合用户查找习惯	数据标准引入部门	该数据标准引入和维护部门
重要级别	根据管理权限划分一级、二级、三级	数据标准引入部门负责人	该数据标准引入和数据维护负责人
数据来源系统	如：BOSS，CRM，ERP 等	数据上报系统	最终对数据进行计算和发布的系统，也是各部门唯一获取指标数据的来源系统
主要依据	关于指标解释和描述		
业务定义	指标的业务描述口径，使用业务语言制定		

　　② 指标类数据标准是按照一定业务规则加工汇总的数据，可分为基础指标和计算指标。基础指标一般不含维度信息，且具有特定业务和经济含义；计算指标通常由两个以上基础指标计算得出。指标类数据标准定义参考如表 2.3-3 所示。

指标类数据标准定义参考　　　　　　　　　　　　表 2.3-3

指标类标准	说明
（一）基础属性	
数据标准编码	根据数据标准编码命名规则进行编写
中文名称	数据标准中文名称
英文名称	数据标准英文名称
应用场景	该指标适用于什么场景
数据版本	该数据标准的版本信息
数据体系分类	根据数据分类规则对数据进行分类，保证易用性及符合用户习惯
重要级别	根据管理权限划分一级、二级、三级
（二）管理属性	
数据提供部门	定义数据的提供部门
数据提供部门负责人	定义数据提供负责人
数据维护部门	定义数据维护部门
数据维护部门负责人	定义数据维护负责人
业务主管部门	定义数据业务主管部门，对数据口径、编码取值有决定权
业务主管部门负责人	定义数据业务负责人
数据上报系统	对数据进行计算和发布的系统，也是唯一获取指标数据的来源系统
数据生成系统	生成数据所需的数据所在的来源系统，如 BOSS 系统
数据上游系统	数据生成后上报给哪个系统，如 ERP 系统
（三）业务属性	
主要依据	关于指标的解释和描述文件
业务定义	指标的业务描述口径，由业务部门使用业务语言制定
计算流程/算法	用来描述指标详细的计算过程
指标类型	根据管理需要可以将指标分为基础指标、计算指标两类
计算指标公式	用于描述相关指标间的平衡关系，可用于指标数据审核过程中，能有效保证指标数据质量
（四）技术属性	
计量单位	数据使用单位如"户""分钟""MB""元""次""％"等
统计精度	指标统计数值精确到小数还是整数
数据值域	数据的合理取值范围
统计周期	数据统计周期如"日""周""月""季度""半年""年"等
统计粒度	数据统计粒度
统计维度	数据统计维度
指标出数表	指标数据来源于哪张物理表
指标出数代码	指标数据来源于物理表的哪一项

（2）技术功能要求

本部分内容对数据标准的技术功能提供参考，包括制定、执行、维护、监控，具体流程如图 2.3-4～图 2.3-7 所示。

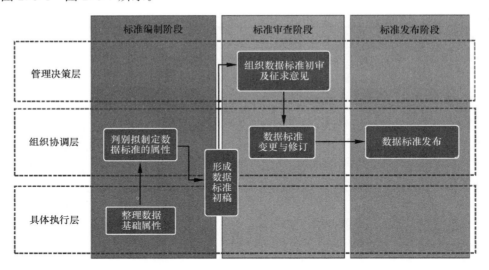

图 2.3-4　数据标准制定流程图

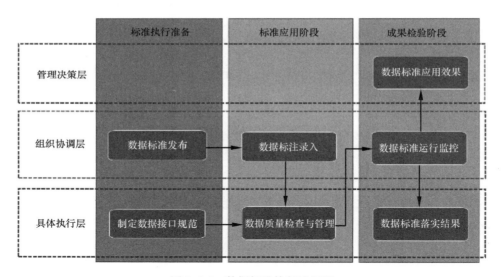

图 2.3-5　数据标准执行流程图

（3）实施要求

① 数据标准统一规划。按照统一数据治理要求，结合数据标准规范指导内容，构建适应数字建造领域的数据标准体系，并制定数据标准实施方案。

② 建立数据标准管理的支撑体系。要求包括数据标准管理组织架构、数据标准管理办法和制度流程，以及支撑工具。

③ 保持数据业务口径和技术口径有效协同统一。

④ 满足平台化、产品化和数据资产运营的需求。

⑤ 支撑新增大数据平台数据接口内容的标准化定义。

⑥ 满足原有数据可逐步进行数据标准规范的迁移和统一。

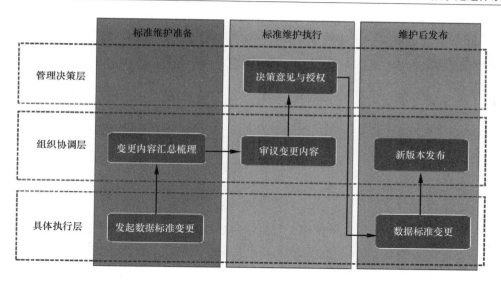

图 2.3-6　数据标准维护流程图

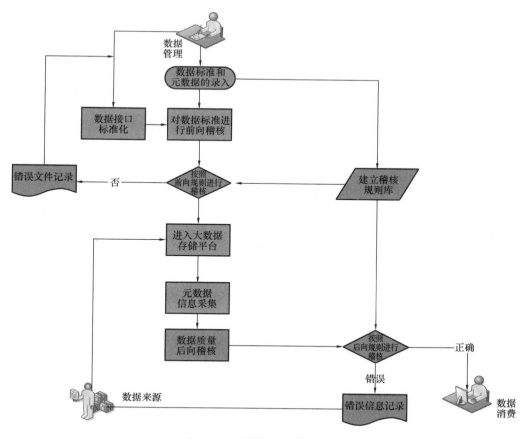

图 2.3-7　数据标准监控流程图

2. 数据元管理

数字建造的数据元管理标准化应依据标准模型进行表达,具体区分为数据元基本模

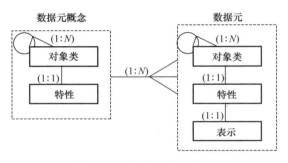

型、值域和概念域基本模型、元数据管理模型三部分。

（1）数据元基本模型

数据元基本模型由数据元概念和数据元两部分组成（图2.3-8）。

数据元概念由一个对象类与该对象类的一个特性组成，该对象类与其另外一个特性可以组成另外一个数据元概念。一个对象类、该对象类的特性和表示组成一个

图2.3-8　数据元基本模型

数据元，数据元是对于对象类所对应的实体特性的具体描述。

对象类是数据元的主体，是数据元描述的实体，其可以由一个或多个对象（或对象类）组成。特性是对一个对象类所有成员某个共同特征的归纳，用以描述对象区别于其他的某个特征。表示是对数据元某个特性的具体化描述。表示通过值域、数据类型、表示类和计量单位四部分内容进行描述。

当一个数据元概念与表示联系在一起时，就构成一个数据元。一个数据元概念对应多个数据元。

（2）值域和概念域基本模型（图2.3-9）

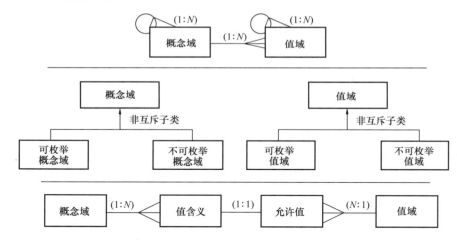

图2.3-9　值域和概念域基本模型

数字建造的数据对应的值和域通过概念域和值域两部分模型来承载表达。

每个值域都是概念域的一个元素，一个概念域可对应多个值域。多个值域可能是同一个概念域的外延，但一个值域只与一个概念域关联。概念域之间可以存在关系，可由此创建概念体系。值域之间可以存在关系，根据关系框架来确定相关值域和关联概念的结构。

① 值域

值域是数据元允许值的集合。一个允许值是某个值和该值含义的组合，值的含义称为值含义。描述数据有时需要计量单位，计量单位与值域关联。定义数字建造数据值域有以下两种（非互斥的）子类。

可枚举值域：由允许值（值和它们的含义）列表规定的值域，一个可枚举值域是包含

了它的所有值及其值含义的一个列表。

不可枚举值域：由描述规定的值域，一个不可枚举值域是由一个描述来规定。不可枚举值域须准确描述属于该值域的允许值。

② 概念域

数字建造相关概念的外延构成了概念域，一个概念域是一个值含义集合。一个概念域的内涵是它的值含义。定义数字建造数据概念域有以下两种（非互斥的）子类：

可枚举概念域：由值含义列表规定的概念域。可枚举概念域的值含义可以明确地列举。该类型概念域对应于可枚举类型的值域。

不可枚举概念域：由描述规定的概念域。不可枚举概念域的值含义由"不可枚举概念域描述规则"来表述。该规则描述了不可枚举值域中允许值的含义。该类型的概念域对应于不可枚举类型的值域。

（3）元数据管理模型

数据元的元数据总体模型由概念层和表示层两个部分组成，见图 2.3-10。概念层包括数据元概念和概念域，这两种都表示概念。表示层包括数据元和值域，这两种都表示数据值的容器。

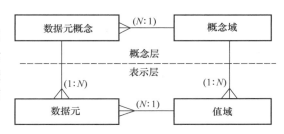

图 2.3-10　数字建造元数据管理总体模型

其中：

① 一个数据元是一个数据元概念和一个值域的结合体。

② 多个数据元可以共享相同数据元概念，一个数据元概念可以用多种不同的方式表示。

③ 多个数据元可以共享相同的表示，一个值域可以被不同的数据元重复利用。值域不是必然与一个数据元关联，可以单独管理。

④ 不同值域所有允许值所对应的值含义都相同时，这些值域在概念上是等价的，因此，对应相同的概念域。

⑤ 不同值域部分允许值所对应的值含义相同时，这些值在概念上是相关的，因此，在包含有其各自概念域的概念体系中共享一个由共同的值含义构成的概念域。

⑥ 一个数据元概念仅与一个概念域相关，因此当多个数据元共享同一数据元概念时，即为多个数据元在同一概念域中的关联表示和表达。

⑦ 许多数据元概念可以共享相同的概念域。

3. 数据质量管理

（1）范围和原则

数字生态相关数据质量的管理范畴，涵盖从源数据接入到应用输出的全过程。数据质量管理的原则包括：

① 以用户需求为中心：始终围绕用户的实际使用需求；在相关平台和应用设计上兼顾业务用户简单易懂的需要和技术用户实现个性化的监控需求。

② 全员参与：包括但不限于数据提供、开发、管理、消费各个环节节点均需参与数据质量管理。

③ 过程控制：数据质量监控除结果输出外，还应包括计算过程中的质量监控。

④ 持续改进：需及时评估改进，包括数据质量模块本身功能的提升和规则库的完善。

（2）管控流程标准

数据质量模块通过与元数据模块互通，获取相关元数据信息。用户检索监控对象时，可以检索监控对象的名称、说明或者其他元数据的属性信息，数据质量模块通过接口将检索条件传输到元数据模块，元数据模块将检索结果反馈给数据质量模块。用户对监控对象配置监控规则，数据质量功能模块由元数据管理模块自动获取该监控对象的物理地址，按照用户需求自动生成采集规则。

元数据接入时需要进行接收稽核，故需要制定其稽核规则，并将稽核结果反馈给数据资产模块。数据质量模块需介入所有资产的监控，并将监控结果反馈给数据资产模块，为数据资产评估提供支持（图 2.3-11）。

4. 数据资产管理

（1）数据资产管理架构（图 2.3-12）

数字建造领域应以资产的角度开展数据管理工作，形成多角度、全方位开展数据管理的模式。数据资产化包含了数据资产梳理盘点和数据价值评估的过程，具体内容和标准要求如下：

① 注册管理：应支持多种方式（采集器、在线维护、提供自助注册接口）注册数据资产，并提供审核及版本控制等功能；

② 变更管理：应支持已注册数据的资产信息变更、审核和更新功能；

③ 审计管理：应支持对数据资产的盘点，以及对数据资产访问记录的审计；

④ 资产统计分析：应支持数据资产的评估，包括数据质量、访问情况等信息的采集，根据这些信息对数据资产进行综合评估打分；

⑤ 权限管理：应提供对接数据安全管理模块，除了同步数据安全管理模块中用户账户信息及权限外，还会将用户对数据资产访问的申请信息发送给数据安全管理模块进行处理；

⑥ 接口管理：应与元数据管理模块、数据质量管理模块、数据安全管理模块对接，收集相关模块的基础数据，用于完成数据资产的注册、稽核及安全管理等工作。

数据资产化后，将解决目前普遍存在的需求分散重复、口径模糊等问题，实现成果和经验的共享和积累，方便实现应用和数据的生命周期的自动化管理。明确的数据资产信息将有效支撑公司内部知识系统和资源管理的建设，更快捷、有序、便利地为业务人员提供资产使用的方式和途径，支撑数据分析、开发、运维的自治。

（2）数据资产管理标识标准

数据资产的范围和形式应包含单位拥有的各类数据，如表、视图、接口、程序等。同时，随着大数据的发展，还应纳入各种非/半结构化的数据形式，如日志、网页、图片、音频、视频等。

数据资产标识是一个有业务含义、分段式、全局唯一的字符串，是用来区分识别数据资产的标签。资产标识包含资产所属业务域、资产类型、提供者等信息。

资产标识规范为五段式结构，每段以点分隔，如图 2.3-13 所示。

〔根前缀〕：指数据资产全局前缀，以常量表示。

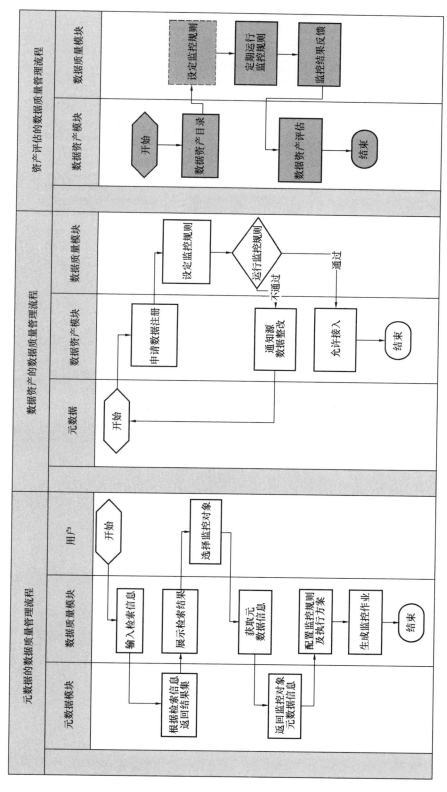

图 2.3-11　数字建造中数据质量管理流程

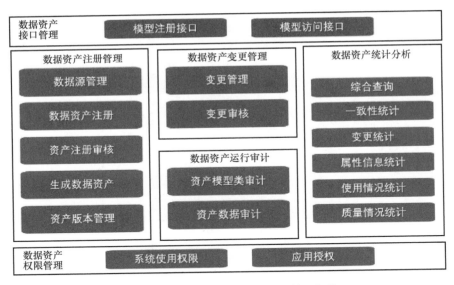

图 2.3-12　数字建造中数据资产管理架构

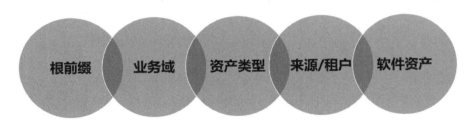

图 2.3-13　五段式结构

〔业务域〕：指数据资产所归属的业务系统类别域。

〔资产类型〕：指数据资产模型类别。其值为表、文件、图片、音频等。

〔提供者/租户〕：指数据资产的生产者，或者是数据资产的所有者。其值一般是生产者或者所有者的标识。

〔资产名称〕：指数据资产的简短命名。其值一般是资产对象的名称或编码。

5. 数据安全管理

（1）基本原则

数字建造需注重数据安全管理，通过建立完善的体系化安全策略措施和多种手段保障数据安全，完成数据"存、管、用"的数据治理安全，做到"事前可管、事中可控、事后可查"。

① 事前可管。全面分析系统，及时发现存在安全风险的环节，设置防线防患于未然。

② 事中可控。通过 4A、金库模式、敏感数据管控、隐私信息保护等手段，密切关注用户操作，确保安全实施。

③ 事后可查。记录用户所有访问痕迹，保留用户操作日志。

（2）基本要素

数字建造领域的数据安全的基本要素及提供的安全保障应包括但不限于：

① 客户的隐私保护，采用加密等技术手段对涉及的隐私信息进行防护。

② 数据权限控制，对用户的数据访问权限进行细粒度的控制管理。

③ 隐私信息配置，提供隐私数据的配置服务，为隐私数据的转化服务提供识别依据。

④ 隐私信息转化，为数据治理相关环节提供隐私信息的去隐私化或还原服务。

⑤ 日志记录服务，对数据治理各环节所产生的日志记录进行获取并整理。

⑥ 应用权限控制，为用户的应用功能访问权限的控制管理提供服务。

⑦ 离线文件加密服务，对后台的数据导出行为控制提供数据文件的加密服务。

（3）管理要求

① 隐私信息保护管理措施

建立数据库管理权限、隐私数据安全管理权限以及审计权限的三权分立管控制度。角色权限相互独立、互不重叠，不允许越权，且相互制衡。角色责任分工如表 2.3-4 所示。

角色责任分工表　　　　　　　　　　　　　　　　　　　　　表 2.3-4

数据库管理员（DBA）角色	安全管理员（SA）角色	审计专员角色
拥有数据库最高的操作权限，经过隐私保护实施后，数据库中将不包含任何隐私信息。能够获取所有的数据但无法读懂隐私信息，DBA 无法获取隐私信息保护的策略和密钥信息	掌握所有去隐私处理使用的策略和密钥，但没有访问任何主数据库的权限，无法获取隐私信息	有权限对 DBA 和 SA 的任何操作进行审计，可以及时通告和升级处理

② 隐私数据安全宣贯

需对相关人员、角色进行常态化的客户隐私数据相关安全管理制度及相关知识的宣贯，强化节点人员的安全意识。隐私数据安全知识包含但不限于如下内容：

《中华人民共和国刑法修正案（七）》《中华人民共和国电信条例》等国家法律法规中有关信息安全及泄露或出售公民个人信息行为的相关规定；

上级或单位内部的相关管理办法；

近年来发生的客户信息泄露相关案例。

③ 安全管理保障要求

安全管理保障要求应包含但不限于如下内容：

安全策略集中管理；

按照实现应用流程以及机构的设置，严格划分所有用户的角色，并据此设定不同的权限，确保用户只能访问权限许可范围内的资源；

禁止在生产系统中使用未经批准的应用程序，禁止在生产系统上加载无关软件，严禁擅自修改系统的有关参数；

用于开发、测试的系统必须与生产系统严格分开；

监视系统运行记录，及时审查日志文件，认真分析告警信息，及时掌握运行状况，对系统可能发生的故障做好应急方案；

软件程序的修改或增加功能时，须提出修改理由、方案、实施时间，报上级主管部门批准；程序修改后，须在测试系统上进行调试，确认无误经批准后方可投入生产应用；

软件修改、升级前后的程序版本须存档备查，软件修改、升级时须有应急补救方案。

2.3.4.4　系统建设规划

数字建造中的数据治理依托统一的数据治理平台（数据仓储）实现，规划数字建造数据治理功能规划框架如图 2.3-14 所示。

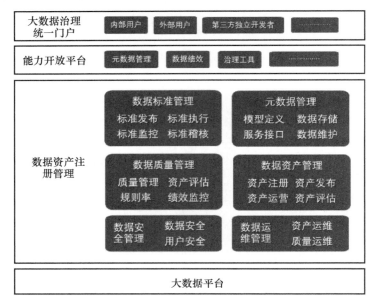

图 2.3-14　数据治理功能规划框架图

（1）大数据平台门户：提供统一的访问接口，供内、外部用户、第三方独立开发者访问及使用数据治理相关产品或功能，并负责统一访问认证及日志记录。

（2）能力开放平台：数据治理相关的产品及应用均通过这个层次进行注册、发布，并对内、外部开放。

（3）数据治理系统

① 数据标准：在数据标准管理组织架构推动和指导下，遵循协商一致制定的数据标准规范，借助标准化管控流程实施数据标准化的整个过程。

② 元数据：采用集中式管理模式进行元数据管理，全公司元数据逻辑集中，即元数据管理模块作为公司元数据的统一发布源，集中管理元数据，提供集中创建、维护、查询功能。

③ 数据质量：对数据从计划、获取、存储、共享、维护、应用、消亡生命周期的每个阶段里可能引发的各类数据质量问题，进行识别、度量、监控、预警等一系列管理活动，并通过改善和提高组织的管理水平使数据质量获得提高。

④ 数据资产：规划、控制、提供数据及信息资产的一组业务职能，包括开发、执行和监督有关数据的计划、政策、方案、项目、流程、方法和程序，从而控制、保护、提高数据资产的价值。

⑤ 数据安全：通过计划、制定、执行数据安全政策和安全策略措施，为数据和信息提供行之有效的认证、授权、访问和审计。

⑥ 数据运维：包括数据资产运维、数据质量运维，借鉴互联网思维，通过产品化运

维工具来整体提升数据运维效率。

（4）数字建造大数据平台：大数据基础平台，负责数据的接入、存储、管理、应用及相关基础功能支撑。

数据治理各模块之间根据数据操作的流程相互关联，参照总体功能规划，数据治理各模块流程关系如图 2.3-15 所示。

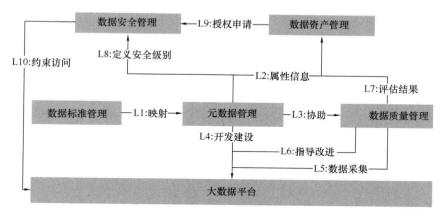

图 2.3-15　数据治理各模块流程关系

注：L1　数据标准管理模块将标准定义映射到元数据信息上，实现数据标准的规范要求落地。

L2　元数据管理模块为数据资产管理模块提供存储模型、属性信息查询服务。

L3　元数据管理模块为数据质量管理模块提供元数据相关属性信息。

L4　用户通过元数据定义大数据平台的数据结构。

L5　数据质量管理模块根据采集需求从大数据平台采集数据。

L6　数据质量管理模块将数据质量问题反馈给大数据平台。

L7　数据质量管理模块向资产模块提交数据质量评估结果。

L8　元数据管理模块为数据安全管理模块提供隐私级别定义服务。

L9　数据资产管理模块发起资产访问申请，由数据安全管理模块控制用户访问权限，控制数据资产的增加、删除、变更操作权限，对访问的数据内容、数据属性等操作进行管控。

L10　数据安全管理模块为大数据平台提供数据访问权限策略。

2.4　业务系统建设

围绕管理数字化、产业数字化和数字产业化 3 条主线，将数字化与业务系统深度融合，实现企业各业务端的管理数字化和产业数字化发展。最终，使企业层面开展的业务系统数字化管理平台实现一数一源、一源多用，系统间主数据相互贯通，逐步形成数据资产。

2.4.1　数字建造平台

数字建造平台（图 2.4-1、图 2.4-2）主要包括智慧工地、数字化监测、数字化施工三方面。数字建造平台要解决的不仅是项目管理的问题，还要解决技术实施、监测监控的功能问题，同时打造纵向贯通、横向联通、全面协同的集项目管理数字化、技术实施数字化和监测监控数字化的平台，消除项目级的项目数字信息孤岛，达到将业务与数字化全面融合的效果，实现日常业务数字化和辅助决策数字化的目的。该平台集成各业务模块，汇集形成看板数据。各业务系统具备独立运算能力，并与数字建造平台形成数据接口贯通，数据自业务系统采集、存储、运算后，统一在平台展示、发布。

智慧工地展示各业务应用系统关键数据，可实现集团、局、公司、项目四级架构的数据穿透，为管理人员提供业务办理入口（无缝衔接至各模块业务办理系统）。业务系统模块包括安全管理、进度管理、质量管理、船机管理、劳务管理、物料管理等，平台拥有拓展功能，提供各业务应用系统登录入口，后期可不断拓展和接入新的业务系统模块。

数字化监测方面，以项目层级为基础，将施工过程中的监测数据接入平台进行显示，根据公司级和局级的管理需求，对数据进行分析处理，形成统计信息和预警信息。

数字化施工方面，将施工过程中关键数据进行存储、清洗及分析，实现项目级数字化施工过程监控，公司级、局级数字化施工整体监管，提供各数字化施工管理平台系统登录入口，后期根据数字化施工技术不断拓展，数字建造平台应拥有拓展功能，实现数字化施工技术的不断接入。

数字建造平台利用数字化和信息化的先进技术，将施工企业所有业务办理系统及数字化施工技术整合形成统一的管控平台，建立一套以项目管控为主线，覆盖产值、工期、技术、质量、安全等全要素的项目全生命周期的标准化管理系统，并通过数据的积累，形成大数据辅助决策系统，在施工管理、风险防控方面进行信息化管控、智能学习经验，实现对工程施工的业绩与经验累积，为企业的管理赋能。

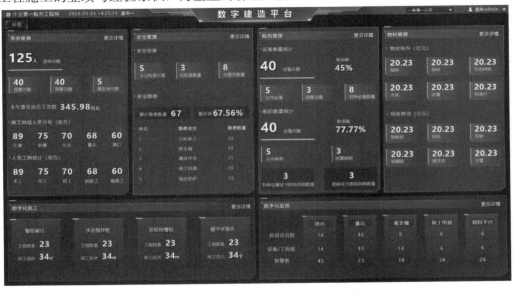

图 2.4-1　数字建造平台看板示意图—总部级

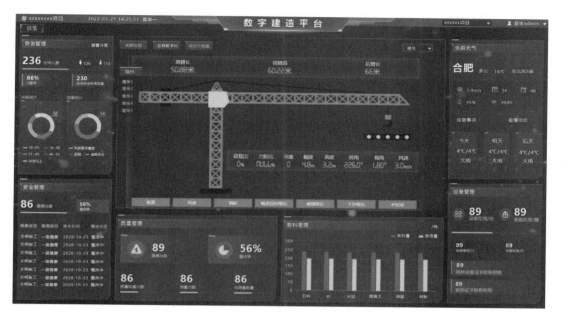

图 2.4-2　数字建造平台看板示意图—项目级

2.4.2　其他业务系统建设

1. 技术管理数字化

集成技术管理数字化平台，包括知识云库、专家智库、方案审批库、技术培训库、海外智库、BIM族库、施工日志、科技成果库等内容，实现信息平台一体化、方案审批标准化、数据仓库信息化、技术培训线上化、海外管理数字化、质量检查便捷化。其中，知识云库具有施工组织设计、施工方案、典型施工、技术交底、技术总结、四新技术应用等技术成果在线查阅下载功能，实现知识共享及成果推广；方案审批库实现技术方案在项目部、子公司、直管项目部和公司总部四级审批，以及自动统计、分析、预警。

2. 质量管理数字化

远程质量巡检平台包括质量资料填报、质量巡检、问题整改等功能，采用高清的语音视频流技术，为项目巡检提供流畅高清的远程语音视频交互体验，帮助两级总部进行远程质量检查。在检查过程中的全流程数据能够快速记录和保存，实现远程检查全过程线上管理，降低公司检查成本；同时，也可为项目部实施日常随手抓拍、现场实测实量、现场在线实时填表、事后一键生成检验表格，支持监理、业主检验线上实时传输审批，提高工作效率，实现无纸化办公，保证数据质量。

3. 进度管理数字化

工程大数据分析管控平台是公司生产运营监控、物资管理、船机管理的数字化管理平台，包含资源业绩、重点项目、计划统计、项目清理、信用评价、劳务实名、船机管理、气象气候等16项业务板块。通过平台可快速查看项目分布、月度产值计划及实际完成情况，掌握公司分包资源，实时掌握船舶动态、位置和运行参数。工程数据智能化分析，实现生产管理的数据穿透、趋势分析、价值挖掘，达到工程生产数字化整体能力提升。项目的生产、管理数据从总公司、各子公司、项目部三级穿透，逐步形成数据资产。

进度管理数字化分为两个阶段实现：

第一阶段，以项目部为单元，围绕成本和进度两大主线，将进度、物资、船机、成本分析、应收账款、计量结算数据统一接入工程大数据平台，项目部定期线上填报产值数据，结合业财一体化平台抓取数据，实现工程大数据平台的数据集成、展示、分析。

第二阶段，以项目管理系统 WBS 分解为依据，实现工程量清单与成本自动挂接，每月通过进度管控自动获取产值、成本等数据，代替人工录入，达到业务与生产数据同步，结合业财一体化平台的关键数据抓取，实现工程大数据平台的数据集成、展示、分析。

4. 安全管理数字化

远程安全巡检平台采用高清的语音视频流技术，提供流畅高清的远程语音视频交互体验，帮助企业总部进行远程安全检查，在检查过程中的全流程数据能够快速记录和保存，实现远程检查全过程线上管理，降低公司检查成本；同时，也可为项目部实施日常随手抓拍、现场在线实时填表、事后一键生成检查表格，被检查单位通过整改后的图片及数据线上申报，整改消除隐患。过程中，引入安全积分制管理，奖优罚劣，获得的积分可以到积分超市兑换劳保日用品，提升全员的安全理念和管理水平。

安全生产监管平台采用系统自动预警管理，主要包含项目安全隐患排查、隐患治理及考评管理。其中，隐患排查实现分级管理，包括集团层面、二级单位、三级单位和项目部四个维度；隐患治理包含整改指派、整改回复、整改复核、整改消除等；考评管理实现对隐患治理的过程管理，对整改超时和整改不到位的进行扣分、统计、排名、考核等。

5. 船机设备管理数字化

船机数字化管理平台是适用于项目船机管理的平台，系统具备从船舶和机械设备的登记入场开始植入二维码，记录日常和安全检查、维修保养、退场和报废等环节数据，支持多个使用单位之间的调拨和现场随机抽检功能；满足项目对配电箱等物资设备的管理登记、日常检查等要求。通过对数据的运用、统计分析，为管理者提供船机利用效率、设备状态、地域分布等信息。实现船机设备从进出厂报验到安全检查、日常维保等工作的精细化管控，从项目、子公司到总公司三个层面做到管理数据同源。

6. 物资管理数字化

建立企业级供应链管理平台，分为采购子平台和供应子平台两部分，管理层级上分为项目部、三级子公司、二级公司和集团四个维度。具体包含物资需用计划、采购计划、询价管理、投标、评标、合同履约、验收、入库、出库、结算、资金支付等全过程物资管控，实现了物资管理高效化、透明化，全流程数据集成分析、辅助决策，为企业提供数据支持，逐步形成数据资产。

项目现场物资数字化管理，引入智能地磅系统、物资验收系统、搅拌站核算系统、钢筋点收系统等，形成成套的现场物资管控解决方案，数据汇集到公司总部物资平台，统筹分析决策。提高公司物资管理数字化水平，通过数字化手段，规避物资管理风险，通过先进的管理功能，降低项目成本。

7. 业财管理数字化

财务云业财协同系统采用公司自建业务系统与集团统建业务系统和财务云系统对接，形成业务财务深度融合。集团合同系统、分包系统、供应链系统与财务云数据接口对接，实现业财数据全链条打通。集团统建数据可以通过接口将数据回传至公司自建系统，便于开展大数据分析决策。业务上要以"业财融合、资源统筹、管控协同、把控风险，价值创造"为目标，实现"财务替换＋数据贯通＋业务提升＋业财一体化"，业务财务全面协同，有效提升公司管理穿透、业财协同、风险防控、全球发展、战略落地"五大能力"。通过业财协同建立和强化公司成本体系，促进业财深度融合、全面应用、过程预警、决策支撑，最终实现"一个体系、一朵云、一个资金池、一张表、一本账"的统一架构。

8. 环水保管理数字化

基于公司水环境项目的市场开拓，研究智慧水务解决方案。基于物联网、云计算等技术研究城市污水处理综合运营管理解决方案，为污水运营企业安全管理、生产运行、水质化验、设备管理、日常办公等关键业务提供统一业务信息管理平台，对企业实时生产数据、视频监控数据、工艺设计、日常管理等相关数据进行集中管理、统计分析、数据挖掘，为不同层面的生产运行管理者提供即时、丰富的生产运行信息，为辅助分析决策奠定良好的基础。

2.5 管理制度建设

建立健全数字建造平台管理体制机制。采用与技术实力相当的合作伙伴单位联合研发模式，施工企业提供业务场景及具体开发需求，IT 伙伴单位提供系统开发及测试资源，强强联合，形成高效、可复制、适用性强的数字化产品，具有广泛的推广价值，有利于推进产业数字化发展。按照标准化产品的要求，建立架构开发平台，可以自由选定开发模块，也可以个性化定制开发，制定标准数据接口，形成统一数据标准；成立数字化领导小组，全面领导数字化工作，研究审议重大任务和重要事项，统筹指导、组织协调产业数字化转型升级，推进数字技术与业务深度融合，通过业务管理数字化、业务技术数字化、生产数字化、运营与运维数字化，推动产业链各阶段和产业链上下游全要素数字化转型升级或再造。

2.5.1 智慧工地管理制度

智慧工地项目开展实施，需要编制详细的管理制度。根据不同的项目类型，制定相应的实施清单，打造智慧工地标准规范。

《智慧工地和数字化施工技术管理办法》指导所属子公司及项目部规范开展智慧工地建设，包含智慧工地的申报流程、分属类型、建设内容、建设标准、设备选型、数据接口标准等内容。

智慧工地应用功能适用性清单，包含通用工程、房建工程、水运工程、线性工程、市政工程五大板块。其中，通用工程包含进度管理、质量管理、安全管理、设备管理、物料管理、劳务实名制、环境监测、水电节能监测、无线广播、视频监控、VR 体验、智慧工地展馆、电子沙盘等内容。

专项标准方面，中交一航局已联合中国信息协会编制并发布《智慧工地总体规范》、《智慧工地建设规范》和《智慧工地应用规范》3 项团体标准。

2.5.2 施工数字化技术管理制度

施工数字化技术以项目管理为核心，通过数字化的手段提升工程施工效率、安全质量受控水平和降本增效能力。系统开发应在"统一规划、统一标准、统一管理、统筹建设"的总体要求下，遵循"共性统建、个性自建"的原则，在主数据和总体架构下，开展末端功能的搭建开发。以一航局管理体系为例，各单位自建系统立项前，向公司信息化管理部提出申请，审批通过后，在 PC 门户进行备案，禁止未经备案自行开发建设。各单位审批备案后的项目系统，根据《中交一航局信息化项目系统开发及验收资料清单》，进行开发及验收，应严格履行程序，做好规范和闭环管理。

1. 提升价值原则。优先开展标准化程度高、费用占比大、人工操控复杂、安全质量风险高的工序，提升施工数字化技术，成熟一项实施一项，逐步形成成套的施工数字化技术体系，以产生更高的价值。

2. 统筹发展原则。确保施工数字化技术稳步推进，系统优化创新循环提升发展；建立数据标准接口，实现业务数据与数字建造平台全面贯通，利用大数据手段进行价值分析、辅助决策，帮助项目实现高质量发展；施工数字化技术以少人化、无人化为发展目标，通过智能化工具达到质量安全受控和降本增效的目的。

3. 集群试点原则。与 IT、装备生产单位联合研发，集中几个相关项目统一试点，结合多个场景应用，最快实现技术优化迭代升级，快速打造适用于项目建设的最优产品，为企业效益和利益最大化提供数字化技术支持。

4. 整体推进原则。在方向正确的基础上，边试点、边推进，达到上线条件后，全面实施。推进方法采用"自公司向下整体推进＋自项目向上整体推进＋自所属单位总部向上、向下整体推进"的穿透方式。公司、子公司和项目部组成联合项目推进组，协同作战，推进各类项目实施，立足实际管控，形成快速反馈机制，确保项目建设的完整性和先进性。

建立健全数字化监测管理制度，规范高效运行，力求具体、规范，力争长期有效地开展数字化监测工作。制度应包含信息员管理制度、监测点管理制度、信息标准与规范制度、考核奖惩制度、数据安全管理制度、数据沟通机制制度、信息发布制度等。用于保障监测数据的标准化和规范化采集，以及监测数据的规范化应用，确保数字化监测管理体系的建设及运行达到预期的效果。

以中交第一航务工程局有限公司为例。为进一步规范数字化监测项目建设与运行管理，提高项目建设与管理水平，依托公司所属港研院专业公司，开展项目数字化监测管理，制定印发了《中交天津港湾工程研究院有限公司数字化项目管理办法》。

（1）项目分类

一类数字化项目为公司承担的科研项目中涉及数字化监测的项目；二类数字化项目为支撑工程生产类数字化监测的项目。

一类数字化监测项目按照《中交天津港湾工程研究院有限公司科研开发项目管理办法》进行管理。

（2）二类数字化监测项目管理要求

① 工作原则

坚持"统一规划、统一架构、统一标准、统一数据、统筹建设、统筹运维"的六统一原则，重点管理内容包含项目需求分析、实施、验收、服务商、费用、系统权限、系统应用和运维、系统安全管理等内容。

② 项目建设实施过程

数字化监测项目建设前，主责单位开展必要的需求调研，编写《数字化项目建设需求申请书》，提交港研院审批通过后方可实施。实施阶段包括建设系统建设阶段、功能测试阶段、互联网发布阶段和上线运行阶段。数字化监测项目验收由港研院协助项目主责单位完成，验收结束后，项目主责单位出具《中交天津港研院数字化项目验收报告》。

③ 做好技术策划和技术保障

各研究所（直管项目部）密切跟踪局及各工程公司新开工重大项目，准确对接局及各工程公司业务需求，参与项目前期策划，提供系统的智慧建造方案。各研究所（直管项目部）依据需求编制项目计划大纲并按进度组织实施，过程中紧密跟踪项目推广应用进度或需求变更，做好技术保障，并及时向项目委托方汇报阶段性及最终成果。

④ 标准接口

按照项目监测对象，划分为船机设备类监测、主体工程监测、附属工程监测及临时设施监测四大类，根据数字建造平台统一的标准接口，进行附加监测设备的接口开发，保证数据采集、传输、存储、分析过程稳定受控。

⑤ 统一集采

为保证设备的质量受控、价格最优，逐步建立起数字建造平台前端设备统一集采、统一谈判，费用分摊。对视频监控设备开展战略集采，联合工贸公司和各使用单位组成集采小组，与产品生产商进行综合谈判，保障公司整体利益最大化。

⑥ 推广应用

全面推广成熟的数字化监测系统，统一做好技术的应用培训，并密切跟踪检验数字化监测成果在实践中的运用情况，复盘成功经验，做好数字建造平台的升级迭代。

2.6 人才建设

人才是数字建造的核心保障。数字化人才的数量和能力是驱动建筑企业数字化转型的关键因素。因此，企业要营造一个积极的数字化发展文化氛围，建立数字化人才培养长效机制，制定考核措施，激励人才成长，侧重数字化人才引进，使员工具有数字化思想意识、掌握数字化技术技能，并能应用到实际的工作场景中，用数字化提升设计、生产、运营、管理等工作效率效能，节省人力成本，推动数字建造生态发展。

1. 选人，加强引进高端复合型人才力度

习近平总书记指出："数字技术正以新理念、新业态、新模式全面融入人类经济、政治、文化、社会、生态文明建设等领域和全过程，给人类生产生活带来广泛而深刻的影响。"处于数字技术创新快速发展的现阶段，存量数字化人才紧缺。为了配合数字建造发展趋势，高校人才培养也在向"数字化建造"知识体系进行改革，着重培养"数字工科"人才。建筑企业在招聘新员工时要有意识地选用"数字工科"人才，社会招聘时要加大高科技人才和复合型人才的引进，但目前高端复合型数字化人才缺口巨大，需要企业积极的发现、挖掘。

2. 育人，加快构建高质量人才培育体系

建筑企业要加快组建专业化、规模化的数字化队伍，重点培养既懂业务又懂数字化的复合型人才。开展有针对性的数字化技术、企业业务、经营管理、智能建造等方面的培训，打造能将数字化应用到业务场景、经营管理和日常工作中的复合型创新人才，解决数字化转型期人才短缺问题，形成企业自有的专业化、规模化、高素质的数字化团队。通过建立系统的培训计划、开展可持续的培训课程、形成系统的长效培训机制，持续提升员工数字化素质以适应全社会数字化发展态势，推动建筑企业数字化转型，实现规模化、快速发展。同时建筑企业可以通过与科研单位、高等院校等深度合作，培养数字化专业技术领军人才；通过与第三方企业持续合作，实现技术研发能力整合，快速打造一支符合企业数字化发展需求的专业化人才队伍。

3. 用人，全面打造职业技能提升平台

数字化转型给建筑企业的业务流程和工作流程带来了全方位的转变，部分岗位将产生变革、岗位技能面临升级。随着数字化、自动化、智能化技术的发展将有部分简单重复的工作被取代。实现自动化减人增效的同时，原岗位人员将被迫更换工作，数字化技能将成为企业各个业务环节的基础技能。在企业全面数字化转型的大环境下，所有员工，尤其是在机械自动化、智能化操作程度较高的岗位上的员工，需要改变固有思维方式、不断丰富自身知识体系、提高数字化技术水平。建筑企业需要制定一系列的员工培训方案，有计划、全方位地开展关键岗位及普通岗位员工技能培训，提升全体员工数字化、智能化应用素养，以及运用数字技术、自动化技术的能力，使员工能够更快、更好地适应工作模式的改变，以符合企业数字化转型要求。

4. 留人，建立有效的人才激励机制

建筑企业在数字化转型的过程中要充分发挥绩效考核"指挥棒"作用，根据不同岗位所需的数字化技能要求建立岗位能力模型，将数字化素养纳入考核维度，构建企业人才技能标准库，开展员工绩效考核及数字化技能评估，形成人才梯队。并在职称评审、资格认定、先进评选等方面对数字化素质高、能力强的员工提供政策激励，促进员工重视并主动参与数字化工作，全面提升员工数字化意识与水平，为人才成长创造良好环境。

3 数字建造基础设施建设

1. 建设要求

随着基建企业信息化发展和数字建造工作的持续深入，传统基础设施架构已无法满足数字建造业务应用快速增长和对基础设施安全、稳定、可靠的要求，新型数字建造平台架构和管理保障机制不断建设和完善，支撑企业数字化转型的快速发展，满足企业数字建造发展需求。

（1）数字建造各类信息平台和系统的爆炸式发展对数字基础设施的资源提供能力和模式提出新要求。需要技术先进、灵活调度的云平台支撑数字化转型过程中出现的爆炸式需求。

（2）基建企业全球化的业务布局对数字基础设施的地域辐射能力、安全可靠能力提出新要求。需要架构更加灵活、稳定的广域网架构，加速海外区域辐射，实现国内外广域网的统一安全管控。

（3）企业全面数字建造业务发展对数字基础设施的持续业务保障能力和数据安全保障能力提出新要求。需要构建架构更清晰的多地数据中心，提供信息系统异地容灾、灵活切换的应用模式。

（4）国家自主可控、公司合规管理要求对数字基础设施的技术路线、运营管理模式提出新要求。坚持技术路线、技术架构逐步实现自主可控，运营管理符合企业数字化发展实际需求，提供安全、可控、智慧的运营管理服务。

2. 建设原则

数字建造基础设施建设应按照目标导向、自主可控、统筹规划、分步实施、技管并重的原则建设。

目标导向：数字建造基础设施建设方案应紧紧围绕以企业发展为核心，以实现数字化转型目标为建设导向。

自主可控：自主可控应用要求贯穿数字建造基础设施全过程，确保企业实现数字基础设施自主可控。

统筹规划：数字建造基础设施建设是一项长期工作，应统筹规划、分步实施、持续优化、动态提升，由企业总部统一建设和集中管控。

数字建造基础设施建设与网络安全建设三同步：同步规划、同步建设、同步使用，确保二者均衡发展。

3.1 企业云建设

1. 建设思路和目标

深入贯彻习近平总书记关于网络强国战略的相关指示，基建企业应抢抓交通建设行业发展新机遇，以数字化转型带动产业升级转型，以新发展理念为指引，加大数字建造力度，提升企业信息化管理水平和基础设施服务能力。各类信息平台和系统的爆炸式发展对数字基础设施供给能力提出更高要求，基建企业亟须技术先进、调度灵活的企业云平台支撑数字建造场景中的爆炸式需求。具体建设思路如下：

（1）通过以数字建造为目标，大力推动数字建造标准化、自动化、智慧化发展，企业云数据中心作为企业新时期发展的 IT 基石和数字建造基础设施，能助力企业数字建造工作的持续深入，有利于企业在产业互联网方面抢先布局，为产业高质量发展提供支撑。

（2）为更好地支撑产业互联网的发展需求，云数据中心按照全栈云服务能力进行规划，具备同时提供 IaaS、PaaS、SaaS 的能力，不但能够支撑企业的传统稳态业务，让传统业务可以平滑迁移到云上；而且也能够支撑互联网＋时代的敏态云原生业务，让业务通过云原生的方式变得更加健壮、灵活和敏捷，进一步提高企业数字化创新能力和数字建造业务持续深入。

（3）通过一套云管理平台实现统一管理、统一运维、统一运营、统一门户、统一服务目录、统一认证等，方便应用和资源在多数据中心之间进行灵活弹性的调配，从而提升整体资源使用效率，降低建设成本。依托云平台自服务特性，建立一个包括自助注册、多级权限、实时计量、在线计费、在线客服、运营分析等功能的运营服务体系。

（4）为提高数字化系统的高可靠性，企业云数据中心整体采用两地三中心的架构进行建设，以提高应用和数据的容灾备份能力，保障业务系统能够 365 天×24 小时无间断运行。

（5）企业云数据中心需按照满足等保 2.0 三级的目标进行建设，要满足国家密码应用要求，全面考虑采用新一代信息安全防护技术，由传统的被动式安全防护转变为主动式安全防护，以提高防范新兴信息安全攻击行为的能力。为实现更好的自主可控能力，考虑建设信创资源池并开展应用。

2. 建设内容

采用混合云模式，以混合云架满足企业业务应用灵活上云需求，通过统一云管平台实现对私有云、公有云的一体化管理，以私有云为主、公有云为辅的组合方式，实现 IT 资源的跨数据中心、跨公有云的调度，支持企业数字化建设对数字基础资源快速迭代能力、快速部署能力和弹性扩展能力的要求。形成基于全局的多数据中心管理，平时协同工作、障时灵活切换。

（1）私有云建设

构建基于裸金属、虚拟化、容器技术等的 IaaS 层基础服务和微服务、分布式、开发运维为开发的通用服务，形成统一、自动化的部署、升级和治理，按照多租户的模式，为公司及所属单位、项目部提供高速、可靠、可信的计算、存储、网络等基础资源服务，并支持敏态开发和稳态开发模式，灵活支撑不同业务系统上云需求。

提供应用开发及支撑服务，即构建平台化、敏捷化、可视化、组件化、模板化、可复用的应用（微服务）开发服务，提供云端协同一体化研发、开发运维一体化、敏捷开发、微服务设计开发、应用全生命周期管理、全面建模、统一应用开发、项目研发全周期管理、需求管理、原型设计、移动开发、统一配置管理、自动测试、持续集成、持续交付等能力。

企业云数据中心方案基于企业数字化建设需求，向下有效的管理基础的计算、网络、存储等物理、虚拟化资源，将其抽象化为云服务，向上对接统一的云管平台，提供云服务的支撑。平台采用服务化的架构设计，各个子系统之间采用 REST API 进行交互，每个子系统可以独立运行。

（2）公有云建设

租用国内云服务商的国内和海外公有云服务，使用云运营商的计算、存储和网络资源，以及应用开发与托管、数据备份与容灾等各类云服务，保障数字建造业务稳定运行；支撑海外优先战略，且满足属地数据合规要求。

（3）云容灾体系建设

根据业务的不同特点，基于多中心建设集中备份、本地主备、异地双活的云上容灾中心。同时，建设容灾管理体系，根据业务故障影响制定不同容灾解决方案，编制灾难恢复预案并进行容灾演练，达成业务零中断、数据零丢失的容灾目标。形成不同类型的业务系统上云的技术标准、技术路线及作业流程，推动传统架构系统稳定迁移，引导数字建造新架构系统云上开发。

3.2 企业网络建设

3.2.1 广域网、局域网

随着基建企业业务快速扩展，为保障国内和海外用户的实时访问效率，要求网络连接既要满足当前全球化连接的互联互通要求，又要满足视频系统等业务运行连接的稳定性要求，还要满足不断变化的弹性与灵活扩展要求；能够满足基建企业广域网处理能力与灵活性，同时针对业务动态行为进行带宽快速精准调整。

1. 总体架构

（1）针对基建企业总部、二级单位及有自建应用的常设项目公司，通过冗余点对点专线就近接入运营商 MPLS VPN 骨干网传输业务数据，通过互联网构建 SD-WAN 网络传输互联网访问数据；

（2）针对二级单位以下国内办公地点固定且无自建应用的常设公司、分公司等机构，通过单条点对点专线就近接入运营商 MPLS VPN 骨干网传输业务数据，通过互联网构建 SD-WAN 网络传输互联网访问数据；

（3）针对其他无自建应用的小型机构，根据实际访问需求，灵活通过 SD-WAN 组网方式接入广域网；

（4）针对远程运维、开发人员及个别出差人员可以采用 SSL-VPN 接入广域网实现业务访问。

2. 设计方案

1）按照企业广域网建设思路和部署目标，通过运营商点对点专线构建广域网骨干网络，为了实现后期的统一运维和安全防护，所有二级单位及其子分公司都需要实现广域网连接。具体如下：

（1）企业总部、区域总部、二级单位及以下有自建应用的常设公司，通过点对点专线及 SD-WAN 链路就近接入该城市运营商网络，从而连接到企业广域网骨干网络。

（2）二级单位以下国内办公地点固定且无自建应用的常设公司、分公司等机构同样通过点对点专线及 SD-WAN 链路就近接入该城市运营商网络，从而连接到企业广域网骨干网络。

（3）国内小型机构/项目部及海外项目部通过 SD-WAN 接入企业广域网骨干网络。

2）当前所有二级单位以及具有自建应用系统的二级单位子分公司都需要与集团总部形成广域网连接，可通过租用运营商本地 MSTP 点对点专线连接到"最近"城市的运营商接入点，从而接入到企业广域网骨干网络；同时，可租用两条不同路由的运营商 MSTP 点对点专线以及互联网链路。

3）对于无自建应用的二级以下固定单位，由于企业统建业务系统未来会迁移到内网的实际情况，同样需要构建本机构与企业总部广域网连接。可通过租用一条运营商本地 MSTP 点对点专线连接到"最近"城市的运营商接入点，从而接入到企业广域网骨干网络；同时，租用一条运营商互联网线路，通过 SD-WAN 虚拟组网连接到企业广域网骨干网络。同时，要求运营商对互联网与 MSTP 链路提供不同的物理路由。

4）对于存在的无自建应用的小型单位或项目部，同样为了以后业务内迁考虑后期也要统一进行广域网连接，可以通过租用一条运营商互联网线路，SD-WAN 虚拟组网连接到企业广域网骨干网络。

3.2.2 网络安全

3.2.2.1 建设思路

针对企业云数据中心的实际情况和安全防护需求，将采用体系化的设计方法，通过建立健全统一的信息安全技术体系、管理体系和运维体系，在企业云数据中心中形成有效的安全防护能力、安全监管能力和安全运维能力，为企业云数据中心的运行提供安全的网络运行环境和应用安全支撑，保障企业云数据中心能进行安全可靠的连接、数据交换和信息共享，实现以安全保业务，用安全促业务的目标，为消防信息化建设的深入发展奠定基础。体系化的设计思想是从全局性策略出发，以互联互通的安全技术为保障，以平台化的管理工具为支撑，辅以长期可靠的安全运维保障和规范化的安全管理，搭建出真正能够有效对抗威胁，保障应用的安全体系。

根据《信息安全技术信息系统等级保护安全建设技术方案设计规范》，对信息系统进行安全防护系统规划的过程中，必须按照分域、分级的办法进行规划和设计，要划分具体的安全计算环境、安全区域边界、安全通信网络，并根据信息系统的等级来确定不同环节的保护等级，实现分级的保护；同时通过集中的安全管理中心，实现对计算环境、区域边界、通信网络实施集中的管理，并确保上述环节执行统一的安全防护策略。设计规范中对各个环节的定义如下：

（1）安全计算环境：计算环境是信息系统中位于物理上受保护的边界内部，一般包括完成信息处理与存储的主机、操作系统、数据库管理系统、外部设备及其连接部件，也可以是某个移动用户的主机平台。安全计算环境是具有确定安全等级保护能力的计算环境。

（2）安全区域边界：区域边界是信息系统中计算环境之间以及计算环境与通信网络之间完成连接的部件。安全区域边界是具有确定安全等级保护能力的区域边界，本项目中安全区域边界主要是网络中心内部安全域之间的边界，以及数据中心与互联网、外网的网络连接边界。

（3）安全通信网络：通信网络是信息系统中完成计算环境之间信息传输的部件。安全通信网络是具有确定安全等级保护能力的通信网络。

（4）安全管理中心：安全管理中心是对部署在计算环境、通信网络和区域边界上的安全策略与机制实施集中管理的设施。

3.2.2.2 安全计算环境

考虑依照保护等级的不同要求来构建安全计算环境，分别采用加强用户身份鉴别、自主访问控制、标记和强制访问控制、系统安全审计、用户数据完整性保护、用户数据保密性保护、客体安全重用、系统安全监测等措施，在技术上通过操作系统加固、安全审计、主机防病毒、终端安全管理等措施来实现整体的保护。

1. 漏洞扫描安全措施

网络漏洞扫描系统包括了网络模拟攻击、漏洞检测、报告服务进程、提取对象信息以及评测风险，提供安全建议和改进措施等功能，帮助用户控制可能发生的安全事件，最大可能地消除安全隐患。安全扫描系统具有强大的漏洞检测能力和检测效率，贴切用户需求的功能定义，灵活多样的检测方式，详尽的漏洞修补方案和友好的报表系统，为网络管理人员制定合理安全的防护策略提供依据。企业云数据中心的漏洞扫描策略通过部署在核心交换机上的漏洞扫描设备实现。

2. 云主机安全管理措施

根据对企业云数据中心安全保护等级达到三级的基本要求，必须要符合以下技术要求：

（1）应能够对非授权设备私自连到内部网络的行为进行检查，准确定出位置，并对其进行有效阻断；

（2）应能够对内部网络用户私自连到外部网络的行为进行检查，准确定出位置，并对其进行有效阻断；

（3）应根据资产的重要程度对资产进行标识管理，根据资产的价值选择相应的管理措施；

（4）应对信息分类与标识方法作出规定，并对信息的使用、传输和存储等进行规范化管理；

（5）应实现设备的最小服务配置，并对配置文件进行定期离线备份；

（6）应保证所有与外部系统的连接均得到授权和批准；

（7）应依据安全策略允许或者拒绝便携式和移动式设备的网络接入；

（8）应定期检查违反规定拨号上网或其他违反网络安全策略的行为；

（9）实现以上对信息资产的收集、分类，系统的合理服务配置、限制非法的网络连接等，最直接的办法就是部署终端安全管理系统，该类系统具备资产收集和管理、终端服务进程管理、网络准入控制、检查网络非法外联等方面的功能。

因此，可考虑在企业云数据中心中部署一套功能完备的终端安全管理系统，功能包括：主机安全管理功能；违规联网监控和 IP、MAC 绑定；移动存储设备监控审计；非正常终端阻止入网；软件安装行为限制；主机资产管理功能；硬件资源管理；软件资源管理

（包括安装软件和运行进程）；软件和进程黑、白名单监控功能；补丁管理功能；补丁自动下载安装等相关功能。

同时，建议在企业云数据中心安全管理区中部署一主机安全管理系统管理服务器，统一管理企业云数据中心所有客户端，在每台服务器主机上安装主机安全管理系统客户端程序。

3. WEB 应用防护措施

WEB 网站处于互联网这样一个相对开放的环境中，各类网页应用系统的复杂性和多样性导致系统漏洞层出不穷，病毒木马和恶意代码网上肆虐，黑客入侵和篡改网站的安全事件时有发生，甚至有的篡改网站的事件直接升级成政治事件。

针对 WEB 网站所面临的安全挑战，在对网站实施保护之前，管理人员采用本项目采购的漏洞扫描工具进行 WEB 扫描、主机操作系统和数据库扫描等，根据扫描和评估的结果，对网站相关的主机操作系统、数据库、网络设备、安全设备等进行加固，确保网站处在安全基线之上。

在网络中心边界，部署防火墙并通过防火墙中的 WEB 应用防护功能实现有效防护。WEB 应用防护的检测引擎通过协议分析、模式识别、URL 过滤技术、统计阈值和流量异常监视等综合技术手段来判断入侵行为，可以准确地发现并阻断各种网络恶意攻击，从而实现防 SQL 注入、防跨站攻击的安全防护。

3.2.2.3 安全区域边界

本方案中企业云数据中心区域边界可以按照等保三级强度进行保护，通过选择防火墙、入侵防御、入侵检测、防病毒网关等技术满足可能存在的三级系统的区域边界访问控制、区域边界包过滤、区域边界安全审计、区域边界完整性保护等安全要求。

1. 安全域边界访问防护

企业云数据中心需要接入互联网，在接入的位置进行逻辑隔离，而在省网络中内部各安全域间也需要进行逻辑隔离。通过采用防火墙技术实现安全域边界访问防护，具体设计如下：

在安全管理区数据中心区的网络边界部署 4 台防火墙，两台位于数据中心区边界的防火墙配置成双机热备的模式。防火墙根据数据包的源地址、目的地址、传输层协议、端口（对应请求的服务类型）、时间、用户名等信息执行访问控制规则。

部署的防火墙还应配置以下安全策略：

（1）会话监控策略：在防火墙配置会话监控策略，当会话处于非活跃一定时间或会话结束后，防火墙自动将会话丢弃，访问来源必须重新建立会话才能继续访问资源。

（2）会话限制策略：对于业务服务器区域边界，从维护系统可用性的角度必须限制会话数，来保障服务的有效性，防火墙可对保护的业务服务器采取会话限制策略，当业务服务器接受的连接数接近或达到阈值时，防火墙自动阻断其他的访问连接请求，避免服务器接到过多的访问而崩溃。

（3）身份认证策略：配置防火墙用户认证功能，对保护的应用系统可采取身份认证的方式（包括用户名/口令方式、USB/KEY 方式等），实现基于用户的访问控制；此外，防火墙能够和第三方认证技术结合起来（包括 RADIUS、TACAS、AD、数字证书），实现网络层面的身份认证，进一步提升系统的安全性，同时也满足 3 级系统对网络访问控制的要求。

（4）日志审计策略：防火墙详细记录了转发的访问数据包，可提供给网络管理人员进行分析。这里应当将防火墙记录日志统一导入到集中的日志管理服务器。

（5）管理员身份认证策略：修改当前防火墙的配置，启用证书认证方式，以满足网络设备对双因素身份认证的需求。

2. 实现边界入侵防护

在企业云数据中心中利用防火墙技术，通常能够在安全域之间提供安全的网络保护，降低了网络安全风险，但是入侵者可寻找防火墙背后可能敞开的后门，或者入侵者也可能就在防火墙内。同时，等级保护对三级系统也有入侵防范的相关要求：

（1）应在网络边界处监视以下攻击行为：端口扫描、强力攻击、木马后门攻击、拒绝服务攻击、缓冲区溢出攻击、IP 碎片攻击和网络蠕虫攻击等。

（2）当检测到攻击行为时，记录攻击源 IP、攻击类型、攻击目的、攻击时间，在发生严重入侵事件时应提供报警。

（3）本方案通过综合采用入侵检测系统和入侵防护技术来实现企业云数据中心的边界入侵防护。

（4）网络入侵检测系统位于有敏感数据需要保护的网络上，通过实时侦听网络数据流，寻找网络违规模式和未授权的网络访问尝试。当发现网络违规行为和未授权的网络访问时，网络监控系统能够根据系统安全策略做出反应，包括实时报警、事件登录，或执行用户自定义的安全策略等。

入侵防御系统在线部署在网络中，提供主动的、实时的防护，具备对 2～7 层网络的线速、深度检测能力，同时配合以精心研究、及时更新的攻击特征库，既可以有效检测并实时阻断隐藏在海量网络中的病毒、攻击与滥用行为，也可以对分布在网络中的各种流量进行有效管理，从而达到对网络架构防护、网络性能保护和核心应用防护。具体部署如下：

通过在企业云数据中心与互联网接入处部署两台入侵防护系统来实现对数据中心的网络攻击的防范，入侵防护系统往往以串联的方式部署在网络中，可以有效检测并实时阻断来自互联网隐藏在海量网络中的病毒、攻击与滥用行为。

针对企业云数据中心的入侵防护和入侵检测系统将执行以下的安全策略：

（1）防范网络攻击事件：入侵防护系统采用细粒度检测技术、协议分析技术、误用检测技术、协议异常检测，可有效防止各种攻击和欺骗。针对端口扫描类、木马后门、缓冲区溢出、IP 碎片攻击等，入侵防护系统可在网络边界处进行监控和阻断。

（2）防范拒绝服务攻击：入侵防护系统在防火墙进行边界防范的基础上，工作在网络的关键环节，能够应付各种 SNA 类型和应用层的强力攻击行为，包括消耗目的端的各种资源如网络带宽、系统性能等攻击，主要防范的攻击类型有 TCP Flood，UDP Flood，SYN Flood，Ping Abuse 等。

（3）审计、查询策略：入侵防护系统能够完整记录多种应用协议（HTTP、FTP、SMTP、POP3、TELNET 等）的内容。记录内容包括攻击源 IP、攻击类型、攻击目标、攻击时间等信息，并按照相应的协议格式进行回放，清楚再现入侵者的攻击过程，重现内部网络资源滥用时泄漏的保密信息内容。同时必须对重要安全事件提供多种报警机制。

（4）网络检测策略：在检测过程中，入侵防护系统综合运用多种检测手段，在检测的各个部分使用合适的检测方式，采取基于特征和行为的检测，对数据包的特征进行分析，有效发现网络中异常的访问行为和数据包。

（5）监控管理策略：入侵防护系统提供人性化的控制台、初次安装探测器向导、探测器高级配置向导、报表定制向导等，易于用户使用。一站式管理结构，简化了配置流程。强大的日志报表功能，用户可定制查询和报表。

（6）异常报警策略：入侵防护系统通过报警类型的制定，明确哪类事件，通过什么样的方式进行报警，可以选择的报警方式包括声音、电子邮件、消息。

（7）阻断策略：由于入侵防护系统串联在保护区域的边界上，系统在检测到攻击行为后，能够主动进行阻断，将攻击来源阻断在安全区域之外，有效保障各类业务应用的正常开展，这里包括数据采集业务和信息发布业务。

3. 实现边界防病毒

通过在企业云数据中心与互联网接入处部署防火墙并开启网络防病毒阻断能力，在网络层实现对病毒的查杀，病毒过滤网关运行在区域边界上，分析不同安全区域之间的数据包，对其中的恶意代码进行查杀，防止病毒在网络中的传播。

在网络中传播的病毒（比如蠕虫病毒），在没有感染到主机时，对网络已经造成危害，而病毒过滤网关在边界处就过滤了这些病毒产生的扫描数据包，从而为网络创造一个安全的环境。

病毒过滤网关与部署在主机、服务器上的防病毒软件相配合，从而形成覆盖全面、分层防护的多级病毒过滤系统，针对业务服务器区域边界，部署的防病毒网关将执行以下安全策略：

（1）病毒过滤策略：病毒过滤网关对 SMTP、POP3、IMAP、HTTP 和 FTP 等应用协议进行病毒扫描和过滤，通过恶意代码特征对病毒、木马、蠕虫以及移动代码进行过滤、清除和隔离，有效地防止可能的病毒威胁，将病毒阻断在敏感数据处理区域之外。

（2）恶意代码防护策略：病毒过滤网关支持对数据内容进行检查，可以采用关键字过滤、URL 过滤等方式来阻止非法数据进入敏感数据处理区域，同时支持对 Java 等小程序进行过滤等，防止可能的恶意代码进入敏感数据处理区。

（3）蠕虫防范策略：病毒过滤网关可以实时检测到日益泛滥的蠕虫攻击，并对其进行实时阻断，从而有效防止信息网络因遭受蠕虫攻击而陷于瘫痪。

（4）病毒库升级策略：病毒过滤网关支持自动和手动两种升级方式，在自动方式下，系统可自动到互联网上的厂家网站搜索最新的病毒库和病毒引擎，进行及时的升级。

（5）日志策略：防病毒网关提供完整的病毒日志、访问日志和系统日志等记录，这些记录能够被部署在三级计算环境中的日志审计系统所收集。

根据等级保护三级系统技术要求，"主机防恶意代码产品应具有与网络防恶意代码产品不同的恶意代码库"，在产品选型时考虑与主机防病毒不同厂商的产品。

4. 实现边界完整性保护

根据等级保护技术要求，即系统的边界应当能够有效监测非法外联和非法接入的行为，考虑到该区域内的主机设备均为服务器，不会主动对外发起访问，因此为实现边界完整性保护的要点就是要杜绝非法接入。应在企业云数据中心的接入交换机端口上绑定 MAC 地址，对于接入的非许可终端，由于其 MAC 不会被交换机识别，而有效防止了接入。

3.2.2.4 安全通信网络

根据等级保护防护要求进行通信网络保护，通信网络应当有网络安全监控、网络审计、网络备份/冗余与故障恢复、网络应急处理、网络数据传输安全性保护以及可信网络连接设备。采用网络安全审计、设备冗余、VPN 网关等技术来实现通信网络保护要求。

1. 实现网络安全审计

网络安全审计包括两个部分，一是在企业云数据中心的防火墙上开启审计功能，从而有效记录经过防火墙的所有访问行为，同时在安全管理区通过集中的日志审计系统，将防火墙日志收集起来，以便系统管理员能够对骨干网的活动状态进行分析，并发现深层次的安全问题；二是企业云数据中心关键的网络区域接入交换机上部署网络审计系统，主要是部署在数据中心核心交换机上。网络审计系统是根据跟踪检测、协议还原技术开发的功能强大的系统，为网上信息的监测和审查提供完备的解决方案。

网络安全审计系统以旁路、透明的方式实时、高速地对进出信息网络的传输信息进行数据截取和还原，并可根据用户需求对通信内容进行审计，提供高速的敏感关键词检索和标记功能，从而为完整地记录各种信息的起始地址和使用者，为保障关键应用系统，实现对应用访问的全面监控提供依据，并执行以下安全策略：

（1）网络信息内容监测和取证策略：对门户网站区和数据中心区的应用访问进行基于内容的审计，可根据管理人员的需求进行审计策略的设置。

（2）HTTP 监控策略：对于门户网站区和数据中心区通过 B/S 结构的应用系统，网络安全审计可以截获、记录、回放、归档被监测网段中所有用户浏览 WEB 页的内容，包括各种文件，如 HTML 文件、图像文件、文本文件等。

（3）审计数据守护策略：审计的内容采取单独的服务器和单独的数据库进行存放，并在审计数据库边界采取足够的安全防护措施，要保证除安全管理人员以外，任何人均无法单独中断审计进程，无法删除、修改或覆盖审计记录。

2. 实现远程安全传输

对于企业云数据中心存在远程办公用户通过互联网远程访问外网的需求，可采用 SSL VPN 的接入方式，实现以下安全策略：

（1）通信保密性策略：VPN 在传输数据包之前将其加密，以保证数据的保密性，防止数据在通过互联网传输过程中被窃听，造成信息泄漏。

（2）通信完整性策略：VPN 在目的地要验证数据包，以保证该数据包传输过程中没有被修改或替换，防止数据在通过互联网传输过程中被篡改，造成信息失真，对业务带来破坏。

（3）通信身份认证策略：VPN 端要验证所有受 VPN 保护的数据包，特别是验证远程访问者的身份，确保只有那些合法用户才能建立远程连接进行访问。

（4）抗重放策略：VPN 防止了数据包被捕捉并重新投放到网上，即目的地会拒绝老的或重复的数据包，通过报文的序列号实现。

（5）集中管理策略：对于远程用户，通过 VPN 集中管理器统一分发证书，这样能够很好地保持证书在网络中的唯一性，确保远程建立隧道时身份鉴别的有效性，防止非法地建立隧道并发起访问。

3. SSL 卸载

SSL 卸载集群支持 SSL 卸载功能（RSA、国密算法），将访问内网服务器中的 SSL 加解密过程由应用交付设备承担，SSL 卸载集群与服务器之间可采用非加密或者弱加密的 SSL 进行通信，极大地减小了服务器端对 SSL 处理的压力，从而将服务器的 CPU 处理能力释放出来。

3.2.2.5　安全管理中心

在网络安全建设方面，企业云数据中心不仅需要采用大量的防火墙对各核心单位和核心业务系统进行保护、部署 IPS 入侵防护系统对网络流量进行实时监控，还需要部署网络防病毒系统、漏洞扫描系统等措施来保证企业云数据中心网络安全稳定地运行。利用这些安全设备和安全服务可以成功阻断部分攻击，减小信息安全事故发生的概率，但是依然缺乏一套有效的网络安全保障体系，来对全网进行统一的安全管理，在采用安全集中管理平台后，对企业云数据中心安全保障体系的建设起到推动作用，确保企业云数据中心信息系统内部不发生安全事件。

通过构建以安全云管中心、安全防护资源池、安全监测资源池、安全管理资源池服务组成的整体框架，实现云服务客户私有网络环境下的安全防护能力。

通过部署安全管理中心，解决安全资源按需申请、统一纳管，租户自主部署应用；通过部署安全防护资源池，构建满足租户业务系统等保 2.0 的基础安全架构；通过部署安全监测资源池，解决租户业务流量安全审查、业务数据内容监测；通过部署安全管理资源池，实现租户网络安全的态势感知，租户智能化、流程化管理。

安全管理中心是用户安全管理的核心，定义各类标准安全服务，可同时纳管多种安全产品，如态势感知、日志审计、防火墙、入侵检测、防病毒、VPN、负载均衡、WAF、数据库审计、堡垒机、漏扫和抗 DDos 等。实现安全产品的集中管理和策略下发，为租户提供针对性的安全防护能力。同时安全运管平台为租户提供在线安全服务、安全协维，通过专业的安全服务运营团队快速响应租户安全需求。

平台与云管理平台深度融合，通过云管理平台的统一入口即可管理安全能力，同时可与 SDN 控制器相互关联，可识别租户边界网关节点，为安全产品分配对应租户的业务地址，实现租户流量的牵引与安全服务的编排。

3.3　数据中心建设

3.3.1　建设模式选择

根据企业数字化业务发展需求可以选择不同的多数据中心建设模式，建设模式分为以下 3 种（图 3.3-1）：

（1）同城灾备模式。两数据中心位于同城，通常采用波分或光纤互联，易于实现同城双中心之间的大二层互通和存储区域的互通，方便数据的同步镜像，可以保证数据完整性和数据零丢失，但无法避免区域灾难性故障。

（2）异地备份模式。生产中心和异地中心跨城域，距离通常在几百公里，互联异地采用高速专线。通过异步复制备份数据，无法保证数据零丢失。容灾半径较大，对人员要求

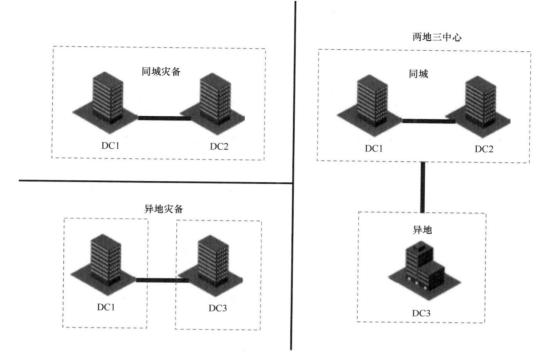

图 3.3-1　容灾数据中心建设模式图

较高。

（3）两地三中心。在主生产中心建立同城范围的两个中心形成 HA 方案，在另外一个地方建立一个异地中心形成 DR 方案。只有在同城双中心都无法执行任务时，才启用异地中心。

3.3.2　容灾方案

1. 容灾模式介绍

出于灾备（Disaster Recovery）的目的，一般都会建设 2 个（或多个）数据中心。主流的容灾模式包括主备模式和双活模式，主备模式又分为主备模式和互备模式，双活模式分为准双活模式和云双活模式。如图 3.3-2 所示。

2. 主备中心方案

在主备中心模式中，一个是主数据中心用于承担用户的业务，另一个是备份数据中心用于备份主数据中心的数据、配置、业务等。两数据中心间的备份方式一般有主备（Active-Standby）热备、冷备、双活（Active-Active）备份方式。其中主备数据中心有两种模式：

（1）主备模式：两个数据中心 1：1 建设，一个数据中心作为业务的主处理中心，数据全部落到该数据中心，然后数据通过数据库和存储的同步和复制技术将数据备份到备份中心，达到容灾的目的，但缺点是资源的利用率很低。

（2）互备模式：两个数据中心 1：1 建设，根据业务的需求及未来发展考虑，将不同

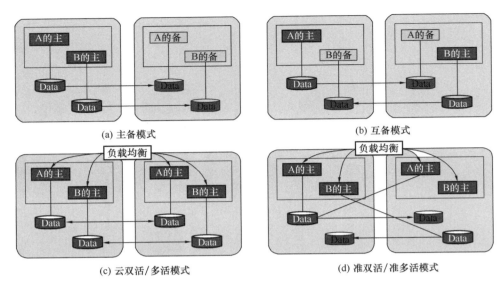

(a) 主备模式 (b) 互备模式

(c) 云双活/多活模式 (d) 准双活/准多活模式

图 3.3-2　容灾模式图

的业务部署在不同数据中心内，并且两中心承担各自业务的互备，数据通过数据库和存储的同步和复制技术将数据备份到备份中心，达到容灾的目的。这种容灾模式资源利用率较主备模式有一定优势，但整体资源利用率仍处于较低水平。

3. 双活中心方案

在双活中心模式中，两个数据中心均承载用户的业务，通过全局负载均衡、存储复制等技术实现应用及数据的负载。其中，双活数据中心有两种模式。

（1）准双活模式：双生产中心均需完成数据更新的业务，主中心通过数据复制技术将数据复制到同城，通过全局负载均衡、业务模块或用户的方式将业务分配到不同的中心，平时主要的处理能力均分配给生产应用系统使用，出现灾难时，根据需要接管的方式，动态调度资源给备份系统使用。同城中心的主机平时处于"备份"状态，但主要的资源均动态分配给生产系统使用，没有完全闲置的设备。数据库数据只在单边写入，同城采用数据同步的方式。

（2）云双活模式：业务或用户按照服务需求（On-Demand）将业务分配到不同的中心，平时主要的处理能力均分配给不同的中心。跨双生产中心建立共享的资源访问方式，并建立跨生产中心高可用集群。通过数据复制技术将数据镜像到对方，出现灾难时，根据需要接管的方式，按照当前的业务状态动态调度服务和资源（Business Resiliency），所有的中心、主机和存储设备均处于生产状态和实现负载分担。

3.4　企业管理平台建设

3.4.1　数字化总体控制平台建设

为解决公司各系统间在组织机构用户管理、门户建立、业务办理不互通、数据接口及传输不一致、数据反复录入重叠的问题，打通各专业系统间的壁垒，需要建设一套数字化总体控制平台，实现数据的对接，建立标准接口，集成各大业务系统数据，让总体控制平台成为"大脑"中台系统，所有数据向大脑汇集，由大脑发出指令。

3.4.1.1　系统内容

1. 统一用户中心

实现对自建系统的组织机构用户整合，包括用户信息整合、权限整合、鉴权认证等，提升平台系统间协同效率。通过单点登录（SSO）实现各个系统使用一个账号（4A账号）即可以登录所有自建系统。同时满足手机短信、微信（域名发布）、企业办公软件扫码登录。

2. 统一门户中心

集成新闻、通知、公告、待办、常用工具、业务系统入口等为一体，建立标准化工作台，以员工工作职责为中心，按照"一岗位一界面"制定与员工岗位职责相匹配的信息系统标准化工作界面。

3. 统一任务中心

建立统一待办任务中心，作为统一任务办理入口，待办任务中心中包含各自建系统的待办任务。建立完整、全面的任务管理系统微服务接口API，方便其他自建系统使用；建立统一的任务监控、分析系统，管理者实时掌控、统计任务办理进度；集成企业办公软件消息系统，提供丰富的提醒、督办功能。

4. 统一消息中心

消息中心提供统一的消息管理机制，内置WEB消息管理，可以与短信系统、邮件系统、协同办公软件集成，通过调用企业协同办公软件接口或短信服务网关实现交建通消息或短信推送；通过构建事件消息总线驱动引擎系统（简称EventBus），根据系统需要灵活定义触发条件完成系统消息、流程通知、用户消息的推送。

数字化总体控制平台集成数字化建造平台、企业信息管理平台、业财协同、网络安全防控平台等功能，推进数据中台建设，逐步实现公司所有数据的企业级交圈，所有业务平台的"一个入口"办理。

公司总体控制平台，应用数字孪生＋微服务架构灵活支持标准化与个性化需求，并确保数据标准统一，实现数据共享，支撑多元化数据应用。计划2023年完成平台的建设，全面上线应用。

3.4.1.2　国产化适配研究

针对关键软硬件产品"卡脖子"风险，推进核心数字化软硬件产品（如芯片、操作系统、数据库等）的国产化替代技术攻关，加强重要业务系统的国产化适配改造，其中包括相关中间件的适配或国产化替代，以及专业应用软件国产化替换，根据系统迁移需求扩容国产化资源环境，推动信创云建设，形成相关软硬件产品国产化替代应用实践报告及具有行业推广价值的国产化替代解决方案。

3.4.2　专业子平台、项目级平台建设

3.4.2.1　数字化建造平台

详见第2.4.1节数字建造平台。数字化总体控制平台建设总架构见图3.4-1。

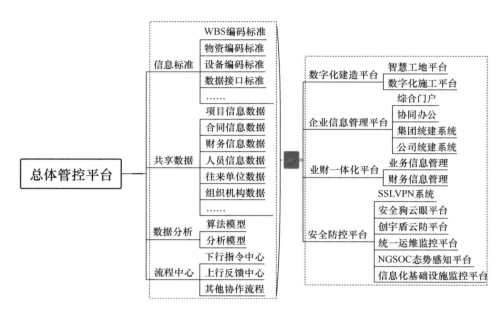

图 3.4-1　数字化总体控制平台建设总架构图

3.4.2.2　企业信息管理平台

企业信息管理平台是指利用数字化手段，通过数据的收集、存储、传递、管理和处理等手段，为办公人员提供数字化服务，以提高办公效率和办公质量的办公管理系统的统称。集团级企业信息管理平台建设是一项"集团统筹化、基层个性化"的体系化工程。以中交集团及其下属单位中交一航局为例。

1.　中交集团统建系统

中交集团已建办公应用平台 40 余个，包含 OA、门户等基础应用，以及 2022 年新建成的财务云业财协同平台，包含合同系统、分包系统、供应链系统和财务云系统。实现合同履约闭环、分包业务全流程、物资设备全管控等效果的业财深度融合。

2.　一航局统建系统

一航局已建立办公应用平台 16 个，包含印章、会议、评审等办公系统，以及 2022 年新建成一航智库共享平台和错时线上会议系统。

（1）一航智库共享平台

一航智库共享平台集成知识云库、专家智库、单点集成、云端交互等功能，可以按照单位部门业务自行规划和权限划分，具备知识资料的检索、浏览、申请借阅和下载等功能，也可上传技术资料和审核他人上传的技术资料等，同时还具备扩展功能，并可以为其他自建系统提供统一身份认证服务（图 3.4-2、图 3.4-3）。

一航智库共享平台实现了公司总部、子分公司、项目部三级全部覆盖，实现了与交建通单点登录对接，与集团 HR 组织机构人员数据同步。目前该软件应用情况良好，共创建 56 个知识主题、1517 个文档分类栏目，13300 份文档资料、20124 个文件资料。初步实现了从个人知识到公司知识的转化，并根据权限可以在公司内传播，形成全公司的成果知识库。一航智库共享平台于 2021 年 10 月 27 日获得了国家版权局颁发的计算机软件著作权登记证书。

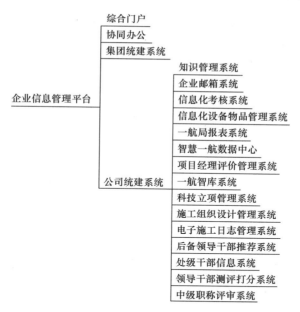

图 3.4-2 "一个平台"的"企业信息管理平台"建设架构

图 3.4-3 一航智库共享平台

（2）错时线上会议系统

错时线上会议系统（图 3.4-4）是集线上提案审批、会议发起、会议发言、会议资料汇总打包为一体的线上会议管理平台，同时具备全程语音、文字等多种输入方式，是安全稳定、可追溯、可查询的新型错时会议系统。

错时线上会议平台可进行线上提案审批、线上会议审议并留下语音、文字等发言记录；会议结束后可以一键打包归档会议资料。主要功能有：提案申请、提案审批、提案查询、会议创建、提案汇报、会议审议发言等功能。实现了 PC 端、手机端均能进行提案审批和会议审议；审批流程包括提案审核审批过程、领导提交审议、归档等全过程；可导出每份提案文单、提案附件及语音文字记录；可生成提案列表，并导出；每次办公会可从多提案中选择本次上会提案进行线上审议。目前错时线上会议平台已应用到公司总经理办公会，已提交审批提案 49 个，上会提案 19 个，待上会提案 16 个，已召开 2 次线上会议。

错时线上会议平台可以满足防疫特殊情况下的线上会议需求，为公司创新会议模式、减轻会议负担、提高会议效率、提升公司治理能力提供了一个比较好的措施和手段。

图 3.4-4　错时线上会议系统

3.4.2.3　业财一体化平台

业财一体化平台（图 3.4-5）以业财深度融合高目标导向为指引，结合企业实际情况，按照主干统一，末端灵活的管控要求，在遵循统一基础数据标准、符合总体管控规则的前提下，按照"财务替换＋数据贯通＋业务提升＋业财一体化"全面业财协同高目标导向建设完成。包含投标管理、项目立项、合同管理、线上印章签署、物资管理、设备管理、成本管理、风险管理、进度管理等功能模块，与合同系统、供应链系统、主数据系统、财务云系统完成对接，实现主数据标准落地、业务流程标准化，一数一源，一源多用。通过项目管理及数据来源于业务，财务云系统应用审批完成的业务传递数据，实现初审、稽核、制证，形成全经济业务链条的数据管理、支付、分析一体化体系。

通过业财的深度融合，达到数据的分析，趋势的判定，实现"强管控、看数据、现价值"的总体目标，依照以往项目评估后续项目所需资源，提高预警，防范风险。通过识别风险管控点，内置于系统，实现过程管控。通过细化业务数据与指标，将财务指标和业务指标联系起来，达到财务依赖前段业务的合规性、避免"两层皮"，提升运营质量、控制企业风险。

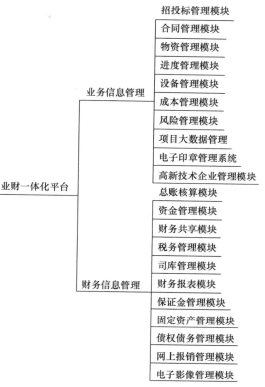

图 3.4-5 "一个平台"的"业财一体化平台"建设架构

3.4.2.4 安全防控一体化平台（图 3.4-6）

1. SSLVPN 系统平台

（1）资源分配管理。SSLVPN 资源分配功能，是管理员对本集团现有应用系统进行添加供 VPN 使用者进行访问，通过资源分配功能可以依据公司的组织架构针对性地进行资

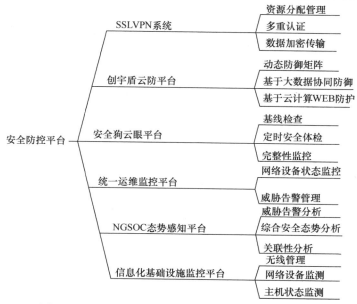

图 3.4-6 "一个平台"的"安全防控平台"建设架构

源分配。

（2）多重认证。认证方式多种多样，整体上可分为本地认证、第三方认证、动态认证以及混合认证，支持用户密码认证、图形验证、本地 CA 认证、动态令牌认证、UK 认证等使得认证体系构建简单方便，强化接入用户身份鉴别，多种认证方式与（或）组合实现不同使用者安全登入需求。

（3）数据加密传输。SSLVPN 采用丰富的加密算法，支持 AES、DES、3DES、RC4、MD5 等多种国际标准加密算法、并且支持国密办安全算法、提高全面安全保障，数据利用标准 SSL 协议进行封装，完全符合标准 SSLVPN 技术规范。

2. 创宇盾云防平台

（1）动态防御矩阵。创宇盾通过多个监测平台以及多安全视角，通过 AI 技术实时进行多维度分析，及时感知网络空间安全态势，动态优化业务系统防御策略。

（2）基于大数据协同防御。创宇盾协同防御机制可以针对不同业务系统的攻击数据进行关联性分析，提炼出最新的漏洞信息，包括 0day 漏洞，只要发现业务系统被攻击，就会全网封锁该攻击，利用大数据平台，进行联合协同防御。

（3）基于云计算 WEB 防护。创宇盾基于大数据及云计算技术实现 WEB 安全防护，通过云平台优势，自身已拥有庞大的样本库，并依旧在持续更新，基于此优势可以着实有效地抵御十大主要威胁攻击。

3. 安全狗云眼平台

（1）基线检查。提供官方等保基线模板，满足等保二级以及等保三级要求，支持用户批量下发策略进行基线检查。

（2）定时安全体检。主动发起主机深度检测，支持自定义体检项体检、自定义路径体检、即时体检及定时体检、批量体检策略下发、体检报告生成导出及体检结果自动评分。

4. 统一运维监控平台

（1）网络设备状态监控。此模块基于 SNMP 协议精准定位每台设备的运行状态。操作员可以查看当前设备的运行状况，也可以对状态进行处置。

（2）威胁告警管理。对网络提供告警监控，出现故障后能及时通过短信或者告警消息等方式进行通告，并能提供告警分析、统计报告，提供主动式得到故障解决方案，使运维人员迅速定位故障。

5. NgSoc 态势感知平台

（1）威胁告警分析。基于奇安信独有的数据优势及技术优势，可以将最有价值的威胁情报源源不断地推送至 NgSoc。通过持续检测及场景分析，第一时间掌握遭受攻击、设备沦陷情况及网络攻击走向。

（2）综合安全态势分析。通过全流量监测技术可还原十几种网络协议，对失陷的主机、网络入侵等精准检测，并根据 11 个安全态势感知视图分别从不同的安全运营角度对网络态势进行呈现。

（3）关联性分析。平台搭载分布式流式关联分析引擎 SABRE，提供多源数据关联分析、灵活的威胁建模、丰富的上下文信息展示能力，帮助提升威胁检测精准度。

6. 信息化基础设备监控平台

（1）无线管理。可实现无线网络资源分配、IP 地址管理、用户信息管理等。

（2）网络设备监测。可查看当前网络设备的运行状况、性能变化，发生硬件故障第一时间进行告警通知。

（3）主机状态监测。提供了统一采集和查看设备性能数据的功能，操作员可以查看设备当前的运行状况，也可以查看设备运行的历史数据，通过对性能数据的采集分析可了解主机的整个运行情况、在线情况，找出影响性能的瓶颈。

4　新兴技术赋能数字建造

随着互联网＋、5G 等相关技术的发展与成熟，在数字技术为代表的现代科技引领下，利用新技术破局在新一轮调整中已初见端倪。建筑工程行业面临着以 BIM 技术为核心的数字孪生、"云大物移智链"、中台及工业互联网等新兴技术体系及包括北斗通信、AR/VR、3D 打印、数字标识、生物识别、量子计算等其他技术应用为主的信息技术与科技应用新趋势，有望在融合数字化基因的过程中，逐渐摆脱粗放的传统标签，实现数字化转型，助推实现"智造强国"战略。

4.1　云计算

4.1.1　云计算概念与特点

云计算是分布式计算的一种，指的是通过网络"云"将巨大的数据计算处理程序分解成无数个小程序，然后通过多部服务器组成的系统进行处理和分析，这些小程序得到结果并返回给用户，是一种全新的网络应用概念。

云计算是基于云端储存大量计算数据展开计算，为用户提供计算结果的计算方式。云计算主要内容是与互联网相关服务的增加、应用以及信息交互等，通常所涉及资源以互联网为提供渠道，具有形态性、易扩展性、虚拟性等特征。

在云计算网中，云计算主要是指以分布式计算、并行计算和网格计算相关技术的发展为基础，涵盖硬件、I/O 服务及开发平台等大量可用虚拟资源的资源池。运用这些虚拟资源可按照不同负载重新动态配置，实现对资源利用率的优化。

云计算是一种让计算资源全部集中，借助于计算机硬件虚拟化技术，为云计算客户提供较强计算能力、数据储存空间等资源的商业化计算模型。计算会通过计算机自身固有集成性资源池接受运算数据分配，让不同应用系统依据自身需求完成存储空间、信息分类整理或更多计算能力获取。

综合云计算的定义，云计算技术的特点主要体现在以下方面。

（1）云计算系统为用户提供透明服务，用户获得所需服务无须了解具体机制。

（2）采用冗余方式提高可靠性，由很多商用计算机组成集群将数据处理服务提供给用户。计算机数量的明显增多，显著提高错误率。采用软件方式确保数据可靠性，无需专用硬件可靠性部件的支持。

（3）高可用性。充分利用集成海量存储和高性能计算能力，云系统可提供较高水平的服务。自动检测失效节点，并将其彻底排除，避免对系统正常运行产生不良影响。

（4）编程模型层次高。用户通过简单学习，可在云系统上编写并执行云计算程序，以满足需求。

（5）经济性。与性能差异不大的超级计算机相比，组建商业机集群无需过多的经费。

4.1.2　云计算关键技术

云计算是从网格计算的发展演变而来。网格计算提供的云计算支持的基本框架，是继20世纪80年代大型计算机转变为客户端云计算-服务器之后逐渐兴起的一种新兴计算模型。云计算在技术上是通过虚拟化技术架构起来的数据服务中心，实现对存储、计算、网络等的资源化，按照业务需求进行资源动态分配。云计算在编程模式、数据存储、管理等很多方面的技术都有与众不同的特点。

1. 数据存储技术

云计算为保证高可靠性、高可用性及经济性，采用分布式存储方式。云计算系统需同时满足很多用户的不同需求，为其提供高效率的并行服务。高吞吐率和传输率是云计算数据存储技术的特点。其发展主要体现在数据加密、超大规模数据存储、确保安全性及输入输出速率明显提高等方面。

2. 数据管理技术

在云计算数据管理技术中，如何在大规模数据中找到特定数据也是一个待解决的比较重要的问题。云计算的特点是存储、读取海量数据后进行分析，读数据操作频率明显高于更新数据频率，云中数据管理是对数据管理的读优化。所以，在数据库领域中通常采用列存储的数据管理模式对云系统进行数据管理。

3. 编程模型

云计算主要采用 MapReduce 编程模式。目前在"云"计划中，很多互联网厂商提出采用基于 MapReduce 的编程模型。它不只是一种编程模型，也是一种高效的任务调度模型。

该编程模型不仅适用于云计算，在多核和多处理器及异构机群上同样具有良好性能。研究发现该编程模式仅适用于编写任务内部松耦合、能够高度并行化的场合。不断完善该编程模式，使程序员能够轻松编写紧耦合程序，运行时高效调度和执行任务是 MapReduce 编程模式未来的发展趋势。MapReduce 是一种处理和产生大规模数据集的编程模型，程序员在 Map 函数中指定对各分块数据的处理过程，在 Reduce 函数中指定如何对分块数据处理的中间结果进行归约。当在集群上运行 MapReduce 程序时，程序员不需要关心如何将输入的数据分块、分配和调度，同时系统还将处理集群内节点失败以及节点间通信的管理等。

执行一个 MapReduce 程序需要五个步骤：输入文件、将文件分配给多个 Worker 并行执行、写中间文件、多个 Reduce workers 并行运行、输出最终结果。写中间文件能够明显减轻网络带宽的压力并有效缩短耗费时间，执行 Reduce 时，根据从 Master 获得的中间文件位置信息，Reduce 采取远程过程调用方式，从中间文件所在节点中读取所需数据。MapReduce 模型的容错性强，节点产生错误时，只需要将 Worker 节点屏蔽在系统外直至完成修复，并将该 Worker 上的执行程序迁移到其他 Worker 上重新执行，同时通过 Master 向所需节点处理结果的节点发送该迁移信息。MapReduce 主要采用检查点方式处理 Master 出错失败的问题，当 Master 产生错误时，可根据最近检查点重新选择一个节点作为 Master，并由此检查点位置继续运行。作为比较流行的云计算编程模型，MapReduce

具有比较广阔的应用前景。但对基于 Hadoop 开发工具的相关研究还不够深入，特别是调度算法需要不断完善，所以在虚拟机级别上采用什么算法实现资源调度是目前待解决的一个难题。

4.1.3　云计算应用的意义

云计算应用正从互联网行业向政务、金融、工业等传统行业加速渗透。通过与工业物联网、工业大数据、人工智能等技术进行融合，工业研发设计、生产制造、市场营销、售后服务等产业链各个环节均开始引入云计算进行改造，从而形成了智能化发展的新兴业态和应用模式。

云计算作为新一代信息技术的基石，也是智能建造的核心平台。如何通过云计算加速传统建筑行业转型，提质增效，通过产业协作平台提高服务创新能力，将物联网和人工智能转化成产业升级新动能，成为智能建造的战略目标。传统建筑行业从设计、施工、交付，到运营和管理等，系统之间存在大量数据孤岛，不同系统的数据无法共享，难以互联互通，无法通过全流程智能分析提高业务管理运营效率。在数字经济时代，个性化服务创新能力和市场迅捷响应速度直接决定着企业的竞争力。现在越来越多的制造企业通过托管云和混合云替代传统 IT，以提高业务响应速度和企业内部运营效率。云计算的普及和应用改变了 IT 设施投资、建设和运维模式，实现了计算能力的资源化整合和商品化服务。

4.1.4　云计算在数字建造中的应用价值

1. 提升数据处理能力，资源集中共享

未来信息发掘空间极大，而信息发掘以大量数据为前提。基于此，在一些领域，例如工程造价，信息若完成深度发掘，需对计算机技术提出较高要求。一方面，此类信息形式多样，更迭极快。另一方面，需从海量数据深挖知识规律，确定不同造价信息之间的关联性。云计算的存储与计算技术为海量数据处理奠定基础，分散式多节点任务处理模式使数据处理速度加快，像 IT 企业应用 GFS 或 HDFS 技术就实现了数据储存的分布式，也实现了数据可靠性、传输率、吞吐率的提升与保障。

信息资源应用模式间通常存在互补性，应用程序有不同时段访问高峰。受全球时间差影响，国际范围内此种错峰现象更为突出，云计算可让这些错峰资源高度集中，以虚拟技术为载体，把分散基地设施与数据集结形成资源池，借助于负载均衡技术调控，将用户需求任务通过多个操作单元均衡分配并执行需求操作，以削峰填谷为目的，达到数据资源投入与应用成本控制。云计算就可以通过完整结合这些资源，让其共享，以期提高资源利用率，不同应用资源配置还可通过一份资源获得满足，不同资源亦可满足同一资源配置。

2. 强化专业分工，按需索取

正所谓术业有专攻，云计算的"专攻"不难理解。用户只需借助于云端获得所需资料，无需关注所使用数据如何完成配置，也无需关心自身是否完成具体运算技术与管理。程序员仅负责后台开发等编程工作即可。IT 行业外用户则只需享受专业外包分工服务，由专业人士完成用户不擅长内容，让用户获取所需资源，社会整体生产效率得以提升。

有权威学者以发电厂来比喻云计算，认为以往的网络服务像"个体发电厂"，而云计算则像"大型专业化发电厂"。要完成"发电"工作，"个体发电厂"需独立购置专属发设备。"大型专业化发电厂"则无需用户投入基础设施建设，其由自身完成基础设施搭建，以大型资源池形式，让用户从中统一获取需求服务信息，付费以使用量为标准，其基础设施管理与维护由"大型专业化发电厂"自身完成。云计算当前常用收费方式有按量与按时两种，也有提供免费体验服务的平台，如百度网盘和腾讯云等。

　　3. 扩容极具灵活性，应用服务可移动

　　在"集中供电"模式下，用户服务量不再固定，而是根据自身需求灵活扩容。在高峰期阶段，支付一定费用实现扩容；在低谷阶段，用户还可自主选择退订服务。例如，苹果iCloud 提供 5GB 免费存储空间，当用户具有更高容量需求时，付费即可扩容。

　　云计算提供相应服务必须依靠互联网，而云端服务器上分布着云计算所需数据库、应用软件和存储计算功能等。当然，用户操作相对简单，只需在手机、电脑等有互联网情况下从 WEB 浏览器获取服务信息即可，所获得数据信息不受时空限制且实时更新。

4.2　大数据

　　在建筑工程行业，大数据应用引领项目全过程变革与升级，有效提升项目管理水平和交付能力，实现建筑产品升级，建造过程全面升级。对于建筑工程来说，工程项目本身的复杂性，多岗位、多专业、多参与方的共同参与，决定了项目各项任务与工作的协作与整合至关重要。以工程大数据中心汇聚的多源异构数据为基础，以 BIM＋PM（项目管理）的专业应用和智慧工地应用为核心，集成工程项目的"人、机、料、法、环"等关键生产要素数据和信息，进行实时、全面、智能的监控和管理，形成项目的统一协同交互能力，有效支持现场作业人员、项目管理者、企业管理者各层的协同和管理工作，进而更好地实现以项目为核心的多方协同、多级联动、普遍互联、管理预控、整合高效的创新管理体系，保证工程质量安全、进度、成本建设目标的顺利实现。

　　数据湖将工程项目的设计、施工、运维全产业链所产生的原始数据汇聚，形成一致、可靠、安全的数据源。数据仓库可用于招投标的算法分析工作，工程项目资源、进度、质量、安全、成本等特定分析模块的结构化数据的集成与加工处理，数据驾驶舱以及生产运营监控等可视化报表展示。数据中台可结合先进的机器学习、数字化预测与数据模拟等技术，辅助企业构建并优化数据运营模型，提供预测分析、AI 算法推荐等，赋能数字建造能力的后续增长。

4.2.1　大数据的概念及特点

　　大数据本身是一个比较抽象的概念，单从字面来看，它表示数据规模的庞大。但是仅数量上的庞大显然无法看出大数据这一概念和以往的"海量数据"（massive data）、"超大规模数据"（very large data）等概念之间有何区别。对于大数据尚未有一个公认的定义，不同的定义基本是从大数据的特征出发，通过这些特征的阐述和归纳试图给出其定义。在这些定义中，比较有代表性的是 3V 定义，即认为大数据需满足 3 个特点：规模性（Volume）、多样性（Variety）和高速性（Velocity）。除此之外，还有提出 4V 定义的，即尝试在 3V 的基础上增加一个新的特性。关于第 4 个 V 的说法并不统一，国际数据公司（International Data Corporation，IDC）认为大数据还应当具有价值性（Value），大数据的价值往往呈现出稀疏性的特点。而 IBM 认为大数据必然具有真实性（Veracity）。维基百科对大数据的定义则简单明了：大数据是指利用常用软件工具捕获、管理和处理数据所耗时间超过可容忍时间的数据集。

而今大数据作为一种新兴技术，可以通过对海量数据进行采集、分析、存取、处理，并整理成为帮助企业经营决策的数据资讯。

数据量大、速度快、类型多、复杂性高是大数据的主要自然特征。随着大数据逐步成为驱动数字经济发展的核心要素，使其与劳动、资本、技术、土地一起构成经济新范式，重视和利用数据要素价值已成为社会各界的广泛共识。

1. 体量巨大

对于当前各领域的数据集合，TB 、PB 的数据量级单位已不能满足需求，目前已开始使用 EB 和 ZB 进行衡量。

2. 速度快

一般指处理速度与产生速度。大数据往往和人工智能、物联网等技术结合应用，对数据的实时响应要求高。大数据的处理效率又称为"1 秒定律"，即可以在秒级时间内获取分析结果。

3. 维度多

大数据具有多个维度。以人为例，具有性别、年龄、身高、体重、身份证号码、学历、家庭住址等多个属性。数据的多维度、多层次属性应用到社会生产的各个领域，可以加速流程再造，提高生产效率，加速供需信息匹配，提高协同效率，从而创造更大的价值。

4. 复杂性高

大数据复杂性高。由于记录工具不同和应用场景不同，一方面，数据结构不尽相同，呈现出文字、图像、音频、视频等不同的形式；另一方面，在内容逻辑层面也出现看似杂乱无章，实际有章可循的现象。

5. 依附属性强

与传统有形资源不同，大数据具有虚拟性、无形性，无法单独存在，往往需要依赖硬件设备存储，依赖软件平台读取、操作。只有将数据存储在相应介质并通过设备显示，数据才能以更直观的方式被感知、度量、传输、分析与应用，数据质量的好坏、价值的高低才可能被评估。数据的虚拟性、无形性决定了其管理与数据平台管理不可分割，数据的价值与平台算力、算法模型密切相关，倒逼现行资产管理办法升级完善。

4.2.2　大数据关键技术

1. 数据湖

"数据湖"是通过将原始数据分类存储到不同数据池，并在各数据池里将数据整合转化成容易分析的统一存储格式进行存储，以方便用户对大量原始数据池中原本几近废弃的数据加以分析利用，从而产生经济效益。

随着计算机技术的迅速发展，数据量日益增多，因而大数据管理也是大数据发展中的一大挑战。数据池是可存储大量不同来源、格式各异的数据的存储空间，而数据湖，则是包含多个数据池的存储空间，而且每个数据池中的数据都是来源相同并在池内进行整合形成格式统一的数据。目前使用的数据湖大多都是单向的，即这些数据湖的功能只是存储大量废弃数据，因未对其中数据进行分类、整合，故无法将这些数据提取并加以利用。原因有如下三点：一是这些废弃数据存储到数据湖中时没有对其进行类别标记；二是存储时没有对同类数据进行整合；三是数据存储为文本方式，给数据分析带来困难。

为使数据湖不再是"数据沼泽"，双向数据湖既可存储数据又可对数据湖中的数据加以分析和使用，方法是将单向数据湖分割为五个不同类型的数据池，包括原始数据池、模拟数据池、应用数据池、文本数据池和档案数据池，分别用来存储不同类型的数据并对它们之间建立联系来共享信息。用户可大量提取数据湖中的数据，找出数据间的联系，进而用于特定的商业分析。

目前，实现数据湖常用的手段是 Hadoop。进化后的 Hadoop 数据管理架构依托 Apache Falcon 数据管理平台，将数据群与程序、运算规则、显示器和历史记录联系到一起，完成数据湖的使用目标。

GE 工业数据湖体系将数据的管理、运算和存储进行预先规划，可优化整个程序链上的信息负载量。首先，它将优化关键任务工作负载，为产业互联网应用提供信息，以解决服务等级协议（SLA）中的重点；其次，它能够快速地录入、存储和计算各种运算数据以支持多个模式和数据类型；再次，它可以进行高性能数据分析；最后，数据湖将对数据进行管理并形成数据连接。

问题的分析过程大致分为两步：搜集数据和分析数据。首先，通过机器学习（Machine Learning）和概念搜索（Concept Search）在数据湖中搜集那些标准不清晰的数据。查找方法有很多种，比如：首先查找数据的限制因素，然后检查数据标签，最后找到大量的数据。其次，由于数据湖中的数据是以一种统一的、适合一般用户直接提取用作分析使用的格式存储的，故当用户搜索到目标数据时，便可将其直接植入业务并对数据进行分析。分析方法有如下几种：（1）对数据进行简单排序，突出显示重要数据；（2）汇总数据，找回丢失的数据；（3）比较数据；（4）去除奇异值；（5）数据可视化。

总之，将数据分类存储于不同数据池中，然后将各数据池中的数据以统一的标准格式进行存储，把不可用数据变为可用数据，带给用户极大的搜索便捷和商业价值。

数据湖实现了把原始数据按类存储到不同的数据池中，并在各数据池中将其中数据转化为统一的、可直接提取用于分析使用的格式进行存储。它的产生具有极大的商业价值。首先，它把不同种类的数据汇集到了一起。其次，它将很多原本无法用作分析的数据变得不需要预定义的模型就可以提取使用，对大数据分析做出了极大贡献。然而数据湖架构也存在许多方面的挑战，其一，数据湖中很多数据永远不会删除，所需存储空间架构庞大。其二，信息安全问题。数据湖架构可看作是将所有鸡蛋放进一个篮子里，如果其中一个数据池的安全被破坏，那么数据湖中所有数据将可能被访问。

2. 数据仓库

20 世纪 90 年代，数据仓库的概念第一次出现，具体定义为：数据仓库就是面向主题的、集成的、与时间相关的、稳定的数据集合。数据仓库与传统的数据库相比具有比较大的不同，其能够服务于高层的决策。数据仓库不仅可以采集、组织、储存大量的信息员的数据，还可以针对这些历史数据进行加工和变化，由此得到相关的信息和数据就可以用于决策的分析，这可以使决策者所作出的决策更具有科学合理性。另外，数据仓库还是一种面向主题的数据库，简单来说，就是可以按照一定的主题进行数据的组织，并且按照决策和分析的具体需求进行数据信息的处理。并且数据仓库还是一种包含历史数据和信息的数据库，这也代表着数据仓库不仅能够用于检索，还能够对整个组织的运行状态和未来的发展趋势进行分析处理。数据仓库的基本架构中，数据源既可以是特定的数据文件，也可以是其他的数据源，可以为一系列的普通、传统业务数据库进行服务。

数据的采集和处理，就是针对需要的数据进行采集，从各个数据源中抽取相关数据，后续经过转换、集成操作之后，载入数据仓库当中。

数据仓库树要储存两种类型的数据，一类是元数据，这是数据仓库的基本构成单元，用于描述数据仓库内数据的结构和建立方法。另一类数据就是实视图，可以为决策制定人员服务，进而使得做出来的决策变得更加科学合理和有效。

数据仓库与传统的数据库之间存在很大差别，其已经脱离了软件产品的范畴，能够提供一种综合性的解决方案，其中功能强大的分析工具可以针对数据进行深度处理。在对数据仓库进行运用的过程中，必须要注重数据的一致性、完整性和准确性，这样才能提供高水平的数据和服务。为了使数据仓库质量方面的问题得到有效的解决，可以在元数据库中融入质量维度的质量模型，实现系统化的测量，提高数据质量，这也是数据仓库最为重要的一个发展方向。

3. 数据中台

数据中台是企业数据体系与数据产品的结合物，更是一种解决方案与战略选择。从狭义上看，数据中台是由数据治理产品、数据管理系统与大数据应用平台组成，通过数据建模实现跨域数据整合，通过数据管理完成数据体系建设，通过数据应用平台对内对外提供大数据服务与应用集合。

数据中台的一种具体体现为业务中台，其主要作用为更好地服务前台进行规模拓展与业务创新，所以业务中台集成了大量的组件化产品，前台需要什么资源就从中台拿，以确保前台具备更强的灵活性。同时，将以数据治理与数据建设等数据管理活动为特征的中台称为数据中台，旨在打破数据隔阂，解决企业面临的数据孤岛问题，从前后台流入的各类数据，经过中台的计算与产品化，构成了企业的核心数据能力，为业务提供数据服务与决策赋能。业务数据双中台的模式，为其他企业开辟了一条新道路，于是各类中台在各企业内部逐步形成，并衍生出越来越多的中台形式。

数据中台首先要融合企业内外数据，根据实际情况进行数据体系建设，打破数据隔阂，解决企业面临的数据孤岛、数据标准不一致等问题。在解决上述问题后，还需要进行可落地的数据产品建设，从而打造出一套行之有效的数据产品体系。数据中台被广泛应用，其特点如下。

（1）项目成果能见度高

数据中台不同于业务中台，虽然业务中台直接服务前台，但是其项目成果不易量化，反观数据中台，不管是数据治理（数据资产化），还是支撑业务决策（数据业务化），项目成果能见度高，容易出成绩，可以增强决策者对数据中台的建设信心。

（2）对现有组织架构影响小

数据中台不像业务中台那样大刀阔斧地去劈开各系统间的壁垒，它更像一阵春风，悄无声息地滋润着企业的每个部门，也可以把它形容成藤蔓，缠绕在各类系统上，从各系统获取数据，然后经过加工反哺给各系统。这样的共生关系，不会影响原有各系统的运行，也不会对原有组织架构产生过多影响。

4. 机器学习

机器学习的实现需要机器学习算法的分布式支持。目前分布式机器学习应用广泛，遍布计算机视觉、语音识别、自然语言处理、推荐系统等领域。机器学习算法按学习方式可分为监督学习、半监督学习、非监督机器学习和强化学习。监督学习和半监督学习在分类和回归问题上应用时具有较好的效果，非监督学习方式在关联规则和聚类问题上表现突出，而强化学习方式更适合处理与环境有交互的问题，如机器人控制和自动驾驶。大数据下的机器学习算法，从大数据特征选择、分类、聚类及关联分析等方面阐述了传统算法的弊端及机器学习算法在各自适用领域的发展情况。

计算量庞大和数据通信密集的机器学习问题，在资源有限的单机上无法得到解决。机器学习算法的分布式实现既可加快计算速度，又可达到模型的线性扩展。其实现思想就是划分大规模网络模型并将其分配给不同的机器进行分布式计算，在每次迭代完后对各机器的计算结果进行融合，直至算法收敛。机器学习算法的分布式实现的主要障碍在于：（1）分布式计算中各机器之间的通信延迟较单机下的通信延迟多几倍；（2）分布式计算下容易因宕机或各机器计算结果的差异影响模型收敛，因此容错性也是算法分布式实现的主要瓶颈。分布式机器学习在实现时需要将分布式机器学习平台、机器学习算法以及分布式优化算法三者结合才能达到分布式计算的理想效果。

4.2.3 大数据应用的意义

大数据表面上看就是大量复杂的数据，这些数据本身的价值并不是很高，但是对这些大量复杂的数据进行分析处理后，却能从中提炼出很多有价值的信息，或深刻的洞见，最终形成企业变革之力。

在这个"数据决定一切的时代"，谁能够掌握大数据，谁就能在发展过程中把握先机。如今，大数据技术在诸多企业发展过程中起着重要作用，很多应用程序开发商和大型公司都运用大数据技术扩展大数据项目，通过数据分析为企业带来更为明智的策略。

此外，大数据技术还能提高生产力，改善营销决策，为企业带来更好的发展前景，像微软、亚马逊等大型跨国公司都在采用大数据解决问题，越来越多的行业领域如大型港口、物流、零售等企业，都开始涉足大数据应用，来提升自身在行业内的影响力。

4.2.4 大数据时代面临的新挑战

大数据时代的数据存在着如下几个特点：多源异构；分布广泛；动态增长；先有数据后有模式。正是这些与传统数据管理迥然不同的特点，使大数据时代的数据管理面临着新的挑战。

4.2.4.1 大数据集成

数据的广泛存在性使得数据越来越多地散布于不同的数据管理系统中，为了便于进行数据分析，需要进行数据集成。数据集成看起来并不是一个新的问题，但是大数据时代的数据集成却有了新的需求，因此也面临着新的挑战。

1. 广泛的异构性

传统的数据集成中也会面对数据异构的问题，但是在大数据时代这种异构性出现了新的变化。主要体现在：（1）数据类型从以结构化数据为主转向结构化、半结构化、非结构化三者的融合。（2）数据产生方式的多样性带来的数据源变化。传统的电子数据主要产生于服务器或者是个人电脑，这些设备位置相对固定。随着移动终端的快速发展，手机、平板电脑、GPS 等产生的数据量呈现爆炸式增长，且产生的数据带有很明显的时空特性。（3）数据存储方式的变化。传统数据主要存储在关系数据库中，但越来越多的数据开始采用新的数据存储方式来应对数据爆炸，比如存储在 Hadoop 的 HDFS 中。这就必然要求在集成的过程中进行数据转换，而这种转换的过程是非常复杂和难以管理的。

2. 数据质量

数据量大不一定就代表信息量或者数据价值的增大，相反很多时候意味着信息垃圾的泛滥。一方面很难有单个系统能够容纳下从不同数据源集成的海量数据；另一方面如果在集成的过程中仅仅简单地将所有数据聚集在一起而不作任何数据清洗，会使过多的无用数据干扰后续的数据分析过程。大数据时代的数据清洗过程必须更加谨慎，因为相对细微的有用信息混杂在庞大的数据量中。如果信息清洗的粒度过细，很容易将有用的信息过滤掉。清洗粒度过粗又无法达到真正的清洗效果，因此在质与量之间需要进行仔细的考量和权衡。

4.2.4.2　大数据分析（analytics）

传统意义上的数据分析主要针对结构化数据展开，且已经形成了一整套行之有效的分析体系。利用数据库来存储结构化数据，在此基础上构建数据仓库，根据需要构建数据立方体进行联机分析处理（On-Line Analytical Processing，OLAP），可以进行多个维度的下钻（drill-down）或上卷（roll-up）操作。对于从数据中提炼更深层次知识的需求促使数据挖掘技术的产生，并发明了聚类、关联分析等一系列在实践中行之有效的方法。这一整套处理流程在处理相对较少的结构化数据时极为高效。但是随着大数据时代的到来，半结构化和非结构化数据量的迅猛增长，给传统的分析技术带来了巨大的冲击和挑战，主要体现在以下方面。

1. 数据处理的实时性（timeliness）

随着时间的流逝数据中所蕴含的知识价值往往也在衰减，因此很多领域对于数据的实时处理有需求。随着大数据时代的到来，更多应用场景的数据分析从离线（offline）转向了在线（online），开始出现实时处理的需求，大数据时代的数据实时处理面临着一些新的挑战，主要体现在数据处理模式的选择及改进。在实时处理的模式选择中主要有 3 种思路即：流处理模式、批处理模式以及二者的融合。虽然已有的研究成果很多，但是仍未有一个通用的大数据实时处理框架。各种工具实现实时处理的方法不一，支持的应用类型都相对有限，这导致实际应用中往往需要根据自己的业务需求和应用场景对现有的这些技术和工具进行改造才能满足要求。

2. 动态变化环境中索引的设计

关系数据库中的索引能够加速查询速率，但是传统数据管理中的模式基本不会发生变化，因此在其上构建索引主要考虑的是索引创建、更新的效率等。大数据时代的数据模式随着数据量的不断变化可能会处于不断的变化之中，这就要求索引结构的设计简单、高效，能够在数据模式发生变化时快速调整并适应。目前，存在一些通过在 NoSQL 数据库上构建索引来应对大数据挑战的一些方案，但总的来说，这些方案基本都有特定的应用场景，且这些场景的数据模式不太会发生变化。在数据模式变更的假设前提下设计新的索引方案将是大数据时代的主要挑战之一。

3. 先验知识的缺乏

传统分析主要针对结构化数据展开，这些数据在以关系模型进行存储的同时就隐含了这些数据内部关系等先验知识。比如我们知道所要分析的对象会有哪些属性，通过属性我们又能大致了解其可能的取值范围等。这些知识使我们在数据分析之前就已经对数据有了一定的理解。而在面对大数据分析时，一方面是半结构化和非结构化数据的存在，这些数据很难以类似结构化数据的方式构建出其内部的正式关系；另一方面很多数据以流的形式源源不断地到来，对于这些需要实时处理的数据，很难有足够的时间去建立先验知识。

4.2.4.3 大数据管理易用性

从数据集成到数据分析，直到最后的数据解释，易用性应当贯穿整个大数据的流程。易用性的挑战突出体现在两个方面：首先大数据时代的数据量大，分析更复杂，得到的结果形式更加多样化，其复杂程度已经远远超出传统的关系数据库。其次大数据已经广泛渗透到人们生活的各个方面，很多行业都开始有了大数据分析的需求。但是这些行业的绝大部分从业者都不是数据分析的专家，在复杂的大数据工具面前，他们只是初级的使用者（naive users）。复杂的分析过程和难以理解的分析结果限制了他们从大数据中获取知识的能力。这两个原因导致易用性成为大数据时代软件工具设计的一个巨大挑战。关于大数据易用性的研究仍处于一个起步阶段。从设计学的角度来看，易用性表现为易见（easy to discover），易学（easy to learn）和易用（easy to use）。

1. 可视化原则（visibility）

可视性要求用户在见到产品时就能够大致了解其初步的使用方法，最终的结果也要能够清晰地展现出来。针对 MapReduce 使用复杂的情况，MapReduce 程序的自动调优避免了复杂参数设置的过程，大大减轻了用户调试 MapReduce 程序的负担。Starfish 系统架构在 Hadoop 之上，尝试解决 Hadoop 系统性能自动调优的问题。未来如何实现更多大数据处理方法和工具的简易化与自动化将是一个很大的挑战。除了功能设计之外，最终结果的展示也要充分体现可视化的原则。可视化技术是最佳的结果展示方式之一，通过清晰的图形图像直观地反映出最终结果。但是超大规模的可视化却面临着诸多挑战，主要有：原位分析，用户界面与交互设计，大数据可视化，数据库与存储，算法，数据移动、传输和网络架构，不确定性的量化，并行化，面向领域与开发的库、框架以及工具，社会、社区以及政府参与。

2. 匹配原则（mapping）

人的认知中会利用现有的经验来考虑新的工具的使用。譬如一提到数据库，了解的人都会想到使用 SQL 语言来执行数据查询。在新工具的设计过程中尽可能将人们已有的经验知识考虑进去，会使新工具非常便于使用，这就是所谓的匹配原则。MapReduce 模型虽然将复杂的大数据处理过程简化为 Map 和 Reduce 的过程，但是具体的 Map 和 Reduce 函数仍需要用户自己编写，这对于绝大部分没有编程经验的用户而言仍过于复杂。如何将新的大数据处理技术和人们已经习惯的处理技术和方法进行匹配将是未来大数据易用性的一个巨大挑战。这方面现在已有一些初步的研究工作。针对 MapReduce 技术缺乏类似 SQL 标准语言的弱点，研究人员开发出更高层的语言和系统。典型代表有 Hadoop 的 HiveQL 和 Pig Latin、Google 的 Sawzall、微软的 SCOP 和 DryadLINQ 以及 MRQL 等。

3. 反馈原则（feedback）

带有反馈的设计使人们能够随时掌握自己的操作进程。进度条就是一个体现反馈原则的经典例子。大数据领域关于这方面的工作较少，有部分学者开始关注 MapReduce 程序执行进程的估计。在传统的软件工程领域，程序出现问题之后有比较成熟的调试工具可以对错误的程序进行交互式调试，相对容易找到错误的根源。但是大数据时代很多工具其内部结构复杂，对于普通用户而言这些工具近似于黑盒（black box），调试过程复杂，缺少反馈性。通过可视化 MapReduce 程序产生的大量日志文件，辅助后期的程序调试过程。PerfXplain 设计并实现了 MapReduce 的简便化调试系统。为了解决大数据云（big data cloud）中程序部署和调试的问题，建立一个可扩展的轻量级 Hadoop 性能分析器 Hi-Tune。如果未来能够在大数据的处理中大范围地引入人机交互技术，使人们能够较完整地参与整个分析过程，会有效地提高用户的反馈感，在很大程度上提高易用性。

4.2.5 大数据在数字建造中的应用价值

大数据的充分应用对推动数字建造发展具有重要意义，其"数据赋能"的价值也极其巨大。但是，当前在很多智慧建设的相关项目上，数据的应用价值却没有得到释放，并没有充分挖掘出"数据赋能"的潜能。通常来看，其中的问题主要包括三点：一是数据孤岛导致数据无法流通，协同性不够；二是海量数据不能有效处理，数据分析模型难以适用；三是"数据产业"的商业模式不明确。通俗来说，就是数据难以全面采集、难以精准分析以及难以顺利变现。

在智慧建设中，一个重要出发点就是要打破数据孤岛，实现数据的有效协同和合理利用。但在实际建设过程中，由于各种复杂因素，数据很难完全打通。从商业角度来说，数据共享所带来的价值和风险是商业机构必须考虑的重要问题。所以，当前各类商业机构也在有条件地探索数据打通的边界。最开始，一般会从打通企业内部的商业数据开始，建设内部数据平台，初尝数据协同、数据共享的红利。但是，当扩展到城市级的商业数据平台时，各企业间的商业因素就成为重要的制约条件。

随着大数据时代的到来，大数据应用已经深入到农业、工业、医疗、交通、文旅、金融、物流、会展、环保、审计、行政执法、疫情防控、应急管理等多领域之中。

在交通领域，大数据同样起到至关重要的作用。随着互联网技术的不断成熟，智慧城市更新建设在很多城市得到了积极的倡导和推广，利用摄像头、传感器等各类传导设备实时监控交通运行情况，配合上智慧城市管理平台，便能够准确地将城市整体的信息分析出来，使得城市的管理工作更加智能化、科学化和规范化，行之有效地缓解交通压力。

而在工业领域，大数据应用发展得更为迅猛，这跟工业数据多而复杂、工业流程繁复等客观原因息息相关。以青岛华正信息技术股份有限公司为工业企业打造的大数据综合管理平台为例，平台整合全量多源数据，综合分析当前生产、采购、销售、仓储、能源以及安防各个环节的指标数据，结合知识图谱及智能分析，自动识别潜在风险点，提升整体智能运营效率；同时平台会加强对企业重大危险源监测监控主体责任落实情况的动态监管，对重大危险源大数据分析，主要根据采集到的安全生产实时数据，建立大数据分析计算模型进行大数据分析，可分析园区危险化学品物料储量波动情况、实时储量情况、安全生产形势、动态风险分析等；为了进一步节能减排，大数据平台还能够对企业水、电、汽等能源的消耗进行分析和管理，帮助企业节能降耗，降低生产成本。

4.3　物联网

4.3.1　物联网概念

物联网即万物相连的互联网，利用信息传感设备实现了人机物三元融合，推动物理世界、数字世界、人类社会之间融合。国家标准 GB/T 33745—2017《物联网术语》对物联网技术的定义为："通过感知设备，按照约定协议，连接物、人、系统和信息资源，实现对物理世界和虚拟世界的信息进行处理并作出反应的智能服务系统"。物联网（The Internet of Things，简称 IOT）是指通过各种信息传感器、射频识别技术、全球定位系统、红外感应器、激光扫描器等各种装置与技术，实时采集任何需要监控、连接、互动的物体或过程，采集其声、光、热、电、力学、化学、生物、位置等各种需要的信息，通过各类可能的网络接入，实现物与物、物与人的泛在连接，实现对物品和过程的智能化感知、识别和管理。

4.3.2　物联网应用意义

物联网是一个基于互联网、传统电信网等信息基础设施的承载体，它让所有能够被独立寻址的普通物理对象形成互联互通的网络。物联网技术已成为第四次科技革命的重要标志，在驱动国民经济各行各业转型升级方面发挥着不可替代的作用。在全球经济大变革的背景下，物联网已不再是对传统行业和企业的小修小补，而是从深层次上改变产业的生产经营方式，重塑商业模式，也从很大程度上开始改变了人们的生活方式，引发经济发展新形式。

随着经济社会数字化转型和智能升级步伐加快，物联网已经成为新型基础设施的重要组成部分，已深度融入社会的方方面面。目前，物联网技术在建造施工中也得到了有效应用，已实现施工现场物体之间的信息交换与传输，物联网技术的成功应用不仅能够进行现场事件的智能识别，还可以有效定位和追踪，实现建造过程的全面监控，在安全管理中有着不可忽视的作用。

除此之外，在建造过程中比较容易进行标准化的设备管理方面，可以利用物联网技术来突破对"机械"和"人员"的管理。实时采集现场机械各项数据并传输至云端，通过算法分析后，在前端以可视化方式呈现各类机械的实时业务数据，将机械全生命周期监测与管理变得智能化，从而降低设备维护成本，提升设备管理效率，做到真正意义上的"降本增效"。

4.3.3　物联网关键技术

在物联网应用中主要包括四项关键技术，分别是传感器技术、射频识别技术、条形码技术和无线网络技术。

（1）传感器技术

传感器是指能够感受规定的被测量，并按照一定的规律转换成可用输出信号的器件或装置，通常被测量是非电物理量，输出信号一般为电量。传感器负责物联网中的信息采集，是实现"感知"世界的物联网神经末梢。传感器可以感知和探测物体的某些参数信息，如温度、湿度、压力、尺寸、成分等，并根据转换规则将这些参数信息转换成可传输的信号（如电压）的器件或设备。它们通常由某个参数敏感性部件和转换部件组成。

传感器分类：电阻式传感器（如：称重电子秤），电感式传感器，电容式传感器，压电式传感器，磁电式传感器，热电式传感器，光电式传感器（如：烟雾传感器、感应水龙头），数字式传感器（如：监控摄像头），光纤式传感器，超声波传感器（如：超声波动仪器），热敏传感器，模拟传感器、光敏传感器（如：红外线传感器、紫外线传感器、CCD和 CMOS 图像传感器）等。

（2）射频识别技术（RFID）

RFID 是指利用无线射频方式进行非接触式自动识别物品并获取相关信息的双向无线通信技术，又称"电子标签"，它通过无线信号空间耦合实现无接触信息传送，从而达到识别目标和数据交换的目的，是物联网"让物说话"的关键技术。

RFID 系统包括 RFID 标签、阅读器和信息处理系统。当一件带有 RFID 标签的物品进入 RFID 阅读器读写范围内时，标签就会被阅读器激活，标签内的信息就会通过无线电波传输给阅读器，然后通过信息通信网络传输到后台信息处理系统，这样就完成了信息交互过程。

（3）条形码技术

条形码技术（Bar Code Technology，BCT）是在计算机的应用实践中产生和发展起来的一种自动识别技术。它是为实现对信息的自动扫描而设计的，是一种实现快速、准确而可靠地采集数据的有效手段。条形码技术的应用解决了数据录入和数据采集的瓶颈问题，为物流管理提供了有利的技术支持。

条形码是一种信息的图形化表示方法，由一组规则的条空及对应字符组成的符号。可以将信息制作成条形码，然后通过相应的扫描设备将其中的信息输入计算机中，常见的条形码主要分为一维条形码和二维条形码（二维码）。

（4）无线网络技术

要实现万物无障碍地通信，必然离不开能够传输海量数据的高速无线网络。主要分为远距离无线传输技术和近距离无线传输技术两大类，远距离无线传输技术包括 3G、4G、NB-IoT、5G 等蜂窝网络技术，信号覆盖范围一般在几公里到几十公里；近距离无线传输技术包括 802.11b/g（WLAN 技术）、蓝牙技术、红外线技术、Zigbee 技术等，信号覆盖范围则一般在几十厘米到几百米之间。

4.3.4 物联网在数字建造中的应用价值

4.3.4.1 在质量监控方面的应用

在建筑施工过程中，实测作为质量检测的重要组成部分，能够直接影响到产品是否合格。因此在进行质量方面的检测时，可以通过物联网技术创立的手机 APP 系统，对施工现场的工程质量进行检测，只要工程相关负责人登录手机 APP 系统，工程质量的详细情况就能通过图片和其他方式完全展现在眼前，能够方便工程负责人及时掌握工程建筑当中的信息数据，查看测量方式是否满足测量标准，哪方面的建筑施工需要进行整改，能够做到及时发现建筑施工方面的问题，对施工质量进行实时把控。

4.3.4.2 在环境监测和大型机械远程监控方面的应用

对工程质量产生重大的影响因素有很多，其中，关键在于温度、湿度和地质等因素。通过对噪音扬尘等方面的环境问题进行监控，就能将环境变化及时传递到数据中心，并根据环境变化的风险情况，对管理人员发生警示，有利于管理人员及时采取相关的解决措施，将环境风险降到最低。大型机械远程控制实现了这一目的，在很大程度上优化了人员配置。从传统的环境因素的检测到现在通过电脑或者手机就能直接实现大型机械施工的监控，做好随时随地指挥大型机械施工的情况，加强大型机械作业的效率，真正做到科学高效的数字建造。

4.3.4.3 在建筑消防设施配套中的应用

物联网利用传感器识别设备，从建筑的安全通道、感温探头、消防栓等消防设备设施中获取动态数据信息，以物联网技术架构为载体有效感知和可靠传递各类信息，采用智能采集技术、数据挖掘技术、云计算、智能识别、蜂窝移动网络、移动技术、边缘计算、边缘云（MEC）、中间件集成技术、多种接入技术等耦合技术手段，将整理汇总后的信息传输到应用层消防云端监控中心，为消防管理人员提供清晰有效的数据、图像支撑和算力支持，以便做出相应的精准决策。物联网通过各类传感信息设备为消防供水系统、火灾识别预警系统、消防安全通道等提供必要的数据和信息支持。物联网技术在建筑消防领域的快速发展，对消防设备设施的高质量管理、消防快速应对与决策、火情的有效抑制、建筑火灾的发生频率等具有积极的综合性效应。

4.3.4.4 在建筑节能管理中的应用

物联网在建筑节能管理应用中主要表现为能耗监测与能源管理。坚持"绿色建造"理念，以最终实现阳光供能源、减排净环境、智慧且宜居为目的，实现"智能建筑"的产业升级。物联网、云计算、大数据等新一代信息技术为能耗监测、能效分析、设备监控及节能管理等提供了全新的技术手段。通过物联网技术可实现对智能新风系统、三源热泵系统等节能设备进行智能化监控，从而实现对建筑能耗在线监测和动态诊断分析，为找到能效提升点，制定相应的节能措施提供了必要的信息基础。物联网技术在建筑节能管理中的应用可实现对一栋建筑物，甚至是整个小区乃至一座城市的能耗进行随时动态监控和管理。

4.4 5G 技术

4.4.1 5G 概念及特点

第五代移动通信技术（5th Generation Mobile Communication Technology，简称 5G）是具有高速率、低时延和大连接特性的新一代宽带移动通信技术，是实现人机物互联的网络基础设施。

国际电信联盟（ITU）定义了 5G 的三大类应用场景（图 4.4-1），即增强移动宽带

（eMBB）、超高可靠低时延通信（uRLLC）和海量机器类通信（mMTC）。增强移动宽带（eMBB）主要面向移动互联网流量爆炸式增长，为移动互联网用户提供更加极致的应用体验；超高可靠低时延通信（uRLLC）主要面向工业控制、远程医疗、自动驾驶等对时延和可靠性具有极高要求的垂直行业应用需求；海量机器类通信（mMTC）主要面向智慧城市、智能家居、环境监测等以传感和数据采集为目标的应用需求。

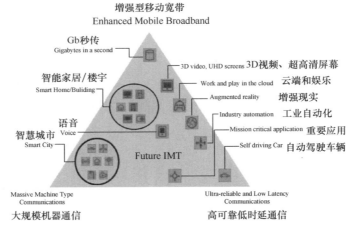

图 4.4-1　5G 三大类应用场景图

为满足 5G 多样化的应用场景需求，5G 的关键性能指标更加多元化。ITU 定义了 5G 八大关键性能指标，其中高速率、低时延、大连接成为 5G 最突出的特征，用户体验速率达 1Gbps，时延低至 1ms，用户连接能力达 100 万连接/平方公里（图 4.4-2）。

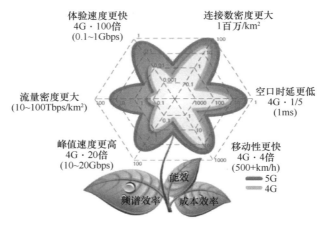

图 4.4-2　5G 网络能力

5G 在提升移动互联网业务能力的基础上，可进一步拓展到物联网领域，伴随 AI、云计算、大数据、区块链等高精技术协同发展，实现万物感知、万物互联、万物智能，可以大大满足生产应用大带宽、低延时、高可靠的要求。5G 技术有以下特点：

（1）5G 网络通信技术传输速度快

5G 网络通信技术是当前世界上最先进的一种网络通信技术之一。相比于被普遍应用的 4G 网络通信技术来讲，5G 网络通信技术在传输速度上有着非常明显的优势，在传输速度上的提高在实际应用中十分具有优势，传输速度的提高是一个高度的体现，是一个进步的体现。5G 网络通信技术应用在文件的传输过程中，传输速度的提高会大大缩短传输过程所需要的时间，对工作效率的提高具有非常重要的作用。所以 5G 网络通信技术应用在当今社会发展中会大大提高社会进步发展速度，有助于人类社会的快速发展。

（2）5G 网络通信技术传输的稳定性

5G 网络通信技术不仅做到了在传输速度上的提高，而且在传输的稳定性上也有突出的进步。5G 网络通信技术应用在不同的场景中都能进行很稳定的传输，能够适应多种复杂的场景。传输稳定性的提高使工作的难度降低，工作人员在使用 5G 网络通信技术进行远程工作时，由于 5G 网络通信技术的传输能力具有较高的稳定性，因此不会因为工作环境的复杂性而造成传输时间过长或者传输不稳定等情况，将大大提高工作人员的工作效率。

（3）5G 网络通信技术的高频传输技术

高频传输技术是 5G 网络通信技术的核心技术，世界各国都在积极研究高频传输技术的实际应用。由于低频传输的频段资源越来越紧张，而 5G 网络通信技术的运行使用需要更大的频率带宽，低频传输技术已经满足不了 5G 网络通信技术的工作需求，高频传输技术在 5G 网络通信技术的应用中起到了不可忽视的作用。

4.4.2　5G 的关键技术

4.4.2.1　网络架构创新

（1）NSA 和 SA 建网模式

NSA（Non-Standalone）非独立组网和 SA（Standalone）独立组网是两类实现 5G 业务的组网模式（图 4.4-3）。

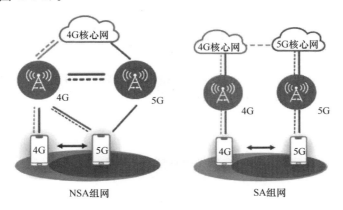

图 4.4-3　NSA 组网与 SA 组网

NSA 组网：其组网方式就是 5G 基站与 4G 基站和 4G 核心网建立连接，用户面连接 4G 核心网，控制面通过 4G 基站连接核心网。5G 手机可同时连接到 4G 和 5G 基站。也就是说，5G 站点开通依赖于 4G 核心网进行开通。

SA 组网：独立于 4G 的一种组网方式，5G 基站在用户面和控制面上都是建立在 5G 核心网上。

由此可以看出，NSA 组网是一种过渡方案，主要支持超大带宽，但 NSA 模式无法充分发挥 5G 系统低时延、海量连接的特点，也无法通过网络切片特性实现对多样化业务的灵活支持。而 SA 组网模式基站和核心网全部按 5G 标准设计，可以实现 5G 全部性能，可以称之为真正的 5G，目前大部分新建 5G 网络均采用 SA 组网模式。

（2）网络切片

网络切片（图 4.4-4）是一种按需组网的技术，SA 架构下将一张物理网络虚拟出多个虚拟的、专用的、隔离的、按需定制的端到端网络，可满足不同场景诸如工业控制、自动驾驶、远程医疗等各类行业业务的差异化需求。传统的 4G 网络只能服务于单一的移动终端，无法适用于多样化的物与物之间的连接。5G 时代将有数以千亿计的人和设备接入网络，不同类型业务对网络要求千差万别，运营商需要提供不同功能和 QoS 的通信连接服务，网络切片将解决在一张物理网络设施上，满足不同业务对网络的 QoS 要求，极大降低网络部署成本。

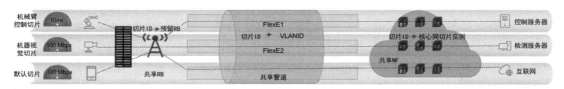

图 4.4-4　5G 网络切片示意图

对运营商来说，切片是进入具有海量市场规模的垂直行业的关键推动力，与独立网络相比，通过切片实现统一基础设施网络适应多种业务可大大减少投资，实现业务快速发布。每个网络切片还可以独立进行生命周期管理和功能升级，网络运营和维护将变得非常灵活和高效。

（3）MEC

MEC（Multi-Access Edge Computing）是将多种接入形式的部分功能、内容和应用一同部署到靠近接入侧的网络边缘，通过业务靠近用户处理，以及内容、应用与网络的协同，来提供低时延、安全、可靠的服务，达成极致用户体验。

MEC 也可以节省传输，未来 70% 的互联网内容允许在靠近用户的范围内终结，MEC 可以将这些内容本地存储，节省边缘到核心网和 Internet 的传输投资。

ETSI 定义的 MEC（对应 3GPP 的 local UPF 本地用户面网元）同时支持无线网络能力开放和运营能力开放，通过公开 API 的方式为运行在开放平台上的第三方应用提供无线网络信息、位置信息、业务使能控制等多种服务，实现电信行业和垂直行业的快速深度业务融合和创新。如移动视频加速、AR/VR/自动驾驶低时延业务、企业专网应用、需要实时响应的 AI 视频分析等业务。

5G 核心网架构原生支持 MEC 功能，控制面和用户面完全分离，用户面下沉子MEC，支撑低时延业务（图 4.4-5）。

4.4.2.2　空口技术创新

为实现 5G 标准定义的 eMBB（增强移动宽带）相对于 4G 速率提升 20 倍的愿景，同时实现 uRLLC（低时延高可靠通信）和 mMTC（海量机器通信），拓展新行业应用，5G 定义了多种空口新技术。其中关键的几项核心技术如下（图 4.4-6）：

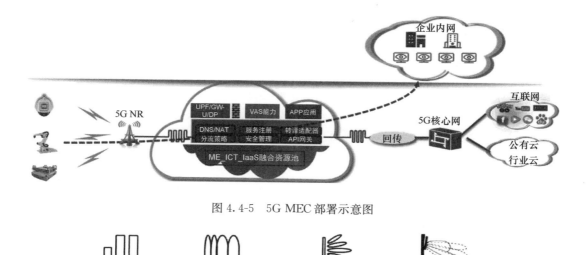

图 4.4-5　5G MEC 部署示意图

Polar
(a) 极化码

F-OFDM
(b) 自适应空口波形

Massive MIMO
(c) 大规模天线技术

3D Beamforming
(d) 大立体波束赋形

图 4.4-6　空口核心技术示意图

（1）Polar 码

Polar 码也就是华为主导的"短码"，由土耳其比尔肯大学教授 Erdal Arikan 于 2008 年首次提出，第一次被引入移动通信系统作为 5G 中控制面（承载控制信息）信道编码，具有频谱效率高（带宽大）、时延低和功耗小的特点。

物理层编码技术一直是通信创新皇冠上的明珠，是提升频谱效率和可靠性的主要手段。在 3G 和 4G 时代，由于峰值速率不超过 1Gbps，所以优选了 Ericsson 主导的 Turbo 码，但 5G 要求系统峰值速率提升 20 倍到 20Gbps，且空口时延要求提升 10～20 倍，Turbo 码由于译码复杂，且在码长较长时经过交织器处理具有较大的时延，所以不再适用。为提升性能，华为主导提出了极化码（Polar）方案，高通为主提出了低密度奇偶校验码（LDPC）方案。

Polar 码的核心思想就是信道极化理论，可以采用编码的方法，使一组信道中的各子信道呈现出不同的容量特性，当码长持续增加时，一部分信道将趋于无噪信道，另一部分信道趋向于容量接近于 0 的纯噪声信道，选择在无噪信道上直接传输有用的信息，从而达到香农极限。这就使得 Polar 码性能增益更好、频谱效率更高。在译码侧，极化后的信道，可用简单的逐次干扰抵消的方法译码，以较低的复杂度获得与 Turbo 码相近的性能，相比 Turbo 码复杂度降低 3～10 倍，对应功耗节省 20 多倍，对于功耗十分敏感的物联网传感器而言，可以大大延长电池寿命。同时 Polar 码可靠性也更高，能真正实现 99.999％的可靠性，解决垂直行业可靠应用的难题。

（2）F-OFDM

物理层波形的设计是实现统一空口的基础，需要同时兼顾灵活性和频谱效率，是 5G 的关键空口技术之一。

F-OFDM（滤波的正交频分复用），是一种 5G 里采用的空口波形技术。相对于 4G 来说，可以实现更小颗粒度的时频资源划分，同时消除干扰的影响，从而提升系统效率，并实现分级分层 QoS 保障，是实现大连接和网络切片的基础。通过参数可灵活配置的优化滤波器设计，使得时域符号长度、CP 长度、循环周期和频域子载波带宽灵活可变，解决不同业务适配的问题。

针对 uRLLC 自动驾驶车联网 /AR/VR 等需要低时延的业务，可以配置频域较宽的子载波间隔，使时域符号循环周期极短，满足低时延要求。

针对 mMTC 物联网海量连接场景，因为传送的数据量低、时延要求不高，这就可以在频域上配置较窄的子载波间隔，从而在相同带宽内实现海量连接。同时时域上符号长度和循环周期足够长，几乎不需要考虑符号间串扰问题，也就不需要插入 CP，从而承载更多连接。

对于广播/组播业务，因为业务的源和目的相对稳定，所以可以配置长符号周期，实现持续稳定的数据传输。对于普通的语音/数据业务，采用正常的配置即可。

综上，F-OFDM 在继承 OFDM 优点的基础上，又克服了 OFDM 调度不够灵活的缺点，进一步提升了业务适配性和频谱利用效率（图 4.4-7）。

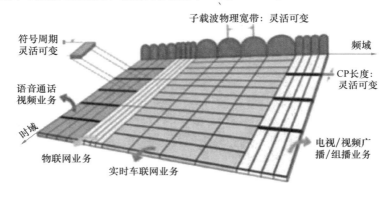

图 4.4-7 不同业务时频资源划分示意图

（3）Massive MIMO

Massive MIMO（大规模多输入多输出），可以简单理解为多天线技术，在频谱有限的情况下，通过空间的复用增加同时传输的数据流数，提高信道传输速率，提升最终用户的信号质量和高速体验。

MIMO 技术（图 4.4-8）已经在 4G 系统得到广泛应用，5G 在天线阵列数目上持续演进。大规模天线阵列利用空间复用增益有效提升整个小区的容量；5G 目前支持

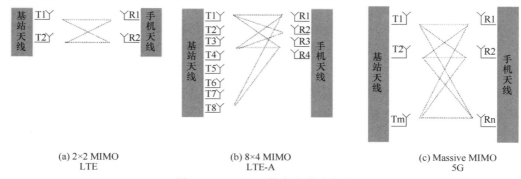

图 4.4-8 MIMO 技术演进示意图

64T64R（64 通道，可理解为 64 天线发，64 天线收）为基础配置，相比 4G 2T2R 增加了几十倍。5G 终端接收天线多，可以大于 4 天线接收，4G 终端一般为 2 天线接收。

（4）3D-beamforming

3D-beamforming 立体天线波束赋形技术（图 4.4-9），可以简单理解为让无线电波具有形状，并且形状还是可以调整改变的，最终实现信号跟人走，真正的以人为本，提升用户信号质量。5G 与 4G 相比从水平的波束赋形扩展到垂直的波束赋形，也为地对空通信（比如无人机等低空覆盖）的实现奠定了基础。

用专业语言描述：在三维空间形成具有灵活指向性的高增益窄波束，空间隔离减小用户间的干扰，从而提升 5G 的单位基站容量，增强垂直覆盖能力。

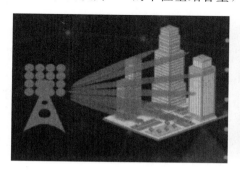

图 4.4-9　3D-beamforming 立体天线波束赋形示意图

4.4.3　5G 的意义

5G 作为划时代的新一代通信技术，是构筑现代信息社会的重要信息基础设施。5G 的技术发展是一个长期演进的过程，R17（Release 17）标准已于 2022 年 6 月份冻结，R17 让更多 5G 系统增强功能逐步走向成熟，将 5G 持续扩展至全新终端、应用和商用部署。同时，作为 5G 标准第一阶段的最后一个版本，R17 标准的冻结意味着 3GPP 面向 5G-Advanced 的标准制定工作将全面展开。

数字化建造的核心是对数据的获取和应用，5G 网络相较于 4G 网络在网络性能方面大幅度提升，相较于 Wi-Fi 的稳定性及可靠连接数方面的优势，决定了 5G 网络成为新一代数字经济承载网，对未来经济发展、城市建设奠定了更为坚实的基础，5G 网络使之前受限于时延、带宽、连接数、稳定性等无法实现场景变为可能，结合物联网、移动互联网等技术更高质量的在工地现场收集建造过程信息，再结合 IT 手段将建造阶段产生的实际数据与进度、成本等计划在数字实体做关联，实现现实世界与信息世界的数字孪生，更好地为施工管理提供服务，实现数字化建造的转型升级。在此过程中，5G 技术的应用至关重要，同时也对 5G 技术在施工现场的组网搭建提出了更高的要求。

4.4.3.1　数据高速传输提升业务安全性

5G 技术可以提供"大带宽、高安全"的网络服务保障，用户端传输速率高达 1Gb/s，通过 5G 切片技术提高了网络通信服务的安全性。当下网络通信技术还在不断发展，不久的将来数据传输速率会大于 10Gb/s，远程控制应用在这样的前提下会广泛普及于人们的生活。另外，5G 网络通信延时较短，空口时延约 1ms，能满足有较高精度要求的远程控制的实际应用,例如车辆自动驾驶、电子医疗等,通过更小的网络延时进一步提高 5G 网络通信远程控制应用的安全性,不断完善各项功能。

4.4.3.2 增强网络兼容降低发展局限性

对于不同的网络,兼容性一直是其发展环节共同面对的问题,只有解决好这一问题,才能在市场上大大提高对应技术的占有率。只是当下的情况表明还没有网络通信技术有良好兼容性,即便有也存在较为严重的局限性。然而 5G 网络通信最显著的一个特点及优势就是兼容性强大,能在网络通信的应用及发展中满足不同设备的正常使用,同时有效融合类型不同、阶段不同的网络,大大增加应用 5G 网络通信的人群,在不同阶段实现不同网络系统的兼容,大大降低网络维护费用,节约成本,获取最大化的经济效益。

4.4.3.3 综合性能提升满足业务需求

移动蜂窝网络的应用及发展的根本目标始终是满足用户需求,从 2G 时代到 4G 时代,人们对网络通信的需求越来越多元化,网络通信技术也在各方面有所完善,应用 5G 网络通信势必也要满足用户需求,优化用户体验,实现无死角、全方位的网络覆盖,无论用户位于何处都可以享受优质网络通信服务,并且不管是偏远地区还是城市都能确保网络通信性能的稳定性。在今后的应用及发展中,5G 网络通信最重要的目标之一就是不受地域和流量等因素的影响,实现网络通信服务的稳定性和独立性。

4.4.4 5G 在数字建造中的应用价值

作为实现产业数字化场景的关键技术,5G 技术将进一步推动整个建筑施工过程智能化、无人化。利用 5G 技术可以进一步贯彻落实"智慧建造、绿色施工、人文工地"的理念,为建筑业企业打造数字化新模式,进一步加强产业数字化建设,助力推动中国建造的安全、创新发展。

4.4.4.1 5G 网络下的智慧监控技术应用

1. 5G 助力智慧监控技术的发展

在工地分布广泛、现场环境恶劣的建筑行业,确保规范施工,保证工程质量、工地作业人员安全及建筑材料与设备等财产安全是施工单位管理者关心的头等大事。因此,管理者对于工程监督、项目进度、设备及人员安全有实时监管需求,需要实时了解现场施工进度,远程监控现场的生产操作过程及现场人员和物料的安全。但建筑工地环境区域与人员复杂,安全监管和防范手段相对落后,工地信息化水平仍较低,信息化尚未深度融入安全生产核心业务。同时,传统的基于 DVS +、网络 +、数字矩阵的大规模网络视频监控系统虽已应用成熟,但这种模式下需要监视太多视频画面,远远超出人的接受能力。海量的图像信息依靠人工实时查看,监控效率极低,只能满足事后调阅、取证的需要,无法做到事前预防和事中管控。因此,亟需利用新的信息化手段,对建筑施工过程进行智能化视频监管。

现阶段,智慧监控技术已经逐步得到推广与应用,有了 5G 网络的支撑,智慧监控可以更好地通过图像处理、模式识别、计算机视觉等技术,融合视频监控系统与智能 AI 视频分析,借助计算机强大的数据处理能力过滤掉视频画面无用或干扰信息,自动识别不同人、物,分析抽取视频源中关键有用信息,快速准确的定位现场,判断监控画面中异常情况,以最快和最佳的方式发出警报或触发监管动作,从而有效进行事前预警、事中处理、事后及时取证的全自动实时监控。依托于 5G 技术，智慧监控技术可以真正实现智能识别重要场景与时段，配置更高的分辨率，大量收集、分析 4K 分辨率监控摄像数据，保证视频数据源质量的同时，做到成本存储优化。

2. 智慧监控的硬件设施

工地现场设备主要包括视频采集设备，如枪形高清网络摄像机、360°高速球机、NVR 以及无线网桥、交换机等，采集设备通过同轴视频电缆、网线、光纤将视频图像传输到控制主机，控制主机再将视频信号分配到各摄像监视器及录像设备，同时将需要传输的信号同步录入到录像机内。通过控制主机，操作人员可发出指令，对上、下、左、右动作进行控制及对镜头进行调焦变倍的操作，并通过控制主机实现在多路摄像机之间的切换。利用特殊的录像处理模式，对图像进行录入、回放、处理等操作，使录像效果达到最佳。同时，AI 算法相关硬件可部署在云端或边缘侧，基于现场视频信息智能分析现场异常行为，对异常行为进行声光报警，同时存储异常行为录像与图片，并通过传输网络推送图像信息至监控平台。

未来采集设备高帧率、超高清和 WDR 特性将产生大量数据流量，特别是未来 8K 60 fps 视频将会超过 120Mbps 带宽。因此，信息传输需要通过运营商 5G 通信基站与传输网络来执行。设备推送的信息通过 5G 传输至管理者监管平台，平台根据网络协议，支持 PC、手持 PAD 等终端设备远程调取、查看与分析视频信息，并支持通过 5G 传输网络对现场下达指令。借助 5G 基站，可以把现场数据直接传输到云端服务器进行存储，机房任务将仅限于读取或调用数据。因此，光纤布线与存储设备将大幅减少。从布线到存储，整套智慧监控系统成本上将有极大降低。另外从 AI 人像识别角度讲，视频数据的存储与传输运用上 5G 及云端服务器盘查可疑人员与异常行为的效率将大幅提高。

3. 智慧监控的业务应用

智慧监控技术可以对工地各区的关键要害部位、重点区域等现场情况进行 24 小时实时监控。对每个人员在监视区域的进入时间、离开时间以及在监视区的活动情况都会有清晰的显示。因此，智慧监控技术可广泛应用于施工现场安全管理。

5G 网络下的智慧监控可应用于项目现场周界入侵识别分析及预警，通过识别靠近危险区域的人员是否有靠近行为，通过声光传感实时发出预警警报，避免施工人员进入危险区域造成人身伤害，特别是深基坑周边、临边洞口等特定区域。

另外，明火预防也是现场管理中非常重要的环节，特别是很多施工作业区域无法安装防烟感报警。借助智慧监控技术，可对监控区域内画面的火焰以及工人违规吸烟进行识别与报警，同时将报警信息快照和报警视频存档。通过此项技术能及时发现现场灾情隐患，尤其是项目现场电路电线、生活区私搭乱建等重点隐患问题。一经发现，异常情况通知到相关人员后可立即采取相应措施，做到未雨绸缪，防患于未然。

以轨道交通建设为例，施工现场可以建立 5G 网络通信环境，各参建单位统一 5G 网络专线接入，组成项目现场的城域网，监控网络由各工点 5G 网络专线直接连接至监控中心。通过 5G 统一网络与通信平台布署，保障城市轨道综合监控平台的快速搭建及各信息系统的稳定运行。通过 5G 网络条件下的城市轨道综合管理智慧监控平台的应用，进行轨道交通项目全方位的数据收集与整理、存储与查询、分析与决策，实现对轨道交通项目参与各方的协同工作与信息共享，以及施工过程的统一管控和动态监管。

4. 智慧监控的应用价值

从项目管理角度来看，应用基于 5G 的智慧监控技术，可通过多个终端第一时间了解建筑工地现场的实时情况，发现隐患及时消除，发现问题即刻整改，做到事前预防、事中管控、事后追溯。出现异常状况和突发事件时，可以及时报警，提醒管理人员及时处理，保障工程实施质量和人员安全。

从企业管理角度来看，应用智慧监控可以远程对全国各个地区下属建筑工地进行统一管理，消耗人力频繁去现场监管、检查的现状得以改善。同时，传输速率的大幅增加便于企业建设统一的可视化工地系统，实现集约化管理，降低管理成本。

从监理角度来看，借助于智慧监控技术，可实时检查建筑工地的安全防范措施是否到位，包括建筑物的安全网设置、施工人员作业面的临边防护、施工人员安全帽的佩戴、外脚手架及落地竹脚手架的架设、缆风绳固定及使用、吊篮安装及使用、吊盘进料口和楼层卸料平台防护、塔式起重机和卷扬机安装及操作等。对于发现的施工过程中安全防范措施不到位的地方，可以第一时间通知施工单位现场整改，并及时检查整改效果，真正做到过程管理。

4.4.4.2　5G 网络下的高频扫描技术应用

1. 高频扫描技术的概念

无人驾驶汽车需要一个智慧的中控大脑，除此之外，灵敏的感知系统也是其不可缺少的关键要素。我们偶尔会看到，一辆无人驾驶的实验车从身边驶过，车顶上有一个高速旋转的设备，就是激光雷达。激光雷达上有一排激光，每旋转一周，就完成了一次周边环境的扫描。要获取高精度的信息，就必须通过激光高频的扫描完成。

同样的，很多数据或信息都是通过类似方式获取的。比如传感器的信息获取，系统内的信息数据抓取模块是通过固定时间间隔扫描一次传感器来实现数据获取的。当然，并不是所有的信息都需要高频的扫描来获取，为了节省资源，一般会根据实际情况，确定扫描频率。比如民用的环境监测系统，一分钟一次的数据传输已经绰绰有余。

但是在一些特殊行业或者场景中，扫描频率必须要高，比如一些建筑工程监测设备、无人驾驶的激光雷达等。高频的扫描可以尽可能减少重要信息的遗漏，提前了解监测数据的变化，在比如交通事故、安全事故等变化快速的复杂情况下，可以保证系统的正常运行。

2. 5G 网络下的高频扫描设施建设

然而不论是 5G 技术还是高频扫描技术，对于硬件都有相当程度的依赖。5G 技术需要重新部署基站等设施，而高频扫描也不是仅提高一下扫描频率那样简单。相对于低频扫描来说，高频扫描需要更快的处理器，同时也需要更高品质的数据生成模块，以及各类传感器等设备。可以处理高频扫描获取的数据的处理器，对于项目本地使用而言性价比并不高，除了采购费用外，因为疏于维护而造成设备损坏的情况时有发生。使用云端服务可以解决上述问题，但对网络连接的稳定性和低时延性、带宽就提出了比较严苛的要求。

5G 技术恰恰可以满足可靠性、低时延、高带宽的要求。在施工现场，仅需要为监测对象安装对应的传感器，在各个工作区域安装警报装置，传感器通过内置的 SIM 卡或者 Wi-Fi 与 5G 网络进行连接，在云端的管理平台通过 5G 网络可以高频扫描各个设备的数据，并在云服务器上完成分析处理。如果发现某个区域的数据出现异常，可以实时向该项目警报装置发出警报指令。而在管理平台上，同时会标明是何处发生了何类危险警报，项目部管理人员会根据这些数据，组织工人疏散，并有针对性地采取补救措施。

　　3. 高频扫描的业务应用

　　在工程项目中有大量的工程机械设备，比如挖掘机、吊机、塔式起重机等，同时施工现场属于劳动密集型区域，人员情况相对复杂，工地的工人与各类型设备在同一个环境下共同作业。一旦某一个环节和要素发生异常，很可能导致一场损失惨重的事故。在项目管理过程中，既需要每时每刻掌握和了解现场生产要素的状态，还要拥有发生事故后快速对现场人员施救和财产挽回的能力。

　　伴随着社会的进步，人们对建筑物的功能要求不断提升，建筑物的结构造型、施工环境的复杂程度越来越大，因此催化了如高大模板工程、大体积混凝土工程、深基坑等全新施工技术和施工工艺的发展。对此，项目管理者需要对这些危险性较大的分部分项工程进行针对性监控。例如对高支模的监测可以通过全站仪使用小角度法、极坐标法等监测方法，需要由具备相应资质的第三方监测机构监测，并出具相应的监测报告。

　　但是往往坍塌的发生总是在电光火石之间，有些情况下，能留给工人的逃离时间只有短短的 1～2s。人工监测方式更适用于类似线性变化的情况，通过监测点与预测点对比，分析应力变化趋势，从而判断上一段施工工艺和参数是否符合预期，并在浇筑过程中保证整个体系受力均衡。因为人工监测间隔时间久，反馈时间也较长，如果应力突然发生变化，将不能被及时发现并作出应对，所以通过应用高频扫描技术的方式进行监测成了 5G 网络下的又一种选择。

　　在高大模板支护工程中，常用到的有立杆倾角监测、支护水平位移（沉降）监测、顶撑轴压监测。将位移传感器、压力传感器等传感设备布置到关键应力节点上，现场基站会每隔 1s 抓取一次感应数据。经过处理后，通过无线信号传输给系统平台和其他警报设备。但有时每一秒的变化可能都会非常巨大，而支护结构的形变更是会随时间累加起来，越来越快。高频的扫描技术，能够更加细致地找出其中的蛛丝马迹。原来每一秒输出的信息，被更多细节连接在一起，这些信息在经过处理器分析后，就可以更早发现存在的安全隐患，更快做出事故前的预警。

　　另外，一些施工机械运行情况如果发生了异常，同样有可能造成很严重的工程事故。现在更多的项目关注到了这些问题，也陆续应用高频扫描技术对施工机械的运行进行监测，比如塔式起重机防碰撞监测、吊篮超载监测、卸料平台超载监测、施工电梯运行监测等。这些监测有的是单项参数的监测，例如卸料平台；有的会涉及 10 多项监测参数，例如塔式起重机。

　　作为施工现场重要的起重机械，塔式起重机已经普遍应用于各类工程项目中，其安装拆卸需要有相关资质的专业公司操作，操作人员也需要具备塔司证才行，但是即便如此，塔式起重机倾覆等事故也是屡见不鲜。塔式起重机在自然使用过程中，各个参数是在不断变化的，如何在这些变化中发现异常，就需要高频扫描各个传感器的数据，形成近乎无损的数据。海量的数据利用云端的强大算力，加之人工智能的分析，可以在危险将要显现之前给出警示，同时暂停机械设备的一切动作，报告相关人员前来检查确认。

　　毋庸置疑，在今后的建筑行业中，会有更多的业务场景需要用到高频扫描技术以达到最优的监测和警报效果。高频扫描因扫描频率的提升，必然会产生海量的数据流，这些数据流是提供给人工智能进行判断分析的核心要素。但是因为以往在 3G、4G 网络条件下，网络稳定性和带宽都无法实现高频扫描，导致整个传递过程耗时 5s 左右，无法实现有效预警，5G 网络的加持让这一切成为可能。

4. 高频扫描的应用价值

在以前，施工现场的众多生产要素都需要靠项目部人员进行管理。即便是对现场不断重复的检查，也并不能有效实时、整体全面地了解项目的生产运行情况。伴随着包括 5G、高频扫描以及各类硬件设备的制造等相关技术的整体提升和成熟，未来对于建筑施工现场各生产要素的管理将变得更加智能。

5G 作为一种新的信息传输技术，相较于 3G、4G 来说，并不仅是数据传输速度或者带宽的提升，而且它还带来了非常稳定的数据传输能力、可连接大量终端设备的能力。建筑施工现场实现数字化转型，海量的机器类终端通信必然要被更广泛的应用，并且需要部署在现场的各个角落，对实时数据进行有效的收集与传输，加上高精度的高频扫描应用，会抓取体量庞大的施工生产数据。而这些数据会通过 5G 技术，稳定、及时地传输给云端处理器，处理器再将处理后的结果指令发送给项目的管理平台以及设备机械控制系统，管理者就可以通过网络对施工现场各个关键角落进行有效监管。仅是结合 5G 技术的高频扫描应用这一点，就可以把建筑业安全生产的事故率降低 80%。

4.4.4.3 5G 网络下的数据实时传输与处理技术应用

1. 数据实时传输与处理技术的概念

包括施工建筑在内的各种工业环境都离不开数据的交换，借助先进的数据实时传输与处理技术，能够将分布式安装的终端设备采集到的数据快速上传至服务器或云端，使用户掌握现场的最新信息，从而进一步控制现场设备，调整作业步骤，也能够使不同地理位置的终端和终端之间进行数据交换，协同工作。

传统的数据传输与处理技术通常可按物理连接形式分为有线传输和无线传输两种，按空间距离划分又可分为中短距离（≤ 1km）和长距离（>1km）两种。每种具体的技术有着各自的优势和劣势，从而使其适用于相应类型的应用。

5G 网络是目前最先进的网络连接和数据传输技术，它属于无线传输，有着极高的通信速率、传输稳定性和系统容量，能够连接大量设备并让它们保持在线状态，同时兼顾移动设备的电池寿命问题（表 4.4-1）。

关键 5G 参数 表 4.4-1

空中链路延迟	<1ms
端到端延迟（设备到核心）	<10ms
连接密度	当前 4G LTE 的 100 倍
区域容量密度	1（Tb/s）/km²
系统频谱效率	10（bit /s）/ Hz / 小区
每个连接的峰值吞吐率（下行链路）	10Gb/s
能效	比 LTE 改进 90% 以上

2. 数据实时传输与处理的设施建设

视频监控是施工作业中视察施工进度、检查生产质量、防范安全隐患以及全面了解工地状况的实用手段。工地上视频监控现有使用的传输技术一般是有线以太网和 Wi-Fi 两种。有线以太网支持 1000Mb/s 的带宽，可以有效满足工地高清视频流的传输，但需要施工布线，且传输距离超过 100m 后信号大幅衰减（使用光纤可有效加长距离），施工场所在作业期间偶尔也有挖断电缆的现象发生。在室外使用 Wi-Fi 的情况下，多径干扰造成的信号覆盖差、数据异常中断等现象明显。5G 借助于 Massive MIMO 和 OFDM 技术，可以达到 1Gb 以上的带宽（实测值），不仅可以保证支持 5G 通信的高清摄像头采集到的数据不间断、高质量地直接传送至云端，还可以支持 4K/8K 超高清视频的直播传输，这将为自动 AI 识别提供优质的数据源。

基于深度学习的视频 AI 分析是近年来施工企业非常关注的新兴技术，通过此类技术，可以有效发现或预警工地上发生或可能发生的危险情况或违规作业。为了能够实现低延时的流媒体处理和快速分析计算，常用的做法是在工地部署边缘计算的硬件设备。当 AI 计算能力落到边缘侧时，5G 的 D2D 技术可以使终端硬件设备（如摄像头）与定制化的边缘计算网关便捷快速地互联，将来也有可能提供小微基站在工地中心位置以进一步增强设备到边缘计算网关间的数据传输能力。

3. 数据实时传输与处理技术的业务应用

塔式起重机及塔式起重机群组是施工生产中非常重要的大型设备工具。群塔作业施工时，群塔之间存在起重臂与起重臂、起重臂与钢丝绳、起重臂与平衡臂、起重臂与塔身等多种碰撞安全隐患。现在的塔式起重机一般加装有风力、风速、力矩、行程等传感器，配合塔机辅助驾驶仪（俗称"塔吊黑匣子"），预测塔机到达控制点的时间，实现高速运行时提前控制、低速运行时延迟控制的作业目标。当塔式起重机运行过程中可能出现碰撞危险时，系统将根据设定的角度、距离，向司机发出断续的声光预警。当塔机达到碰撞设置极限值时，向司机发出持续的声光报警，系统将自动限制塔机回转控制，允许塔机向安全方向控制的动作，不允许向危险方向运转。塔吊黑匣子目前使用 GPRS 或 3G 技术，在使用 5G 网络后，由于传输延时极低，可以高效实时地传送至云端，解决云端数据同步慢、项目看板显示滞后的问题，也有利于远程指导。塔式起重机作业环境艰苦，对司机身体素质和意志力考验大。在 5G 技术的帮助下，数据传输实时性和可靠性的提高，将使远程控制塔式起重机作业成为可能。

环境监测、混凝土测温、水电抄表、高支模监测、深基坑监测等应用的主要任务是将对应的传感器数据本地显示及间隔传送至云端，对带宽和时延要求极低，仍可采用原有的 GPRS 或 3G/4G 的无线传输技术，但 5G 网络建设后仍对这些前代技术兼容。

此外，5G 传输技术的高速、低时延特性也显著增强了无人机在建筑工地的应用。目前，已经有工地试点了"5G＋无人机＋VR"的新应用方式，利用无人机上搭载的高清云台，可以近距离悬停并对施工作业现场进行 360 度全景 4K 高清拍摄，再通过 5G 网络将 4K 全景视频传输到服务器或云端。监理人员可以利用 VR 眼镜、PC 管理系统接入服务器，对施工工艺、安全、质量等进行监督，并及时督促问题整改。

4.4.4.4　5G 网络下的无线传感技术应用

1. 无线传感网络的概念

随着半导体技术、通信技术、计算机技术的快速发展，20 世纪 90 年代末，美国首先出现无线传感器网络（WSN）。1996 年，美国 UCLA 大学的 William J Kaiser 教授向

DARPA 提交的"低能耗无线集成微型传感器"揭开了现代 WSN 网络的序幕。1998 年，同是 UCLA 大学的 Gregory J Pottie 教授从网络研究的角度重新阐释了 WSN 的科学意义。在其后的 10 余年里，WSN 网络技术得到学术界、工业界乃至政府的广泛关注，成为在国防军事、环境监测和预报、健康护理、智能家居、建筑物结构监控、复杂机械监控、城市交通、空间探索、大型车间和仓库管理以及机场、大型工业园区的安全监测等众多领域中最有竞争力的应用技术之一。美国商业周刊将 WSN 网络列为 21 世纪最有影响的技术之一，麻省理工学院（MIT）技术评论则将其列为改变世界的十大技术之一。

无线传感器网络是由大量的静止或移动的传感器以自组织和多跳的方式构成的无线网络，以协作地感知、采集、处理和传输网络覆盖地理区域内被感知对象的信息，并最终把这些信息发送给网络的所有者。无线智能传感器网络又增加了无线通信能力，WSN 将交换网络技术引入到智能传感器中使其具备交换信息和协调控制功能。而传感器与 5G 网络的结合将会使无线智能传感器网络如虎添翼，容量、长连接、实时性都会有质的飞跃。

2. 无线传感网络的构成

一个典型的无线传感器网络系统架构包括分布式无线传感器节点（群）、接收发送器汇聚节点、互联网或通信卫星和任务管理节点等。大量传感器节点随机部署在监测区域内部或附近，能够通过自组织方式构成网络。传感器节点监测的数据沿着其他传感器节点逐跳地进行传输，在传输过程中监测数据可能被多个节点处理，经过多跳后路由到汇聚节点，最后通过互联网或卫星到达管理节点。用户通过管理节点对传感器网络进行配置和管理，发布监测任务以及收集监测数据。

传感器节点的处理能力、存储能力和通信能力相对较弱，通过小容量电池供电。传感器节点由部署在感知对象附近大量的廉价微型传感器模块组成，其目的是协作地感知、采集和处理网络覆盖区域中感知对象的信息，并发送到汇聚节点。各模块通过无线通信方式形成一个多跳的自组织网络系统，传感器节点采集到的数据沿着其他传感器节点逐跳传输到汇聚节点。一个 WSN 系统通常有数量众多的体积小、成本低的传感器节点，从网络功能上看，每个传感器节点除了进行本地信息收集和数据处理外，还要对其他节点转发来的数据进行存储、管理和融合，并与其他节点协作完成一些特定任务。

汇聚节点的处理能力、存储能力和通信能力相对较强，它是连接传感器网络与 Internet 等外部网络的网关，实现两种协议间的转换，同时向传感器节点发布来自管理节点的监测任务，并把 WSN 收集到的数据转发到外部网络上。汇聚节点既可以是一个具有增强功能的传感器节点，有足够的能量供给和更多的 Flash 和 SRAM 中的所有信息传输到计算机中，通过汇编软件，可很方便地把获取的信息转换成汇编文件格式，从而分析出传感节点所存储的程序代码、路由协议及密钥等机密信息，同时还可以修改程序代码，并加载到传感节点中。

管理节点用于动态管理整个无线传感器网络，传感器网络的所有者通过管理节点访问无线传感器网络资源。

3. 无线传感网络的业务应用

（1）无线传感器网络在隧道环境监测系统中的应用

在传统的隧道环境监测系统中，由于监测系统的设施、装置等位置比较固定，使采集数据是孤立的，无法汇聚做实时大数据分析，从而使监测系统往往形同虚设，再加上隧道下联网有一定的难度，使有关人员无法进行有效的监管，以致事故无法预警。因此基于5G＋无线传感器网络的隧道环境监测系统应运而生，通过在隧道中部署足够数量的无线传感器数据采集节点，利用"传感器＋近距离无线通信技术"（LORA，Wi-Fi 等）在隧道出入口实现感知数据汇聚，然后通过专用网关设备进行通信协议转换后，再由具有广域网通信能力的 5G 高速网络回传至监控中心，从而实现把隧道环境信息实时、准确地传送到相关工作人员手中。

（2）无线传感器网络在用电管控系统中的应用

利用智能电能表采集宿舍和动力设备的用电量，通过 5G 网络将采集到的宿舍和动力设备的用电量实时上传至远端云平台，云平台对每个智能电能表的数据进行存储、处理和分析，并可根据用户的需求对用电功率较小的宿舍进行电能表断电控制。实时在线监测施工现场各个电箱空开闭合状态及电能使用情况的远程物联网仪表，配合后台集中管理及手机 APP，管理人员可以及时发现各个电箱相应的空开闭合状态，及时定位跳闸的空开电箱，从而达到及时、快速、准确的电力恢复。

（3）无线传感器网络在移动在线巡检系统中的应用

现阶段移动在线巡检最重要的制约因素就是网络，网络带宽不足以支持图像视频类实时超清传输，在 5G 网络环境下这个问题迎刃而解。在线巡检可形成多元化的巡检任务，提前预设点位信息，在巡检点上使用无源 RFID 标记，采用专业 PDA 读取，获取巡检点位信息及检查内容，确保巡检人员在点位现场。同时对每个巡检点都能建立一个图文档案，以及完整的现场实录，可以随时观察巡检点位每次巡检的变化，帮助巡检人员了解点位状态，增加巡检人员的工作效率。

（4）无线传感器网络在实时定位管理中的应用

目前主流的定位技术主要有 GNSS 定位、LTE 定位、蓝牙定位、Wi-Fi 定位、zigbee 定位等。GNSS 主要用于室外定位，主要有美国 GPS、俄罗斯 GLONASS、欧盟 GALILEO 和中国北斗卫星导航系统；LTE 是通过基站发送的信号进行三角定位，电信商通过基地台的位置以及对应信号的强弱程度来判断接收者的位置，但定位精度不高，与实际物理位置偏差较远；蓝牙、Wi-Fi、zigbee 由于带宽、通信距离受限，主要用于室内定位，目前蓝牙 AOA、AOD 定位越来越被市场认可，在低成本应用中可以做到厘米级精准定位。

现有定位技术虽然可以提供不错的定位效果，但是受到建筑物群遮挡以及其他信号干扰，往往在部署方式及实现路径方面存在诸多问题。然而通过结合 5G 超高频技术特性，可以有效解决上述问题，高频波具有严重的穿透损失性质，在钢结构多、建筑物遮挡、大型器械多的复杂环境中，反而支撑了电磁波的散射、绕射、反射。另外 5G 高频波直线路径传递方式更有利于计算路径距离，用于位置解算，配合 5G 低时延特性，可以实时将位置信息上报，无论是查寻施工人员轨迹还是定位事故现场人员位置，都能使实际位置与平台获取的位置定位更加精准，同时结合 GPS、蓝牙 MESH、Wi-Fi 等联合定位技术，将实现室内外以及复杂环境下的实时定位应用。

4.5　定位技术

4.5.1　定位技术概念

定位，就是确定某人或物体的位置。定位技术根据环境不同又可以分为室外环境下的定位技术和室内环境下的定位技术，这两种技术之间看似相似却大相径庭。首先是环境的不同，室外环境相对空旷，障碍物较少，而室内环境障碍物多，例如墙壁、家具等；其次是维数不同，室外环境下，一般实现二维定位即可，而在室内环境下楼房和地下建筑较多，二维定位已经远远不能满足需求；最后对定位精度的要求也不同，室外定位实现"米级"已经可以满足绝大部分普通用户的需求，甚至"十米级"也已足矣，但是在室内环境中的定位对精度要求更高甚至要达到"厘米级"才能满足用户需要。

目前，基于位置服务的各种研究层出不穷，最早人们研究的主要是基于室外的定位技术。现今室外定位技术已经成熟，例如：全球导航卫星系统（Global Navigation Satellite System），是泛指所有的卫星导航系统，包括全球的、区域的和增强的系统，如美国的全球定位系统 GPS、俄罗斯的格洛纳斯 Glonass、欧洲的伽利略 Galileo、中国的北斗卫星导航系统 BDS，以及美国的广域增强系统 WAAS、欧洲的欧洲静地导航重叠系统 EGNOS 和日本的多功能运输卫星增强系统 MSAS 等，还涵盖在建和以后要建设的其他卫星导航系统。国际 GNSS 系统是个多系统、多层面、多模式的复杂组合系统，如图 4.5-1 所示。

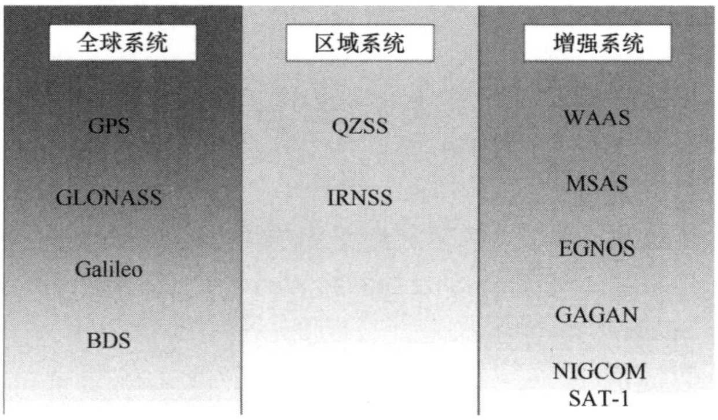

全球系统	区域系统	增强系统
GPS	QZSS	WAAS
GLONASS	IRNSS	MSAS
Galileo		EGNOS
BDS		GAGAN
		NIGCOM SAT-1

图 4.5-1　GNSS 系统图

RTK（Real-Time Kinematic）由基准站接收机和流动站接收机两部分组成。参考站和流动站直接采集的都为 WGS84 坐标，基准站一般以一个 WGS84 坐标作为起始值来发射，实时地计算点位误差并由电台发射出去，流动站同步接收 WGS84 坐标并通过电台来接收参考站的数据，条件满足后就可达到固定解，流动站就可实时得到高精度的相对于参考站的 WGS84 三维坐标，这样就保证了参考站与流动站之间的测量精度。

CORS 基准站

连续运行卫星定位服务系统（Continuous Operational Reference System，简称 CORS 系统）是现代 RTK 的发展热点之一。CORS 系统将网络化概念引入到了大地测量应用中，该系统的建立不仅为测绘行业带来深刻的变革，而且也将为现代网络社会中的空间信息服务带来新的思维和模式。

连续运行参考站系统可以定义为一个或若干个固定的、连续运行的参考站，利用现代计算机、数据通信和互联网（LAN/WAN）技术组成的网络，实时向不同类型、不同需求、不同层次的用户自动地提供经过检验的不同类型的 GNSS 观测值（载波相位，伪距），各种改正数、状态信息，以及其他有关 GNSS 服务项目的系统。

CORS 基准站系统架构：连续运行参考站的网络协议建议采用 TCP/IP 网络协议，选择 SMMP（Simple Network Manage Protocol）网络管理协议，服务器操作系统采用 Windows 2008 Server ×64 及以上版本系统，工作站操作系统采用 Windows 10 Professional，基准站不需要配计算机。

CORS 基准站架构图见图 4.5-2。

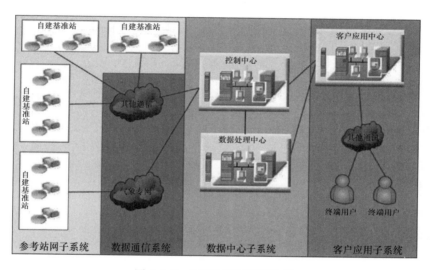

图 4.5-2　CORS 基准站架构图

CORS 基准站的组成子系统包括：

（1）基准站子系统，由多个定位基站设施（含 GNSS 接收机、天线、UPS、防电涌设备、机柜、交换机、数模转换器、光纤转换器等）组成，属连续运行参考站网络的数据源，进行 GNSS 卫星信号的捕获、跟踪、采集、本地存储与实时数据传输。

（2）数据通信子系统，将各基准站站点的 GNSS 原始观测数据实时送回数据中心。包括参考站和控制中心之间，以及控制中心和客户之间的通信两部分。

（3）数据中心子系统，控制中心连接并管理各基准站、对基准站原始数据质量进行分析、同时同步 GNSS 原始观测数据实现网络建模、实时数据分流等；数据处理中心管理各种采样间隔和时段的不同数据存储，存储包含北斗的 GNSS 原始观测数据、存储网络模型文件、数据的质量检查和转换、定期进行整网的解算保障基准框架的稳定、建立数据共享平台。

（4）客户应用子系统，客户工程数字化中心基于网页的客户管理系统，可进行账户和计费管理；VRS RTK/RTD 差分改正数服务；基准站原始观测数据下载、虚拟 Rinex 数据下载服务；客户定制服务；把系统差分信息传输至客户。

CORS 基准站工作原理：连续运行参考站是利用全球导航卫星系统、计算机、数据通信和互联网络等技术，在一个地区或一个国家根据需求按一定距离建立长年连续运行的若干个固定 GNSS 参考站组成的网络系统。连续运行参考站系统是网络 RTK 系统的基础设施，在此基础上就可以建立起各种类型的网络 RTK 系统。

连续运行参考站系统有一个或多个数据处理中心，各个参考站点与数据处理中心之间具有网络连接，数据处理中心从参考站点采集数据，利用参考站网软件进行处理，然后向各种客户自动地发布不同类型的卫星导航原始数据和各种类型 RTK 改正数据。连续运行参考站系统能够全年 365 天，每天 24 小时连续不间断地运行，客户的定位设备只要连接上北斗 CORS 基准站，通过移动网络获取改正数，即可进行厘米级精准实时的快速定位（图 4.5-3）。

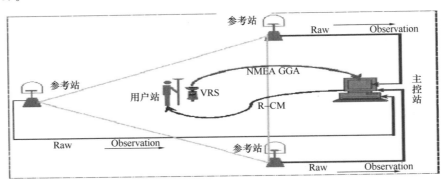

图 4.5-3　系统数据流

4.5.2　定位系统相关技术

1. 全球定位系统（GPS）

全球定位系统（GPS）是最早、最经典的一种定位技术。它利用 24 颗环绕地球的定位卫星发送信号给 GPS 接收器，然后计算出 GPS 接收器的位置。一般来说，当 GPS 接收器可以同时接收来自三颗定位卫星的信号时，接收器的位置就可以被确定。

GPS 的工作原理与三角测量的方式类似，通过计算出用户与卫星之间距离形成的球的交点得出用户的位置。由于卫星距离用户的距离较远，所以必须十分精确地记录卫星发送信号的时间。即使时间记录仅仅误差了千分之一秒，最后用户的位置会误差达到 300km，所以定位卫星都装备原子钟来保证时间的精确性。

虽然在基于位置的服务中，GPS 可以提供精确的定位服务，但是它依旧有许多不足的地方。比如 GPS 十分耗电，无法满足移动设备的长时间定位服务。同时，GPS 的冷启动时间也比较长，需要 1～2min 的时间。此外，GPS 进行精确定位时要求在用户和 GPS 卫星之间有"视线角"。在现代城市中，由于"城市峡谷效应"的存在，视线角是很难保证的。由于多路径的阻碍和延迟，GPS 很少运用到室内定位中。

2. 北斗卫星导航系统

北斗卫星导航系统是全球四大卫星导航系统之一。2003 年 12 月，北斗系统正式开通运行，中国成为世界上第三个拥有自主卫星导航系统的国家，开始了北斗指路的时代。北斗一号系统解决了中国卫星定位"从无到有"的问题。它是有源定位，用户无法完成测量自己到卫星的距离，然后推算出自己的位置，需由 BDS 的地面控制中心计算完成。北斗一号实现了定位与通信的集成，系统既可以为用户提供连续定位，也可以进行位置报告，其导航与通信的集成相互嵌入、互为增强，北斗短报文定位就是 RDSS 的典型应用。北斗一号主要为中国及其周边地区提供定位、单双向授时、短报文通信服务，授时的单向精度为 100ns、双向精度为 20ns，定位精度优于 20m，短报文通信每次 120 个汉字。

北斗一号可实现双星定位，分别以弧度距离为 60° 的两颗在轨卫星的坐标为圆心，两颗卫星各自至用户的距离为半径，绘制两个球，两球的相交线为一大圆，由于测定卫星是地球的同步卫星，它的轨道面与赤道面重合，因此，这个相交形成的圆，必然穿过赤道面，并且在地球的南半球和北半球各形成一个交点，用户终端就是它们其中一个。地面控制中心根据用户终端地面点的大地高，就可以计算出用户终端的位置。主要的定位方法有相似椭球法、高程代入法和三点交会法。当然，BDS 也可以在此基础上，利用备用卫星实现三星定位。

当用户终端发送北斗短报文定位请求给卫星后，卫星将请求转发给地面中心站，中心站计算完成后，就将用户终端的位置坐标发送给卫星，再经卫星中转到用户终端。正因为这种有源定位的机制，北斗一号卫星才具备了卫星通信功能，应用该功能可以解决偏远地区，如海域、山区等无线、有线通信网络难以覆盖情况下的报文通信，以及警情、灾情的应急通信。

由于北斗一号的定位精度不够，从 2004 年开始，国家重点研发北斗二号，到 2012 年建成了覆盖亚太地区的北斗卫星导航系统。北斗二号和美国的 GPS、俄罗斯的 Glonass、欧盟的 Galileo 一样，都是无源定位，属于 RNSS，是一种卫星无线电导航业务，用户需要完成测量至少 4 颗可见卫星到自己的距离，才能计算得到用户的定位导航数据。北斗二号主要为中国及其周边地区提供高精度的无源定位、测速、单双向授时、短报文通信服务，测速精度优于 0.2m/s，授时精度单向 50ns，双向 20ns，定位精度为平面 10m，高程 10m，短报文通信每次 120 个汉字。它解决了我国卫星定位"从有到优"的问题。北斗二号定位采用了三球交汇思想，用户的接收机需要同时接收到至少 3 颗北斗卫星的信号，以用户的接收机至这 3 颗卫星的距离为半径，3 颗卫星的坐标为圆心，绘制 3 个球，3 球必相交于 2 点，经过计算排除，就可以解算出用户终端自己的位置。常用定位技术为差分定位技术，它分为载波相位差分技术（Real-Time Tinematic，RTK）和伪距差分技术。

北斗三号系统的目标是全球覆盖，项目从 2014 年开始继续进行组网卫星发射工作，提升区域服务性能，向全球扩展。2015—2016 年期间建立了 BDS-3 演示系统，其中包括两颗倾斜地球同步轨道卫星（IGSO）和三颗 MEO 卫星，用于测试新的有效载荷、新设计的信号和新技术。2018 年 12 月 27 日，北斗三号开始提供全球服务，这标志着北斗系统服务范围由区域扩展为全球，北斗系统正式迈入全球时代。北斗三号主要为全球提供定位、测速、授时服务，测速精度 0.2m/s，授时精度 20ns，定位精度为平面 10m，高程 10m。在亚太地区，定位精度水平 5m、高程 5m。根据计划，2035 年将建成以北斗系统为核心的，更加泛在、更加融合、更加智能的国家综合定位导航授时（PNT）体系。北斗卫星导航系统发展如图 4.5-4 所示。

这些定位技术已经足以满足大多数室外环境下的定位，但是由于在室内条件下，障碍

北斗一号系统　　　　　　北斗二号系统　　　　　　北斗全球系统

图 4.5-4　北斗卫星导航系统发展

物多、环境复杂甚至多维，使这些室外定位技术一旦应用到室内环境条件下，使用的精度会出现很大程度的降低，所以这些技术无法直接应用到室内。比如说基于 GPS 的定位系统在室内因为卫星和 GPS 接收器之间很难通信，所以很难实现定位。那么，如何实现在复杂的室内环境下获得位置信息，已经成为现今的研究热点，针对不同的局限性需要采取不同的解决方案。

现如今存在的室内定位技术主要有红外线定位技术、超声波定位技术、蓝牙定位技术、Wi-Fi 定位技术、超带宽定位技术、射频识别定位技术以及地磁定位技术。其中，依赖辅助设备的定位技术有红外线定位技术、超声波定位技术、蓝牙定位技术、Wi-Fi 定位技术、超带宽定位技术、射频识别定位技术。基于辅助设备的室内定位技术的原理主要是通过在室内部署设备进行测距，再由后台进行定位计算。

3. 红外线定位技术

波长与频率之间呈反比关系，频率高则能量大，能量越大则穿透性越强。红外线的波长介于微波和可见光之间，且红外线折射较少，传播距离较长。红外线定位技术正是受此启发采用了红外线的特点，在被定位的设备上安装可以发射红外线的仪器，再在室内安装接收红外线信号的传感器，通过计算红外线发射设备发出红外线信号到红外线接收设备接收信号的时间，以及红外线在空气中的传播速度，以此可测定标签距固定位置红外线接收设备的距离。计算出红外线发射设备与接收设备之间的距离后，再通过后台定位算法计算位置坐标。

红外线定位技术定位精度相对较高，环境部署也相对简单，但是因为红外线波长长、频率低、能量小，所以穿透能力差，无法穿透室内的墙壁等建筑物，并且容易被室内的其他灯光干扰，所以使用此方法定位具有局限性。

4. 超声波定位技术

人耳能接收的声波频率在 $20 \sim 2000\,\mathrm{Hz}$ 之间，而超声波是一种频率很高的声波，已经超出了人耳所能听到的范围，因为频率高，所以能量大、穿透能力很强。超声波定位，与红外线定位技术原理类似，通过在室内布置超声波接收设备作为参考点。超声波发射器发射超声波后，由参考点接收并做出回应，根据此过程中参考设备接收到超声波的时间，以及超声波的传输速度，可以计算出参考节点之间的距离，然后再根据一些计算位置信息的算法计算出待测节点的位置，例如三边定位算法。

超声波定位的优点是定位精度相对较高，但是超声波在空气中传输时会出现较大的衰减，所以传输范围有限，会影响定位精度，并且超声波定位技术需要的设备成本高，不能做到普遍适用。

5. 蓝牙定位技术

蓝牙是一种无线技术标准，可以实现较短距离的信息或数据交换，例如短距离的固定设备或者移动设备之间等。蓝牙定位技术现如今也是一种较为流行的定位技术，此技术需要通过在室内铺设三个以上 beacon 基站，当具备蓝牙功能的移动设备进入室内环境后，可以接收到来自 beacon 基站发送的广播报文，根据此报文测量出接收功率。通过功率衰减与距离的函数公式计算出移动设备与 beacon 基站之间的距离，再通过某些算法，例如三边定位算法，计算出移动设备的位置。

蓝牙定位技术现在的使用较为广泛，因为现如今的终端设备如手机、平板电脑等都具备蓝牙的功能。但是蓝牙定位的使用也具有局限性。例如，室内的其他信号可能会对蓝牙信号产生干扰，并且其定位的范围相对较小等。

6. Wi-Fi 室内定位

有关室内定位技术的一些研究考虑的问题不能只考虑精度问题，还应该考虑成本问题，大部分现如今存在的定位技术或多或少都需要较为昂贵的成本，但是后来有人提出室内的无线信号 Wi-Fi 是否能用来进行定位。现今 Wi-Fi 广泛使用在各种大小建筑内，所以越来越多的个人或企业开始着手于 Wi-Fi 室内定位的研究，例如百度、谷歌等知名企业。于是，越来越多的以无线网络为基础的室内定位方案被提出。例如其中一种 Wi-Fi 定位的工作原理大致概括如下：在室内便于安装的位置布置至少三个固定的 AP 信号，后台系统或者管理员清楚地了解这些 AP 信号的具体位置，并且对硬件的要求是移动设备必须能够连接 Wi-Fi，通过测量移动设备的接收信号强度值（Received Signal Strength Indication，RSSI），根据 RSSI 值与其传播速度或者方向等信息，再由后台通过一些定位方法计算移动终端的位置。常用的定位方法主要有两种，一种是传统的基于测距的定位方法，例如三边定位方法；另一种是非测距的位置指纹定位方法。

Wi-Fi 室内定位技术的精度较高，并且成本较小，环境搭建起来也相对较为简单，但是由于 Wi-Fi 信号的带宽小，室内复杂的信号传播环境使基于测距的方法实现起来会有较大误差。

7. 超带宽定位

超宽带（Ultra Wide Band，UWB）技术是一种新型无线通信技术。因为它的带宽很大，所以解决了普通无线技术在传播过程中信号会产生衰减影响定位精度的难题。因为超带宽室内定位技术具有对信道衰落不敏感等优点，所以可以做室内范围内近距离精确的定位被广泛使用。超宽带定位技术的定位原理是在室内环境下部署一些可以接收超带宽脉冲信号的基站，通过待定位人员或物体携带可以发送超带宽脉冲信号的设备，当其发送位置数据的时候由基站进行接收，通过到达各个基站的时间差利用定位算法计算出位置，一般采用基于到达时间或到达时间差的算法。

超带宽定位技术的定位精度相对较高，但是无法在大范围的室内环境下实现全覆盖从而影响定位，并且硬件建设成本高，不能做到普遍适用。

8. 射频识别定位技术

射频识别定位（Radio Frequency Identification，RFID）在室内环境部署读写器设备和 RFID 标签，通过射频信号实现数据的通信，以此来交换数据信息进行定位。其定位原理与GPS类似，RFID标签在接收多个分布在室内的读写器信号后计算出信号强度值，再根据信号强度值反推其坐标。

射频识别定位技术的优点是定位时间短、精度高，但是其作用距离短是一个很大的使用局限。

9. 地磁定位技术

地球上的南北极之间形成一个基本的磁场，但是这些磁场会受到刚性材料的影响。室内环境中有各种钢筋等建筑材料，可以认为室内每个位置的磁场都是不同的，所以就可以根据这些特有的属性进行定位，定位方法一般采用基于指纹的定位方法。

地磁定位的优点是不需要依赖额外的硬件设备，成本低；缺点是需要大量的数据采集工作网，而且室内环境中的一个钢铁制品可能就会影响磁场的分布，所以信号很容易受到干扰。

4.5.3 定位技术的应用现状

目前，基于北斗卫星导航系统的应用和产品越来越多，被广泛应用于农业、林业、交通等各个领域，其中交通领域应用最为广泛，已经在我国公路、水路、铁路、航空、邮政、大众出行等诸多方面取得成功应用，实现了对车辆、船舶、高铁等交通工具的定位导航、位置报告和紧急通信等功能。2014年11月23日，我国自主研发的北斗卫星导航系统（BDS）被国际海事组织（IMO）海上安全委员会审议通过了航行安全通函，这标志着BDS正式成为全球无线电导航系统的组成部分，成功取得面向海事应用的国际合法地位，正式成为全球第三个卫星导航系统。BDS在应用研究中涌现了许多优秀成果，例如朱健以南沙渔船船位监控系统为例做了渔船动态监管信息系统在渔业管理中的应用研究，将BDS大规模应用于渔船生产管理上；澜沧江—湄公河船舶动态实时监控系统，将北斗卫星、世广卫星、GPS有机地结合在一起，实现了船位监控、自动预警、遇险报警与救助指挥等功能。基于北斗定位系统的电子巡更系统，采用北斗卫星定位和GPRS通信技术，实现了巡更人员的位置采集，以及巡更人员管理中心的通信。基于北斗的无人船艇的数据传输系统，将BDS的短报文通信功能与定位功能结合起来，实现了对无人船艇的定位数据和相关参数的发送、显示、监测以及简单的控制。基于北斗的通用航空指挥监控系统，实现了对通航飞机机群的集中监视功能和飞机调度指挥功能。基于北斗导航系统的智能配网线路综合监测系统的研究，使配电网在监测、保护和控制方面拥有了更加可靠的通信方式。

室内定位技术的应用体现在一些较为具体的方面，例如老人赡养。当今时代"空巢老人"的数量逐步增多，老人走失案件层出不穷，室内定位技术应用到老人身上，可以对家中老人位置进行实时监控，防止老人丢失。室内定位技术不仅应用在生活方面，在商业方面也有很大的价值，例如在大型超市或商场，怎样使消费者快速定位所需物品或商家信息；在大型停车场内，如何使用户快速寻找到停车位等，从而为用户节省大量寻找的时间。在安全事件方面，发生各类安全事件的时候，例如火灾、地震等，在复杂的室内环境中，救援人员确定受困人员位置是营救受困人员的主要难点，室内定位技术的应用可以使救援人员快速、准确地寻找到受困人员的位置从而提供救援，避免了救援人员在不知道受困人员位置时盲目寻找的情况发生，可以节省救援时间，在提高受困人员生还率的同时也能为救援人员的安全提供保障。在物品管理方面，为了防止有些国家级保护文物被损坏或偷窃，需要严密看护，所以这些文物精确的位置信息就显得格外重要，室内定位技术可以有效帮助监视文物位置、保障文物不被偷窃或损坏。

定位信息加密问题：在传输设备信息的过程中，通过 ZUC 算法对其信息进行加解密来保证通信的安全性。主要是通过 ZUC 加密定位信息来保证信息安全，并加强设备的管理水平。

随着网络技术的快速发展，人们对定位信息的保密性和完整性有了更高的要求。所谓信息保密是防止信息在传输过程中被第三方截获破译。例如，原有舰船导航定位信息的加密技术普遍存在保密性较差，信息完整性较低等缺陷，对舰船的行驶安全造成了很大的影响，因此对上述问题深入剖析，提出基于船舶导航定位系统访问信息的可验证加密技术，该技术通过使用数字签名的方式来对舰船定位信息进行加密。通过在 VC 环境下使用 Matlab 软件搭建信息平台得到的信息完整性试验结果来看，舰船导航定位系统访问信息可验证加密技术可以有效地提高舰船定位信息的保密性和完整性，在很大程度上保障了舰船的行驶安全。

4.5.4 定位技术应用前景

在基于位置的服务中，定位技术是最核心的技术。目前而言，对于不同的应用，有许多不同的定位技术可供选择。为应用选择何种定位技术，这取决于用户的需求和用户所处的环境。比如，在一些应用中，用户需要提供准确率较高的定位服务；但是在另外一些应用中，用户对定位的准确率并没有过高的要求，反而是对定位的速度有较高的要求。

随着我国北斗卫星定位系统建设的不断完善，北斗定位系统的功能逐渐开放。多数据间的融合与同步回传，成为北斗定位信号的基本传输标准。北斗卫星定位系统以其高精准、高速响应、瞬时反馈、全天候的特点，成为继 GPS 与伽利略定位系统之后的重要定位系统。

"卫星定位系统的应用只受到人们想象力的限制"已成为一句名言。实际上，卫星定位系统真正全球化、大众化的民用市场还只是刚刚开始，从卫星定位应用的角度，主要领域涉及航空、航海、通信、金融、农业、测绘、授时、人员和财务跟踪、车辆监控管理和导航与位置信息服务等多种类型。卫星定位技术应用还包括地理测绘、人员和财务跟踪、休闲和消费娱乐、环境监测、突发事件、灾害评估和自然资源分析的定位等。

室内定位技术因其自身的局限性，使其发展相对来说不太成熟，与成熟的室外环境下的定位技术相比主要存在以下局限：室内空间环境的复杂多变；室内环境中墙壁、家具等障碍物较多；室内环境可能不止于二维，可能还会涉及三维。室内定位技术具有很好的发展前景，如果可以使成熟的室内定位技术与现如今的室外定位技术例如北斗结合起来，使室内外定位可以进行平滑衔接，那么这将是位置服务发展中的重要一步。

室内定位技术的发展已经成为当今位置服务发展的主流趋势，发展前景十分广阔。从精度和成本两方面对现如今存在的室内定位技术进行评价，发现现在还并没有一种成熟的室内定位技术在达到高精度的同时又需要很小的成本。对现有的常见几种室内定位技术的原理以及优缺点进行了总结概括，在将来是否会有一种新的定位技术将之前定位技术的优点进行融合，这是室内定位的一个发展前景。位置服务对人们的生活影响十分广泛，所以室内定位技术的研究也有实际意义，在将来，一种成熟的室内定位技术一旦应用到人们的生活中，将会产生很多便利条件。

4.6 建筑信息模型（BIM）

4.6.1 BIM 定义

建筑信息模型（BIM）被国际标准定义为："任何建筑物体的物理和功能特征等共享信息的数字表示，它们构成了项目各参与方决策的可靠基础"。

建筑信息模型（Building Information Modeling，BIM）在中华人民共和国住房和城乡建设部发布的《建筑信息模型应用统一标准》中定义为：在建设工程及设施全生命期内，对其物理和功能特性进行数字化表达，并依此设计、施工、运营的过程和结果的总称。简称模型。

人们普遍认为建筑信息模型（Building Information Modeling，BIM）是以三维数字技术为基础，集成建筑工程项目各种相关信息的工程数据模型，是对工程项目相关信息详尽的数字化表达。通过对建筑数据化、信息化模型整合，在项目策划、运行和维护的全生命周期过程中进行共享和传递，提高建筑工程的信息集成化程度，同时为设计、建筑、运营单位在内的各方建设主体提供协同工作的基础，在提高生产效率、节约成本和缩短工期方面发挥重要作用。

4.6.2 BIM 技术的意义及重要性

BIM 技术应用是"产业数字化"的重要组成部分，是促进产业链各环节技术模式和管理模式变革的关键。我国政府和行业各界高度重视 BIM 技术的发展，将 BIM 技术列为数字化重点推广技术。

2020 年住房和城乡建设部联合国家发展和改革委员会、科学技术部、工业和信息化部、人力资源和社会保障部、交通运输部、水利部等十三个部门联合印发《关于推动智能建造与建筑工业化协同发展的指导意见》。意见提出：加快推动新一代信息技术与建筑工业化技术协同发展，在建造全过程加大建筑信息模型（BIM）、互联网、物联网、大数据、云计算、移动通信、人工智能、区块链等新技术的集成与创新应用。同年，住房和城乡建设部、教育部、科技部、工业和信息化部等九部门联合印发《关于加快新型建筑工业化发展的若干意见》。意见提出：大力推广建筑信息模型（BIM）技术。加快推进 BIM 技术在新型建筑工业化全寿命期的一体化集成应用。充分利用社会资源，共同建立、维护基于 BIM 技术的标准化部品部件库，实现设计、采购、生产、建造、交付、运行维护等阶段的信息互联互通和交互共享。

BIM 技术应用于工程项目规划、勘察、设计、施工、运营维护等各阶段，能够发挥其可视化、虚拟化、协同管理、成本和进度控制等优势，实现建筑全生命期各参与方在同一多维建筑信息模型基础上的数据共享，为产业链贯通、工业化建造和繁荣建筑创作提供技术保障；支持对工程环境、能耗、经济、质量、安全等方面的分析、检查和模拟，为项目全过程的方案优化和科学决策提供依据；支持各专业协同工作、项目的虚拟建造和精细化管理，为建筑业的提质增效、节能环保创造条件，极大地提升工程决策、规划、设计、施工和运营的管理水平，减少返工浪费，有效缩短工期，提高工程质量和投资效益。

4.6.3　BIM 技术发展现状

目前，设计企业 BIM 技术主要应用在方案设计、扩初设计、施工图、设计协同等方面。施工企业 BIM 技术主要在错漏碰撞检查、模拟施工方案、三维模型渲染等方面。运维阶段 BIM 技术在空间管理、设施管理、隐蔽工程管理、应急管理等方面。

在 BIM 软件方面，相对于国外 BIM 软件而言，国内 BIM 软件更多侧重基于三维平台进行二次开发、BIM 施工管理平台的开发、BIM 与新技术的结合等方面。主要有广联达 BIM5D、鲁班 BIM 平台、鸿业 BIM 等具体情况见表 4.6-1。

国内相关 BIM 软件及侧重点　　　　　　　　　　　　　表 4.6-1

序号	BIM 软件	侧重点	序号	BIM 软件	侧重点
1	PKPM-BIM	设计	14	晨曦 BIM	翻模、算量
2	YJK For Revit	设计	15	Is BIM	翻模、算量
3	PDST	设计	16	星层科技	施工
4	探索者 TSSD	设计	17	鲁班 BIM	算量、机电
5	广厦 GS Revit	设计	18	广联达 BIM	施工、机电
6	天正 TR-BIM	设计	19	福建品成 BIM	翻模、机电算量
7	理正-BIM	设计、施工	20	BeePC-BIM	装配式
8	鸿业 BIM	设计、翻模	21	管综易-BIM	机电
9	北京博超时代软件	电力设计	22	慧筑巧模	精装修
10	红瓦-BIM	BIM 施工	23	BIMCAD	市政桥梁
11	品茗	翻模、施工、算量	24	酸葡萄市政	市政桥梁
12	斯维尔	翻模、算量	25	橄榄山系列	设计、施工、翻模、算量
13	新点 BIM5D	翻模、算量			

在国家政策方面，2015—2020 年国家住建部出台的相关文件和政策目标见表 4.6-2。

住建部 BIM 技术相关政策汇总　　　　　　　　　　　表 4.6-2

发布时间	政策文件	政策要点
2015 年	《关于推进建筑信息模型应用的指导意见》	以工程建设法律法规、技术标准为依据，坚持科技进步和管理创新相结合，在建筑领域普及和深化 BIM 技术应用，提高工程项目全生命周期各参与方的工作质量和效率，保障工程建设优质、安全、环保、节能
2016 年	2016 年发布《2016—2020 年建筑业信息化发展纲要》（建质函〔2016〕183 号）	全面提高建筑业信息化水平，着力增强 BIM 技术等信息技术集成应用能力，达到国际先进水平的建筑企业及具有关键自主知识产权的建筑业信息技术企业
2017 年	《关于促进建筑业持续健康发展的意见》（国办发〔2017〕19 号）	加快推进建筑信息模型（BIM）技术在规划、勘察、设计、施工和运营维护全过程的集成应用，实现工程建设项目全生命周期数据共享和信息化管理

续表

发布时间	政策文件	政策要点
2018 年	《城市轨道交通工程 BIM 应用指南》（建办质函〔2018〕274 号）	城市轨道交通应结合实际制定 BIM 技术发展规划，建立全生命周期 BIM 技术标准与管理体系，开展示范应用，逐步普及及推广，推动各参建方共享多维 BIM 技术信息、实施工程管理
2018 年	《关于促进工程监理行业转型升级创新发展的意见》（建市〔2017〕145 号）	推进 BIM 技术在工程监理服务中的应用，不断提高工程建立信息化水平。推动监理服务方式与国际工程管理模式接轨，积极参与"一带一路"项目建设，主动"走出去"参与国际市场竞争
2020 年	《全国智能建筑及居住区数字化标准化技术委员会文件》	关于发布《工程项目建筑信息模型（BIM）应用成熟度评价导则》《企业建筑信息模型（BIM）实施能力成熟度评价导则》的通知

4.6.4　BIM＋GIS 技术应用

GIS 包含了建筑外部的大场景环境信息，BIM 则是侧重于建筑内部各构件的属性信息。BIM 与 GIS 的结合，将微观领域的 BIM 与宏观领域的 GIS 实现互联互通，有效解决了当前单一使用 BIM 技术或者 GIS 技术存在的局限性问题，实现大场景集成应用。在国土安全、室内导航、三维城市建模、市政模拟和资产管理等领域提供了不同程度的数据基础和技术支撑，将数字化属性信息从单体建筑拓展到整个小区，乃至整个城市，将产生难以估量的价值。BIM＋GIS 技术的融合应用提升了 BIM 的应用深度，同时也带来了 GIS 产业发展的新契机，现在城市三维建模已经成为该领域的一个重要研究方向。

BIM 和 GIS 的融合方式包括：基于数据格式的 GIS 和 BIM 融合（从 BIM 到 GIS），基于标准扩展的 GIS 和 BIM 融合，基于本体的 GIS 和 BIM 融合。

BIM 是建筑工程的信息化表达，可以在项目从规划设计到拆除的全生命周期内完全共享、无损传递，为参与各方提供可靠的数据资源。项目的不同参与方在项目的不同阶段，通过对 BIM 模型进行更新、修改，从而使信息模型在各个阶段更好地衔接，实现基于模型的协同工作。解决了项目中不同阶段、不同参与方和不同设备之间不能信息交换共享的问题。纵观 BIM＋GIS 在各领域的应用，可以概括为：BIM＋GIS 涵盖了工程的整个生命周期，即在工程的规划、设计、施工、运维各个阶段都有应用和价值。

在规划阶段，场地分析、方案论证、规划审批等都可以应用 BIM＋GIS 技术。在倾斜摄影模型上叠加设计 BIM 模型，对比论证不同方案构筑物与周边环境的融合效果。此外，进行规划报建时，也需要 BIM 与 GIS 的融合，借助 BIM 内包含的精细化属性信息，实现对周边生活设施、医院床位数、学校建筑面积等的精确估算，实现更精确的分析和决策。

在设计阶段，BIM＋GIS 的结合应用具有广阔的发展前景，特别是在 BIM 和 GIS 协同设计领域，BIM 设计软件公司和 GIS 软件公司为了促进 BIM 和 GIS 在协同设计领域的技术发展，在软件技术层面开展了很多合作。在前期设计时，设计师可以参考周边的 GIS 地理数据，将设计内容与周边环境有机结合。

在施工阶段，可在 BIM＋GIS 平台上进行迭代开发，加入 IOT 技术，在建设统一的大场景物联网数据平台的同时，通过数据整合功能，将各种数据信息整合成智慧工具，并

与模型联动，进行施工进度模拟、施工组织仿真等。例如在数字工地管理平台中嵌入
BIM＋GIS 技术，在大场景中载入项目 BIM 模型，同时将 IOT 设备与模型进行挂接，当
传感器接收到报警信息时，可以在 BIM＋GIS 场景中查看报警位置与模型属性信息；当传
感器检测到塔机移动后，模型也可以随之移动对应角度，实现工程精细化管理。

在运行维护阶段，BIM＋GIS 技术可用于完成模型交付，设备资产管理，火灾应急模
拟等方面应用。快速搭建出各领域运维模块，以数据可视化为着力点，提供安全智慧保
障，辅助管理者进行分析和决策，为业主的运维管理保驾护航。

尽管目前 BIM 和 GIS 在融合方法和融合应用上已经有一定成果，但整体上 BIM 和
GIS 融合处于起步阶段，还需要面对很多问题，比如融合后属性信息缺失，位置信息不准
确，应用成本较高等。

4.6.5　BIM＋倾斜摄影技术

倾斜摄影技术是国际测绘领域近年来发展的一项高新技术，与传统测量技术相比具有
较多优势和潜力，该技术的发展极大了满足了测量技术的发展和人们对需求的增加。该技
术通过飞行器搭载高精度摄像机对目标对象进行影响数据采集，与正射影像仅能获取地物
顶部信息相比，该技术可以获取地物多角度信息，同时配合其他传感器同步获得影像数据
对应的 POS 数据、目标区域内的纹理数据等，最终形成地物三维模型，图 4.6-1 为倾斜
摄影外业示意图。

图 4.6-1　倾斜影像外业示意图

与传统的正向摄影不同，为了配合后期算法的实现，摄影测量作业时对待测区域有多
个角度的图像获取。通过搭载于飞行平台上的摄取设备（传感器），分别从 1 个竖直方向、
4 个相互垂直的倾斜方向（倾斜角一般为 45°）获取待测区域的图像资料。进行图像摄取
时，还要同步记录拍摄点高度、经纬度坐标、镜头姿态等信息。获取的图像在后期软件计
算中，除了根据控制点生成密集点云信息外，还要从中提取出表面纹理数据。

倾斜摄影的优势体现在如下几个方面：

（1）图形信息的多角度真实反映。地面物体的结构和纹理信息是根据多个倾斜相机以

多个角度拍摄捕获而来，对目标对象的空间信息、属性信息等进行真实展现，与正射影像相比，该项优势极大提高对地面物体信息获取的精准度、真实性和可视化性，分辨率较高，视场角较大，同一地物具有多重分辨率的影像。

（2）测量数据的便捷高效直观性。基于飞行器的数据采集与配套软件的数据处理，对目标对象生成三维倾斜摄影模型，通过模型获取物体的多项几何信息，深化倾斜摄影应用深度和广度，助力测量数据成果的转化。

（3）降低人工成本，提高自动化程度。基于倾斜摄影图像贴图技术，利用数据处理配套软件对采集数据进行预处理、区域网联合网平差、多视图影像匹配、DSM 生成等操作，提高对倾斜摄影数据处理和成果输出的自动化水平，降低人工操作成本和误差度，从而极大降低倾斜摄影三维模型成本。

（4）成果具有便捷的共享性。传统测量采集数据往往数据量和占用空间较大，传输过程相对困难，且形式单一，倾斜摄影三维模型在该方面得到极大改善，倾斜摄影模型数据量相对较小，可通过网络信息平台等途径进行成果发布，形成快速高效的成果共享，打破原有数据传输壁垒问题。

（5）较高的性价比优势。新型的倾斜摄影技术，通过飞行器单次采集目标物体数据，即可获取多项数据成果，如 DOM、DLG、TDOM、DSM 等。

4.7　人工智能（AI）

4.7.1　人工智能的定义

1950 年，图灵发表论文《计算机器与智能》，提出并尝试回答"机器能否思考"这一关键问题，首次提出了机器思维的概念；1956 年，达特茅斯会议首次提出了人工智能（Artificial Intelligence）的概念。

在人工智能发展的这半个多世纪中，其发展主要可以分为以下三个阶段：20 世纪 40 年代中期到 20 世纪 50 年代中期，控制论、信息论和系统论作为理论基础，进行人工智能初期的探索研究；20 世纪 50 年代中期到 20 世纪 80 年代末，人工智能与认知心理学、认知科学开始协同发展；20 世纪 80 年代末期到现在，采取分布处理的方法通过人工神经网络模拟人体大脑的智力活动，逐渐形成现今的能以人类智能相似的方式做出反应的智能机器。

在维基百科中人工智能被定义为"人工智能就是机器展现出来的智能，所以只要机器有智能的特征和表现，就应该将其视为人工智能。"在百度百科中则定义为"人工智能是研究、开发用于模拟、延伸和扩展人的智能的理论、方法、技术和应用系统的一门新的技术科学。"2018 年出版的《人工智能标准化白皮书（2018 版）》中则将人工智能定义为"人工智能是利用数字计算机或者由数字计算机控制的机器，模拟、延伸和扩展人类的智能，感知环境、获取知识并使用知识获得最佳结果的理论、方法、技术和应用系统。"

人工智能的核心在于构造智能系统的人工系统，根据能否实现理解、思考、推理、解决问题等高级行为，将人工智能分为强人工智能和弱人工智能。强人工智能由于在伦理学、哲学等方面有着巨大争议，现阶段发展有限。目前，弱人工智能为研究发展的热点，但至今为止，人工智能系统都是实现特定功能的系统，而不是像人类智能一样，能够不断地学习新知识，适应新环境。

4.7.2　人工智能的主要技术

4.7.2.1　机器学习

现如今的人工智能主要依赖的不再是符号知识表示和程序推理机制，而是建立在新的基础上，如机器学习。无论是传统的基于数学的机器学习模型或决策树，还是深度学习的神经网络架构，当今人工智能领域的大多数 AI 应用程序都是基于机器学习技术。

传统的机器学习使用基于统计方法的算法来执行机器学习，其中最著名的算法有线性回归、支持向量机、决策树等。这些技术的大多数数学和统计数据都有几十年的历史了，且便于理解。直到过去十年，它们才被广泛称为机器学习或 AI。

4.7.2.2　计算机视觉

从广义上说，计算机视觉就是"赋予机器自然视觉能力"的学科。实际上，计算机视觉本质上就是研究视觉感知问题，它利用摄像机和电脑代替人眼使计算机拥有类似于人类那种对目标进行分割、分类、识别、跟踪、判别决策的功能。

计算机视觉是人工智能领域的一个重要部分，它的研究目标是使计算机具有通过二维图像认知三维环境信息的能力。计算机视觉是以图像处理技术、信号处理技术、概率统计分析、计算几何、神经网络、机器学习理论和计算机信息处理技术等为基础，通过计算机分析与处理视觉信息。

通常来说，计算机视觉定义应当包含以下三个方面：

（1）对图像中的客观对象构建明确而有意义的描述；

（2）从一个或多个数字图像中计算三维世界的特性；

（3）基于感知图像做出对客观对象和场景有用的决策。

4.7.2.3　自然语言处理

自然语言处理技术（Natural Language Processing，NLP）是人工智能的一个重要分支，其目的是利用计算机对自然语言进行智能化处理。基础的自然语言处理技术主要围绕语言的不同层级展开，包括音位（语言的发音模式）、形态（字、字母如何构成单词、单词的形态变化）、词汇（单词之间的关系）、句法（单词如何形成句子）、语义（语言表述对应的意思）、语用（不同语境中的语义解释）、篇章（句子如何组合成段落）7 个层级。这些基本的自然语言处理技术经常被运用到下游的多种自然语言处理任务中，如机器翻译、对话、问答、文档摘要等。

4.7.2.4　深度学习

深度学习彻底改变了计算机视觉（CV）和自然语言处理（NLP）领域。

在深度神经网络中，将多层人工神经网络链接在一起，可以根据通用逼近定理近似任意数学函数。人工神经网络的每一层都由一个线性操作和一个非线性操作组成。

通过向算法提供有关学习任务的大量数据，可以"学习"线性运算的参数。在内部，使用一种称为"梯度下降"的学习算法来逐步调整参数，直到获得最佳精度为止。

目前有两个主要用于开发深度学习应用程序的 Python 框架：Tensorflow 和 Pytorch。

4.7.2.5 强化学习

在传统的机器学习和深度学习中，人工智能系统从过去的数据中学习；而在强化学习中，人工智能系统通过采取一些行动并衡量其回报来学习，类似于训练宠物狗学新技能。在"AlphaGO"这样的游戏中，奖励是做出决定以最大化分数。

强化学习不仅引发了人工智能领域的革命性突破，还成为了解决问题的通用框架。该学习模式将深层神经网络融入强化学习，不但在图像识别和自然语言处理等领域取得突破性的进展，更在围棋等复杂棋类游戏中具有超人的表现。

4.7.3 人工智能标准现状

2020年7月，国家标准化管理委员会、中央网信办、国家发展改革委、科技部、工业和信息化部联合印发《国家新一代人工智能标准体系建设指南》（国标委联〔2020〕35号）（以下简称《指南》）。《指南》提出了适合现阶段的人工智能标准体系。标准体系是人工智能标准化的顶层设计，用于指导人工智能标准化工作，支撑人工智能技术研发和产业发展。

我国目前人工智能相关标准制定情况如表 4.7-1 所示。

中国人工智能标准汇总表 表 4.7-1

序号	标准名称	标准类型	进度
1	《信息技术　词汇　第28部分：人工智能　基本概念与专家系统》GB/T 5271.28—2001	国家标准	现行
2	《信息技术　词汇　第29部分：人工智能　语音识别与合成》GB/T 5271.29—2006	国家标准	现行
3	《信息技术　词汇　第31部分：人工智能　机器学习》GB/T 5271.31—2006	国家标准	现行
4	《信息技术　词汇　第34部分：人工智能　神经网络》GB/T 5271.34—2006	国家标准	现行
5	《人工智能芯片基准测试评估方法》YD/T 3944—2021	行业标准-通信	现行
6	《人工智能算法金融应用评价规范》JR/T 0221—2021	行业标准-金融	现行
7	《智慧家庭人工智能语音服务通用技术规范》DB 35/T 1979—2021	地方标准-福建	现行
8	《人工智能　情感计算用户界面　模型》GB/T 40691—2021	国家标准	现行
9	《信息技术　人工智能　术语》GB/T 41687—2022	国家标准计划	待发布
10	《人工智能　面向机器学习的数据标注规程》	国家标准计划	征求意见中
11	《信息技术　人工智能　知识图谱技术框架》	国家标准计划	征求意见中
12	《信息技术　人工智能　平台资源供给》	国家标准计划	征求意见中
13	《智慧城市　人工智能技术应用场景和需求指南》	国家标准计划	征求意见中
14	《人工智能　音视频及图像分析算法接口》	国家标准计划	起草中
15	《人工智能　面向机器学习的系统规范》	国家标准计划	起草中

现有的人工智能相关标准仅有15个，其中，现行标准仅8个，以国家标准居多，行业标准仅两个，分别是通信行业及金融行业。

目前人工智能技术标准仍停留于词汇定义、算法层面，在人工智能的实际应用方面缺少相关标准的制定。尤其是在建造领域，如何规范人工智能在数字建造领域的应用，如何更好地实现人工智能对数字建造赋能还存在很大空白。

4.7.4　人工智能在数字建造中的应用

建造业作为最基础的传统行业，伴随着人类发展历程而不断演化。无论是城市的规划还是国家的发展，都离不开建造业。建造业一直在思索"如何运用先进的技术进行自我革新""如何适应人类不断发展的需求""如何让人类过上更美好的生活"等相关问题。如今，先进的人工智能技术如何在数字建造中深入应用，促进建造业发展已成为相关从业者的新课题。

4.7.4.1　项目规划

在现有的数字建造中，人工智能在最初的设计规划阶段就已发挥了重大功效，结合项目地理信息位置、智慧城市特征等相关数据，设计出适合当地地理气候环境的建筑，选取合适的点位，生成功能完善的建筑，让生活更宜居、工作更有动力。

除了建筑物总体设计以外，在建筑物的细微设计中数字建造已广泛使用 BIM 技术进行精确的设计。BIM 应用各种类型的工具和技术，其中包括机器学习，来帮助设计团队避免一个常见的、代价高昂的问题：重复工作。从事共享项目的子团队经常花费时间创建其他子团队已经创建的模型，而使用 BIM，用户"教会"机器用算法来生成具有多种变化的设计。当人工智能构建模型时，会从每次迭代中学习，直到提出理想的模型。

4.7.4.2　成本管控

在能源成本管控方面，通过收集建筑实时能耗数据，并参考建筑设计、暖通空调系统、照明系统、供电系统以及天气实时数据，经过精细计算，为建筑业主提供各种设备使用的优化方案，从而降低能源消耗。

在项目成本管控方面，可通过训练人工神经网络等多种人工智能算法，在预测工程造价、资源估算、预测中标金额、工程量清单信息获取和管理、资源优化管理、建筑工人活动监测与自动评估方面发挥功效。

在项目时间管理方面，通过人工智能分析能够优化施工进度计划、实现施工进度监测、工期预估、施工进度实时分析、施工延误分析、施工生产力预测仿真等功能，提高管理效率。

4.7.4.3　安全管理

安全一直是重点关注的内容。尤其是在建造行业，调查数据显示，建筑行业工人在工作中伤亡的比例是其他行业工人的五倍。意外事故包含了坠落、坠物、触电，以及建筑工人在工作现场被多个物体，如设备与设备之间挤压、夹住的事件。

在项目现场，施工人员的施工行为需要受到全方位的监控，由此才能及时发现存在较大安全隐患的施工行为。通过应用人脸识别技术，管理人员可以在现场安装相关设备，同时通过 5G 等通信技术连接远程控制设备，对不当操作行为及时叫停。通过全方位的人工智能技术应用，现场施工人员将处于一种较强的安全操作警觉状态，从而形成全员重视安全施工的现场氛围。而现场安全管理也将从粗放式管理转变为精细化管理，施工现场向数字化、信息化转变，实现数字建造，能够显著提升施工与管理效能。

此外，在建造过程中运用人工智能跟踪照片和视频等来源，分析、预测并识别现场静态设备中存在的风险问题及安全隐患问题，及时告知现场管理人员解决相关问题，降低安全隐患，维护现场秩序，加大现场管控力度。

4.7.4.4 装配化施工

与传统的建造形式相比，装配化施工主要是通过预加工的方式制造建筑构件。而人工智能技术能够对装配式建筑中的预制构件进行机器人标准化生产，进而实现智能机械化生产的目标。对建筑机器人进行深度学习技术的开发与使用，能够在减少装配式建筑施工中的人员消耗和成本投入的同时，提升装配式建筑的标准化程度，提高工程施工质量，确保工程的施工效率。除此之外，将这些技术应用在装配式建筑施工中，还能构建无尘施工环境，进而减少职业病害的出现。

4.7.4.5 融合应用

随着数字建造的复杂性和智慧程度的提升、工程项目管理风险控制能力的提高、建造全过程的协同管理与进行等要求的提高，在项目建设环境风险感知的风险控制等方面，需促进人工智能技术与传感器（含 RFID）、GPS、二维码、摄像（含虚拟现实功能）、激光扫描、无人机、物联网等技术的融合发展。

在项目建造全过程的协同管理方面，人工智能主要通过物联网与项目实施单体融合，形成人机协同格局。项目实施单体不仅是人为组织，也可是多智能体，如 3D 建筑打印机、建筑机器人（智能建筑机械）及穿戴式、嵌入式设备等。同时，人工虚拟组织能有效提高风险控制的效率。

此外，工程项目管理风险控制需要大量、快捷的数据传输能力，尤其是实时性风险控制阶段。而 5G 网络技术的高速率、低时延等特点，为智能化风险管理提供了有力的技术支撑，同时增强了人机协同的鲁棒性。

为此，需拓展研究人工智能技术与其他前沿技术的融合应用发展，促进数字建造的发展与壮大。

4.8 虚拟现实（VR、AR）

4.8.1 虚拟现实概念

虚拟现实又称虚拟环境、灵境或人工环境，是指利用计算机生成一种可对参与者直接施加视觉、听觉和触觉感受，并允许其交互地观察和操作的虚拟世界的技术。

4.8.2 虚拟现实意义

人在现实世界中可以通过视觉观察五彩斑斓的色彩，通过听觉感知声音，通过触觉了解物体的特性和质感。而虚拟现实可以利用人机交互设备，以人类肢体动作（如头的转动、手的运动）向仪器送入各种动作信息，并且通过视觉、听觉以及触觉等多种感知进入到三维虚拟世界。

虚拟现实能够实现人与自然之间的和谐交互；扩大人对信息空间的感知，从而提高人类对跨越时间和空间的事物以及复杂动态事件的感知能力，从某种意义上来说虚拟现实将改变人们的思维方式，改变人们对世界、自己、空间和时间的看法。

　　作为一项具有深远的潜在应用方向的新技术，虚拟现实正成为第三种认识、改造客观世界的重要手段，通过虚拟环境所带来的真实性，用户可以根据在虚拟环境中的体验，对所关注的客观世界中发生的事件做出判断和决策，可以说，虚拟现实开辟了人类科研实践、生产实践和社会生活的崭新范式。

　　虚拟现实的重要性主要体现在各种场景的应用上，例如在高级培训上，从初级水平到专业水平的真实培训场景，可以帮助学员更快地适应培训环境，逐步提升自己的水平，最终应用到实践中。尤其像军事、医护、安防等场景的演练，虚拟现实情况下的培训，不仅能够节约培训综合成本，更能够保证学员们的安全，在达到培训目的的同时，大大减少不必要的人身伤害。

4.8.3　虚拟现实如何赋能数字建造

　　在实体产业数字化转型阶段，AR 和 VR 通过构建网络物理系统，在制造行业的物理世界和虚拟世界之间搭起了一座桥梁，当结合适当的数据时，AR 和 VR 结合人工智能可以帮助构建闭环数据模型，这些模型可以在出现任何错误时自行输入正确指令，从而减少了生产时间；在虚拟界面的帮助下，即使是经验不足的员工也可以在操作机器或组装产品时快速工作，而无须阅读冗长的操作手册；VR 和 AR 通过运行模拟分析产品的每个角落，有时甚至是整个制造过程，帮助最大限度地降低运营和制造成本；AR/VR 模型实际上是以客户为中心的模型，根据用户要求提供完整的质量控制和定制，从而增强客户体验。在工业领域，随着虚拟现实的普及，可以助力企业在生产、销售、服务、成本等多领域的降本增效，从而为数字化转型奠定良好的基础。

4.9　区块链

4.9.1　区块链概念

　　区块链是一种"点对点"的公共账本技术，其通过加密协议在对等网络中公开记录和分发有关交易的信息。通俗地说区块链可以被看作所有人共享的文档。每个人都可以查看文档内容并可以向其中添加新信息，但是不能编辑或删除条目。这个公共账本从结构上来看是一条区块之间首尾相接的不断延长的链，因此被形象地称作"区块链"。

　　在技术层面上，区块链可以认为是基于一系列加密算法、存储技术和对等网络的集成式技术，具有不可篡改、多方共识和去中心化的特征。在数据层面上，可以将区块链视为大家共同维护的公共账本。在经济层面上，区块链可以为无信任基础的对等交易双方建立可靠的信任基础。总之，区块链是多种现有技术的创新集成解决方案，它集成了密码技术、多方一致性协议、网络安全性和其他相关技术。如图 4.9-1 所示，区块链的整体架构大致可以划分为核心数据层、网络层、共识层、激励层、合约层和应用层。

　　其中核心数据层封装了区块数据结构、链结构以及相关的数字签名、非对称加密和时间戳等应用技术。网络层是信息传输的基础，其中包括了 P2P 网络、特定的通信机制以及验证机制。区块链网络中全部节点都可以公平地竞争记账权，生成区块的节点会在对等

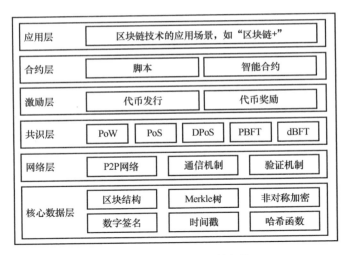

图 4.9-1　区块链的整体架构

网络中将打包的区块信息广播至其他正在监听网络中区块信息的节点继续接受验证。共识层是区块链的核心技术之一，也是区块链网络中的管控手段，可以使决策权高度分散的节点在去中心化的区块链网络中达成共识。激励层是挖掘机制，节点可以为区块链系统贡献尽可能多从而获得奖励。通过这种激励机制，可以鼓励整个网络中的节点参与区块链上的数据记录和维护，该机制存在的必要性取决于具体应用需求以及是否符合法律法规。合约层封装着各种脚本、算法以及智能合约，这些脚本代码、合约代码规定了节点之间的交易守则。目前的热门研究"区块链＋"就位于应用层，该层封装了数字货币、慈善捐助、智慧医疗、电子投票等各种区块链技术的新兴应用。

4.9.2　区块链特性及分类

区块链技术也称为分布式账本技术，它使参与者能够以低成本确保交易的结算、完成和资产的转移。加密货币区块链交易流程如下：用户 A 通过对等区块链网络向用户 B 发起交易。身份的加密证明（一对公共密钥和私有密钥）用于在网络中唯一标识用户 A 和用户 B 的身份，然后交易将被广播到区块链网络的存储池中，等待交易验证和确认，通过获取一定数量的批准节点来生成新的区块，这一过程被称为达成共识。达成共识后，将在整个区块链的末尾链接上新生成区块，并且每个节点都会更新其各自区块链账本的副本，该区块中包含这段时间内发生的所有事务。共识阶段是通过使用共识算法实现的，此过程在比特币系统中被称为"挖矿"，即点对点网络就公共账本的当前状态达成共识，每个节点都可以通过展现其 CPU 能力或者其他能力来投票以接受有效块，也可以拒绝无效块（由具体的共识算法决定）。区块中的每个交易都由特定的时间戳标记，两个区块也通过时间戳链接，因此，区块链上的数据具有特殊的时间属性，并且链的长度在不断增长这一属性也在不断加强，层层确保链上数据的不可篡改，这意味着区块链是实现时间戳服务的去中心化式变体。区块链使用专门的硬件来构建可伸缩的加密数据链，并使用 SHA-256 哈希函数来防止篡改第三方用户的数据。任何尝试更改的信息，即使只是一点点改动，都将破坏现有的链条。简而言之，区块链是一种去中心化的且值得信赖的数字公账本，它使用了由所有参与者维护的分布式技术和多方共识算法。总结上述分析，区块链具有以下四个重要特性：

（1）匿名性：区块链的匿名性意味着每个节点在区块链上都有一个虚拟身份。例如，比特币用户匿名持有交易的公共密钥。

（2）去中心化：区块链的去中心化意味着不需要中央机构，每个节点都是对等的，分布式节点间的信任是基于数学理论建立的而不是以集中式组织的形式建立的，其中的数据验证、存储、维护和在区块链上传输的过程都无需第三方监管介入。

（3）不可篡改：所有交易数据以两两相接的区块的形式存储在区块链上，其中从区块结构来看，是哈希值引用的形式进行父子间区块的连接，篡改任何一次交易都会导致哈希值发生变化，因此就会被运行验证哈希值是否一致的算法的其他所有节点检测到。而且区块链是一种存储在众多网络节点上的实时同步的公共账本，试图篡改账本数据将需要付出巨大代价做完全网 51% 以上节点的工作，并且这一成功篡改概率随着链的延长呈指数级变小。

（4）可追溯性：通过区块链的数据存储结构和链结构来追踪交易源。区块链上的所有交易都是按照固定的时间先后次序来进行排列的，每一个区块都是由哈希值引用的方式与前后相邻的区块相连，可以通过检查由哈希值链接的区块信息追踪每一笔交易源。

区块链的类型大致可以划分为公有链，联盟链和私有链。这三种类型的区块链具有一些共同特征：它们都通过 P2P 网络进行交易，都依靠共识算法来同步网络交易数据，并要求每笔交易在添加到链之前都需要进行数字签名。所谓公有链是指世界上任何一个人都可以在任何时间进入系统以读取/写入数据、发送/验证交易并参与达成共识的区块链，借助密码学中的加密算法来保证区块链网络上的交易安全，公有链的应用主要包括比特币和以太坊等。

所谓联盟链指系统中有多家交易机构共同参与经营和管理的区块链，每个交易机构都可以运行一个或多个节点，规定只有这些节点可以读取/写入数据、发送/验证交易，共同维护链上数据，目前基于联盟链技术的应用以超级账本 Hyperledger 为代表。

所谓私有链是指节点写入交易数据的权限严格受组织或者机构限制的区块链，并且其许可权限仅由一个组织掌握，私有链通常在实际应用中用作内部审计，私有链的价值主要体现在它可以同时抵御来自内部和外部的安全攻击。

4.9.3　区块链技术前景展望

区块链技术弱中心化、不可篡改、可追溯和集体维护的特点使其具有无比广阔的应用前景，尤其在金融、公共服务、物联网、供应链和公益慈善等领域已经有了一定程度的应用。

随着区块链技术的完善，更多领域"区块链＋"的应用都将得到完善和发展。例如在金融领域，就像早期的算盘和 16 世纪的复式记账法一样，21 世纪的区块链作为技术手段，在保留金融本质的情况下，将金融的层次大大提高。将区块链技术与产业深度结合，产业的效率将快速提高，成本也会大幅降低，而且还能进一步增加透明度以及普惠性。产业的发展也会反哺区块链技术的研究和"区块链＋"企业的兴起。区块链技术等科技对产业的深度赋能将发挥其对百业和实体经济发展更强有力的支撑，使区块链技术在其他领域也得到广阔的应用。

综合以上，区块链技术在基础应用方面的革新将孕育各类底层技术平台以及提供区块链技术服务和解决方案的企业，进而将区块链技术延展深入到各个业务领域，进一步建立健全以区块链为基础和解决思路的行业生态。区块链技术无疑将加速推进新一轮产业革命。

4.10 数字孪生技术

4.10.1 数字孪生的概念

数字孪生是指充分利用物理模型、传感器更新、运行历史等数据，集成多学科、多物理量、多尺度、多概率的仿真过程，在虚拟空间中完成映射，从而反映相对应的实体装备的全生命周期过程。简单来说，数字孪生是指以数字化方式再现物理世界中真实的实体或系统。

数字孪生思想最早由美国密歇根大学的 Michael Grieves 命名为"信息镜像模型"，而后演变为"数字孪生"的术语。2012 年美国 NASA 给出了数字孪生的概念描述：数字孪生是指充分利用物理模型、传感器、运行历史等数据，集成多学科、多尺度的仿真过程，它作为虚拟空间中对实体产品的镜像，反映了相对应物理实体产品的全生命周期过程。

为了便于数字孪生的理解，庄存波等提出了数字孪生体的概念，认为数字孪生是采用信息技术对物理实体的组成、特征、功能和性能进行数字化定义和建模的过程；数字孪生体是指在计算机虚拟空间存在的与物理实体完全等价的信息模型，可以基于数字孪生体对物理实体进行仿真分析和优化。《数字孪生体技术白皮书》给出了对数字孪生体的定义：数字孪生体是现有或将有的物理实体对象的数字模型，通过实测、仿真和数据分析来实时感知、诊断、预测物理实体对象的状态，通过优化和指令来调控物理实体对象的行为，通过相关数字模型间的相互学习来进化自身，同时改进利益相关方在物理实体对象生命周期内的决策。

图 4.10-1 为数字孪生系统的通用参考架构。如图 4.10-1 所示，一个典型的数字孪生系统包括用户域、数字孪生体、测量与控制实体、现实物理域和跨域功能实体共五个层次。第一层：用户域。包括人、人机接口、应用软件和共智孪生体第二层是与物理实体目标对象对应的数字孪生体，它是反映物理对象某一视角特征的数字模型，并提供建模管理、仿真服务和孪生共智三类功能。建模管理涉及物理对象的数字建模与展示、与物理对象模型同步和运行管理。仿真服务包括模型仿真、分析服务、报告生成和平台支持。孪生共智涉及共智孪生体等资源的接口、互操作、在线插拔和安全访问要求。建模管理、仿真服务和孪生共智之间传递实现物理对象的状态感知、诊断和预测所需要的信息。

第三层是处于测量控制域、连接数字孪生体和物理实体的测量与控制实体，实现物理对象的状态感知和控制功能。测量与控制实体、数字孪生体以及用户域之间的数据流和信息流动传递，需要信息交换、数据保证、安全保障等跨域功能实体的支持。信息交换通过适当的协议实现数字孪生体之间交换信息，安全保障负责数字孪生体系统安全相关的认证、授权、保密和完整性，数据保证与安全保障一起负责数字孪生系统的准确性和完

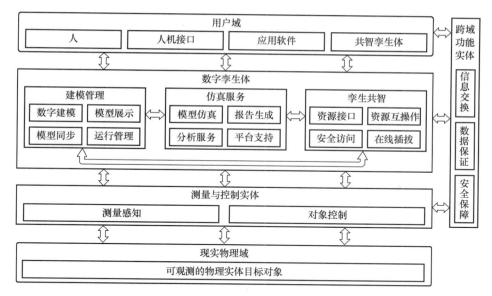

图 4.10-1 数字孪生系统的通用参考架构

整性。

从系统实现的角度，第二层的数字孪生体是一个以数字孪生技术打造的信息集成、计算和决策平台，第三层的测量与控制实体可对应现实世界的传感器、控制器以及物联网数据接入系统。

从数字孪生所涉及的技术以及数字孪生体的定义，数字孪生系统适用于还原要素众多、相互作用复杂的系统，如：城市交叉路口；也适合于描述机制明确系统未来的发展态势，比如用于模拟高速公路收费站在高峰期的拥堵演变趋势。显然，数字孪生技术在数字化制造中也有独特的价值，数字孪生体已经经历了技术准备期、概念制造期和预先应用期，在制造业的多个领域取得了一定的技术积累和预先应用。

4.10.2 数字孪生的意义

数字孪生最为重要的启发意义在于，它实现了现实物理系统向赛博（Cyber）空间数字化模型的反馈。人们试图将物理世界发生的一切，塞回到数字空间中。只有带有回路反馈的全生命跟踪，才是真正的全生命周期概念。这样，就可以真正在全生命周期范围内，保证数字与物理世界的协调一致。各种基于数字化模型进行的各类仿真、分析、数据积累、挖掘，甚至人工智能的应用，都能确保其与现实物理系统的适用性。

4.10.3 数字孪生的应用现状

目前数字孪生体正在与人工智能技术深度结合，促进信息空间与物理空间的实时交互与融合，通过在信息化平台内进行更加真实的数字化模型，实现更广泛的应用。将数字孪生体与机器学习框架相结合，数字孪生体可以根据多重的反馈源数据进行自我学习，从而实时地在数字世界里呈现物理实体的真实状况，并能够对即将发生的事件进行推测和预演，为事件的针对性预防和处置提供重要的辅助决策参考。

在制造领域，一些传统技术，如 CAD 和 CAE，天然就是为物理产品数字化而生。一些新兴技术，如 AI、AR、IOT，也为更逼真、更智能和交互性更好的数字孪生体插上了翅膀。可以预见，数字孪生体在研发设计和生产制造环节将会起到越来越大的作用，成为智能制造的基石。

在产品的制造阶段，使用数字孪生体可以缩短产品导入时间，提高设计质量，降低生产成本和加快上市速度，制造阶段的数字孪生体是一个高度协同的过程，通过数字化手段构建起来的数字生产线，将产品本身的数字孪生体同生产设备、生产过程等其他形态的数字孪生体形成共智关系，实现生产过程的仿真、参数优化、关键指标监控和过程能力的评估。同时，数字生产线与物理生产线实施交互，物理环境的当前状态作为每次仿真的初始条件和计算环境，数字生产线的参数优化之后，实时反馈到物理生产线进行调控。在敏捷制造和柔性制造大为盛行的今天，对多个生产线之间的协调生产提出更高要求，多个生产线的数字孪生体之间的"共智"将是满足这一需求的有效方案。

在交通基础设施制造领域，数字孪生技术已经用于还原装配式生产制造流程以及构件的生产过程，用于模拟盾构机的地下施工风险环境为操作人员的科学操纵提供辅助决策信息，也用于山体隧道开挖过程爆破参数的计算；在交通系统运营阶段，数字孪生技术用于模拟不同气象环境和场景下的交通系统运行情况，为正常情况下的交通行车、突发情况下的交通事件处置提供无可替代的辅助决策信息。

5   大数据集成与应用

5.1   背景

2020 年 4 月，中共中央、国务院印发《关于构建更加完善的要素市场化配置体制机制的意见》，首次将数据列为同劳动力、土地、技术、资本同等的生产要素之一。数据的价值日益彰显，面对企业庞大、纷繁、杂乱的数据，如何打破数据孤岛、开展数据的集成与应用即数据的治理工作成为推动大数据与实体经济深度融合、助力经济转向高质量发展阶段的重要内容。建筑企业的全域数据具有明显的大数据 5V 特征：数据量大（Volume）、数据种类和来源多样化（Variety）、数据增长快且分析处理和实效性高（Velocity）、数据准确性要求高（Veracity）、潜在的数据价值高（Value），采用传统的数据仓库，在存储和算力方面，无法有效承载大数据场景下的信息系统数据的接入，如非结构化的网络数据、物联网设备的数据、工程档案类数据、多媒体数据等。在建筑企业，亟须成熟的大数据集成平台实现从集团到项目间全域的数据治理和数据共享。建筑企业虽然信息化建设相对滞后，但是在长期的企业运营和项目现场管理等方面也实施了不少系统，如项目管理、财务管理、智慧工地等。这些业务系统的实施厂商众多，分期建设、间隔时间长，而且缺乏统筹规划，缺少数据标准，功能模块之间相对独立，在企业内部形成多个"数据孤岛"，并且指标在定义和计算逻辑上可能各不相同，无法真正实现数据的开放共享，导致建筑行业虽有大量数据，但数据利用率低，无法发挥数据的价值。建筑行业的部分软件厂商也十分关注数据应用，但往往局限于自身软件模块数据的治理和挖掘，缺少对建筑企业全域数据的集成。

2008 年，Hadoop 分布式处理软件成为 Apache 开源基金会的顶级项目，互联网行业率先采用基于 Hadoop 分布式的计算框架进行企业级数据处理，其分布式和高容错等特性使得企业可以使用廉价的普通服务器构建大规模集群，提高数据的处理能力。阿里巴巴提出的数据中台概念，将数据统一化、工具组件化、应用服务化，极大地屏蔽了大数据技术本身的复杂性，在电力、教育、金融等行业得到了很好的应用。以其他行业应用为参考，在建筑企业可以构建"以大数据平台为基础建设企业的数据底座、以数据中台为工具开展企业的数据治理、强化数据资产管理、提升数据质量、保障数据安全可控"的大数据集成应用平台，满足企业报表分析及数字化运营的数据应用需求。

5.2   总体架构

大数据集成与应用平台包含数据采集、数据存储、数据治理、数据共享和数据应用功能，实现数据从采集、建模、分析、构建数据服务 API 处理全链路可视化操作，并提供数据质量、数据安全等数据资产管理功能，总体架构如图 5.2-1 所示。

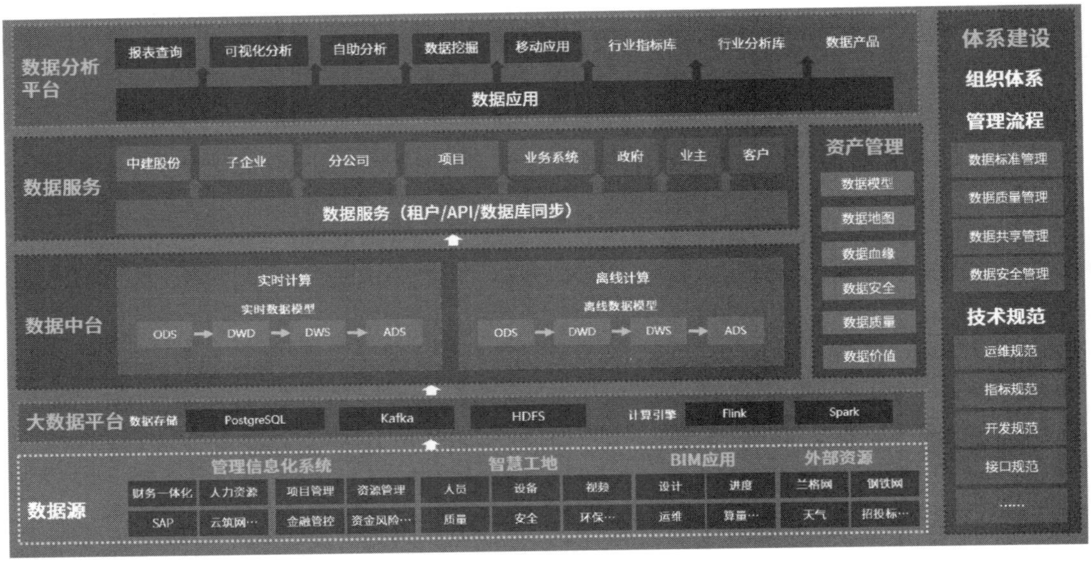

图 5.2-1　大数据集成与应用总体架构图

1. 数据源

对于建筑企业，包括：（1）企业管理数据，如财务数据、人力资源数据、项目管理数据等；（2）项目现场数据，如设备、质量、安全等；（3）BIM 应用数据，如设计、进度、运维等；（4）外部数据，如兰格钢铁网、我的钢铁网、天气等；（5）其他系统缺失的数据，如目标数据等；（6）日志数据，如系统使用日志、用户行为日志等。确保数据源清洁、可靠，是数据工作的前提。

2. 大数据平台（数据存储）

以数据湖的形式实现对各种数据源的海量原始数据进行聚合，提供足够的存储和算力支持海量数据处理，最终将形成的热点应用数据存储到数据仓库。大数据技术已经形成了非常成熟的以 Hadoop 开源生态为核心的技术体系，实时方式以 kafka 存储，离线方式以 HDFS 存储；数据仓库仍以传统数据库为介质，如 PostgreSQL 等。

3. 数据中台

提供数据治理的开发工具。数据治理首先需要进行数据建模，然后进行数据治理，通常采用分层处理方式，将复杂问题简单化，减少重复开发，降低对业务变更的影响。离线处理通常以 Spark 作为计算引擎，实时处理通常以 Flink 作为计算引擎。

4. 数据共享

为企业内部的上下级单位、项目、业务系统提供数据服务，主要有 3 种方式：数据库同步、API 方式及多租户模式，也可以为企业外部的政府如智慧园区应用、业主及客户以 API 方式提供统一的标准化数据服务。

5. 数据应用

提供统一的数据分析平台，满足用户的各种数据应用需求。主要包括：（1）常规应用，包括日常报表、指挥大屏、移动应用等，并在用户应用中逐步整理形成适合企业的指标库和分析库；（2）自助分析，由开发人员按业务需求提前定义好数据集，业务用户可以自己灵活制作报表；（3）数据挖掘，利用线性回归、文本挖掘、深度学习等算法挖掘数据潜在价值；（4）数据产品，以数据为基础，打造适合建筑行业的数据产品，更好地服务社会。

6. 数据资产管理

数据资产管理的目的是"盘活"数据以充分释放其附加价值。数据资产管理的主要任务包括：（1）数据标准管理；（2）数据模型管理；（3）数据质量管理；（4）数据安全管理；（5）元数据管理；（6）数据价值管理等。目前数据作为资产的价值管理还处于初级探索阶段，未来需要根据技术的发展、制度体系的完善去不断开展。

7. 体系建设

为了数据治理而开展的各种管理要求、机制建设和技术规范，如数据治理体系、数据入湖标准、数据标准管理流程、数据共享开发规范等。

5.3　关键技术

5.3.1　数据采集方法

数据采集指从企业内外获取数据的过程，数据包括结构化数据（如数据库表数据）、半结构化数据（如 Excel、XML、JSON 数据）和非结构化数据（如网页、文档、视频、图片等）。针对数据源的不同，采集方案如下：

1. 数据库采集

企业内部业务系统的数据大多存储在数据库中，数据采集只需通过配置 ODBC/JDBC 链接，即可实现数据同步到数据湖。数据中台产品基本都配置相应插件，通过简单配置，即可实现数据采集。

2. 半结构化数据采集

建筑企业内一些数据仍存在 Excel 台账管理，此外，以 API 方式从外部获取一些公共数据如天气信息，返回的格式通常是 JSON 或 XML。针对这些半结构化数据，可通过自定义编写 Python/Shell 程序实现半结构化数据采集。

3. 网络数据采集

如果网络数据不能以 API 方式提供，可使用 Python 开发爬虫程序或者选择专门的 RPA（Robotic Process Automation）工具，实现将网络数据抓取到本地的业务数据库，然后利用数据中台产品通过数据库采集方式同步到数据库。

4. 文档、图片、视频类等非结构化数据采集

针对文档、图片、视频等非结构化文件的大数据处理，有多种入湖方式：（1）基本特征元数据入湖，源文件仍保留在源系统，以视频为例，数据湖中仅存储视频的基本特征元数据如创建日期、主题、描述、标识符、来源等；（2）文件解析内容入湖，对源文件的内容进行分析后入湖，原始文件仍在源系统，如通过 AI 对项目现场视频的边缘计算结果入湖；（3）原始文件入湖，需要将文件同步到数据湖，利用数据中台进行分析，仍以视频为例，通过 Python 加载视频后，对视频进行分帧处理，运用合理的模式识别算法，提取图片有用信息，转换为业务场景需要的数据模型，将结果保存到数据库。

5. 人工采集

针对系统缺失的数据，可通过人工填报、人工导入等方式获得数据。

5.3.2　数据仓库建模

尽管大数据集成应用平台架构与传统数据仓库不同，但建模方法还是一致的，推荐以维度建模搭建企业数据仓库模型，主要分为 4 个步骤：

1. 确定业务场景

通过与业务沟通，分析业务需求，识别需求中涉及的业务流及其对应的逻辑数据实体和关联关系。

2. 声明粒度

声明粒度是维表和事实表设计的重要步骤，粒度越细，细节程度越高。设计时，要保证事实表的粒度是一致的。

3. 维度设计

维度是用于观察和分析业务数据的视角，支持对数据进行汇聚、钻取等分析。为了保证查询性能，维度设计时可以有一定冗余，并且需要保证一个维度只能有一个视角，不能具备向上和向下两个方面的收敛逻辑，一个值节点不能有两个不同的上层归属。

4. 事实表设计

事实表存储业务过程事件的性能度量结果，由粒度属性、维度属性、事实属性和其他描述属性组成。粒度属性是事实表的主键；维度属性是维度表的主键，为了查询性能，也可以继承维度表中的部分属性；事实属性是对事实进行定量的属性，不能存在多种不同粒度的事实属性；其他属性主要包括数据加载日期、分区等附加信息。

5.3.3　离线数据治理

离线数据治理采用分层处理，从下到上可分为：操作数据层（ODS：Operation Data Store）、数仓明细层（DWD：Data Warehouse Detail）、数仓汇总层（DWS：Data Warehouse Summary）、应用数据层（ADS：Application Data Store）、公共维度层（DIM：Dimension）、数据应用层，整体的数据分层开发模型如图 5.3-1 所示。

图 5.3-1 中 ODS 层提供了对原始数据的备份，避免直接调用业务系统的数据；DWD层对 ODS 层的数据进行过滤、清洗、转换，形成最细粒度的明细表；DWS 层将 DWD 层的明细数据，按照不同维度、不同粒度进行汇总聚合，构建命名规范、口径统一的统计指标，形成不同业务需求的汇总表；ADS 层对 DWD 层或 DWS 层数据进行个性化加工、数据汇总，形成某一个主题域的服务数据，为数据应用提供数据支持；DIM 层整合不同业务系统的维度相关信息，建立统一标准的企业维表；数据应用层同步 ADS 层的交易数据和 DIM 层的维度数据到关系型数据库，面向最终应用。

5.3.4　实时数据治理

实时数据治理逻辑简单，但特别消耗资源，总体开发过程如图 5.3-2 所示。

实时采集通过读取数据库中的日志，利用数据抽取插件解析日志，逐条读取各种数据

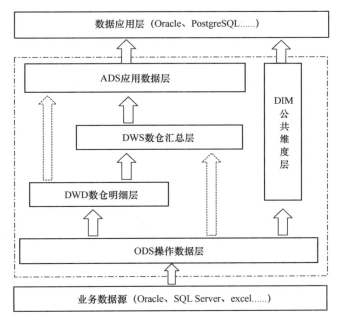

图 5.3-1　离线数据分层开发模型

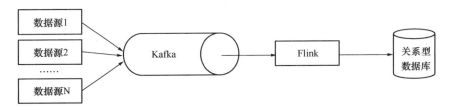

图 5.3-2　实时数据开发过程

库操作，以流式数据的方式记录到 Kafka；Flink 作为实时计算的计算引擎，以 SQL 的形式处理 Kafka 中的流式数据：将 Kafka 中的数据映射为源表，然后通过 Flink 计算引擎以及特定的数据计算逻辑，完成对实时数据的分析处理，并将数据输出到数据库中。

5.3.5　数据共享服务

数据共享服务将数据变为一种服务能力，满足各方用户及业务系统的数据应用需求，主要有以下 3 种方式：

1. 数据库同步

数据库同步提供面向目标数据源的跨数据源类型转换的数据同步能力，实现直接向目标数据库表以增量或全量的方式批量推送数据，主要用于企业内部的数据交换，不适用于需要清理和转换复杂的场景。

2. API 方式

与数据库同步方式不同，API 方式（图 5.3-3）数据共享具有高聚合、松耦合及敏捷响应能力等优点，适用于处理不同数据结构以及需要高可靠性和复杂转换的场景，尤其是

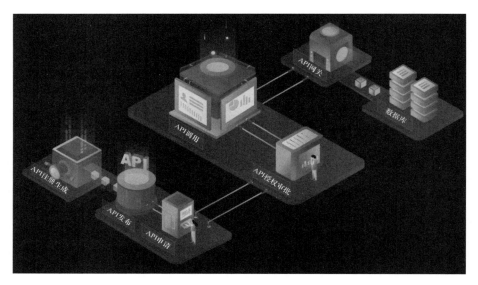

图 5.3-3　API 方式

与业务系统对接及实时要求高的场景，不适合处理大量数据。完整的 API 管理流程包括：

（1）API 注册生成：开发人员基于业务需求，完成 API 的开发，测试后生成 API 接口；

（2）API 发布：对于测试通过的 API 接口，需要发布到 API 市场才可以使用；

（3）API 申请：数据需求方通过 API 市场，查看可以使用的 API，并结合实际情况申请调用；

（4）API 授权：API 管理员结合业务需求，授权 API 的使用，设置使用时间、调用限制、安全策略等；

（5）API 调用：数据需求方在 API 审批通过后，可以调用 API 获取数据。

3. 多租户模式

多租户模式适用于企业内部，特别是多层级组织架构，不仅能够实现数据共享，更为下级企业提供统一的数据治理工具和大数据平台。一方面减少企业重复的软硬件投资，另一方面实现租户的个性化定制。考虑到 Hadoop 集群资源和多任务并行，多租户使用时，需实现多重隔离：

（1）逻辑隔离。从租户的角度出发，每个租户都有独立的逻辑模型，拥有独立的资源以及基于相同逻辑模型实现的统一授权模型。

（2）资源隔离。对于不同租户的任务，在集群运行时，能够实现统一的、全局最优的任务调度能力以及资源隔离能力。

（3）运行隔离机制。用户任务请求运行在 yarn 调度上，相互无影响，各自进行隔离。

为了合理分配软硬件资源，促进数据的安全共享和价值变现，需明确租户申请、租户命名、空间分配、数据管理、权限管理、安全与隐私、运维与运营等方面的要求，确保数据应用的便捷高效及合法合规。

5.3.6　数据分析平台

数据分析平台（图 5.3-4）提供最终用户数据消费的唯一入口，通过数据分析平台，

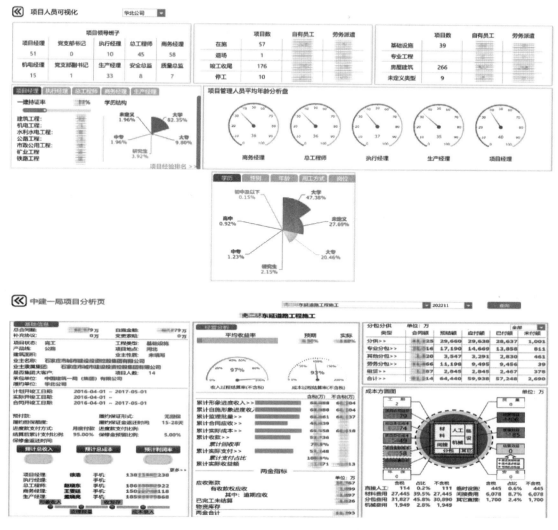

图 5.3-4　数据分析平台

用户可以实现不同层级的数据应用。

1. 固定报表

固定报表是最常见的数据应用方式，业务部门提出需求后，由 IT 人员开发相应报表，发布到数据分析平台，业务用户按需查询报表。随着应用的深入，可以开发灵活钻取的交互式分析报表以及类似月度/年度总结的专题报告，极大地减少了手工操作，提高了工作效率。此外，针对移动端，可以开发相应的移动应用；针对大屏端，可以开发作战指挥中心，辅助运营决策。

固定报表适用于业务分析比较固定的情况，对业务用户要求不高，用户只需查询，即可获得想要的结果。常见的 BI 报表工具如国外的 SAP BO、IBM Cognos、Oracle BIEE 及国内的永洪 BI 和帆软 BI 等。

2. 自助分析

固定报表强依赖于 IT 人员，从获取数据、建模到报表开发的整个数据分析过程，均需 IT 人员的支撑，导致报表开发周期长、无法满足灵活多变的业务需求。在这种背景下，自助分析（图 5.3-5）应运而生。针对业务分析师，用户只需通过"拖、拉、拽"即可快速产生分析报告；对于数据科学家，需提供高效的数据接入能力和常用的分析组件，快速搭建数据探查和分析环境。

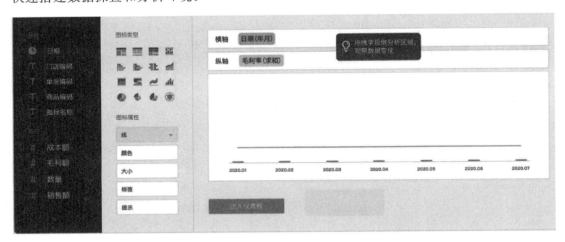

图 5.3-5　自助分析

自助分析适用于业务分析需求不固定的情况，对业务用户有一些简单的 IT 技能要求。常用的自助分析工具如微软的 power bi、tableau、qlikview、SAP Lumira、SAP Analytic Cloud 等，国内的 finebi 等。

3. 数据挖掘

数据挖掘在原有数据分析的基础上，逐步增加动态及时预警能力、智能分析能力和方案推荐能力、任务自动执行能力，支撑业务数字化运营达到更高层面。如通过对视频监控画面进行 AI 分析，提前对劳务人员进行安全预警；通过对公共资源平台的市场信息进行文本挖掘，识别有效信息，推送给相关人员等。

数据挖掘需要外部厂商或者内部专业的数据科学家，结合业务需求进行定制开发，开发工具可以是 R 语言、Matlab、Python 的相关库等。

4. 数据产品

数据产品以数据为核心，将数据、数据模型以及分析决策逻辑尽可能多的固化到一个软件系统中，以更自动化、更准确、更智能的方式来发挥数据的决策价值。一个好的数据产品，是基于用户的深层次需求，构建最适合当前业务痛点的数据模型、产品设计、可视化方案等，并与决策逻辑结合起来，发挥业务指导作用。在这里数据产品充当的更像是业务软件系统，而不是一个 BI 工具。

针对集团缺少项目级财务管控的问题，基于数据湖和数据分析平台，结合商务运营等业务数据和财务一体化的财务数据，打造一款项目财务管控数据产品（图 5.3-6），实现了以下功能：

（1）财务核心指标预算管理。引入目标管理，预算与实际相结合，加强对预算执行过

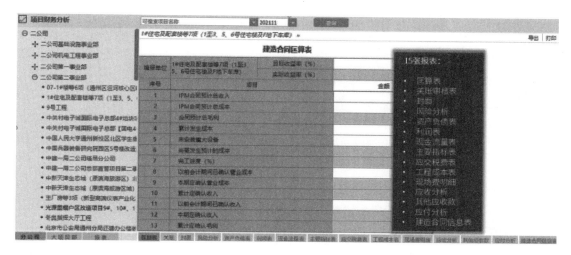

图 5.3-6　数据产品应用案例

程和执行结果的动态监督，提高公司的运营效率。

（2）项目风险预警与往来分析，及时提醒财务人员关注项目中的风险点，项目人员需进行项目风险分析并上报上级机构。

（3）项目资金管理，结合业财数据，实现项目的应收账款分析、应付账款分析及账龄分析等，对于到期尚未清欠、账龄 3 年以上未清欠、付款是否涉诉、账龄 3 年以上未支付原因、超付等风险事项，项目必须分析原因并上报，降低资金管理风险。

（4）项目成本管理及现场费用管理，通过细化成本和费用自动核算，运用定额管理控制项目成本费用支出，辅助成本控制。

（5）自动生成财务管理三大基本报表，使项目财务轻松评价项目的财务状况、损益情况、偿债能力、现金流等。

（6）项目日常账务实时检查及表间钩稽关系核对，一旦发现问题，反向督促业务系统账务调整。

（7）按子企业、分公司、大项目部及报表法人口径自动汇总财务报表，无须人工干预。

该数据产品基于实际业务管控难点，实现了子企业、分公司、大项目部及项目的财务成本控制，强化了财务监控、有效规避项目风险，不仅提升了企业的财务管理水平，也提高了企业经济效益，助力企业实现价值最大化。

5.4　数据资产管理

随着建筑业数字化转型的深入，数据的累计将不断加速，涵盖的领域也不断延伸，数据资源的储量也更加丰富，因此，如何将数据从资源转换为资产，是每个企业都必须正视的重大课题。然而，现阶段数据资产的管理和应用往往还处于摸索阶段，数据资产管理面临诸多挑战，如数据标准混乱、数据产权模糊、数据隐私与安全问题突出、数据质量良莠不齐及数据定价估值困难等，导致企业难以像运营有形资产一样管理数据资产。

在数据资产化背景下，数据资产管理在数据管理的基础上进一步升级，包含数据模型、元数据、数据质量、主数据、数据安全等传统数据管理职能，同时整合数据架构、数据存储与操作等内容，将数据标准管理纳入管理职能，并针对当下应用场景、平台建设情况，增加了数据价值管理职能。

5.4.1 数据标准管理

数据标准是指保障数据的内外部使用和交换的一致性和准确性的规范性约束，主体由数据的编码和名称、业务属性、管理属性和技术属性构成（图 5.4-1）。

图 5.4-1 数据标准管理

（1）业务属性：对数据项应遵循业务规则的统一定义与解释，如业务含义、计算公式（计算类指标）、数据大类、数据小类、数据分级、标准依据、是否考核指标及适用场景等。

（2）管理属性：明确数据标准定义中所涉及的数据提供者、数据使用者、数据开发者、标准创建日期、标准失效日期、标准失效原因、标准注册机构、标准状态等。

（3）技术属性：业务应用对数据项技术规则的统一要求与定义，如数据类别、数据类型、数据格式、值域、缺省值等。

通过数据标准管理，结合制度约束、系统控制手段，实现企业大数据平台数据的完整性、有效性、一致性、规范性，推动数据的共享开放，构建统一的数据资产地图，为数据资产管理活动提供参考依据。

5.4.2 元数据管理

元数据是描述数据的数据，如描述数据中台里源数据到目的数据映射关系的技术元数据、描述业务领域相关概念的信息分类、指标、统计口径等业务元数据以及描述管理领域相关概念的人员角色、权限、创建时间、责任人、修改人等。

元数据管理（图 5.4-2）实现了数据在使用流程中的信息，通过元数据分析，可以生成数据地图。

图 5.4-2　元数据管理

基于元数据管理，还可以进行血缘分析，实现数据治理过程中表或字段的映射转换跟踪（图 5.4-3）。

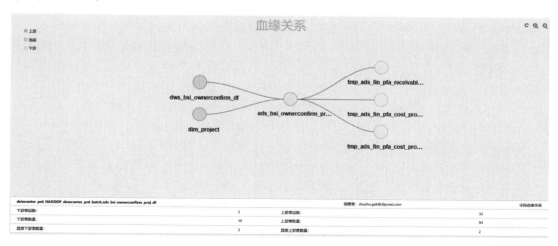

图 5.4-3　基于元数据进行血缘分析

5.4.3　数据质量管理

数据质量是保证数据应用效果的基础，衡量数据质量的标准包含但不限于以下内容。

（1）完整性：指数据在创建、传递过程中无缺失和遗漏，包括实体完整、属性完整、记录完整和字段值完整四个方面，完整性是数据质量标准中最基础的一项，如项目工程类型不能为空。

（2）规范性：指数据的数值能够符合数据定义和业务定义的要求，包括数值的长度、结构、类型等都符合数据标准化的规范要求，如项目工程类型只能为房屋建筑、基础设施等业务定义的几种类型。

（3）一致性：指同一数据在多个场景同时出现或者同一系统多次记录时，必须保持一致，如业务系统里的合同金额和财务系统里的合同金额必须一致。

（4）准确性：指真实、准确地记录原始数据，无虚假数据及信息，真实地反应实际情况，如单个项目的合同额，应小于1万亿元，大于1万元。

（5）唯一性：指同一数据只能有唯一的标识符，不存在重复项，如每个项目有且只有一个唯一的编号。

（6）及时性：指及时记录和传递相关数据，满足业务对信息获取的时间要求。数据录入、抽取、展现要及时，如工程形象进度必须每月30号前完成录入，每天早上6点要完成所有离线批量任务的处理，调度报表每天按时推送等。

为了避免或降低数据质量对业务的影响，应全面监控企业业务异常数据，主动发现，提前制定解决方案，反向推动业务系统建设。

1. 数据质量规则

在数据质量监控过程中，数据质量规则的好坏直接影响监控的效果，因此，如何设计数据质量规则很重要。常见的数据质量规则类型包括但不限于：（1）不可为空类，如项目ID；（2）语法约束类，如邮箱格式；（3）格式规范类，如日期；（4）长度约束类，如项目名称必须在100字以内；（5）值域约束类，如工程类型必须是工程类型维表定义的枚举值；（6）单表等值一致约束类，如不含税额应等于含税额减去税额；（7）单表逻辑一致约束类，如项目开工日期小于项目竣工日期；（8）数据录入及时类，如每月1号完成上月成本盘点；（9）外关联约束类，如合同表的业主信息应符合业主主数据定义；（10）跨表等值一致约束类，如项目表的合同额应与合同表的合同额加补充协议一致；（11）跨表逻辑一致约束类，如有形象进度收入或监理批量的项目，其项目状态不应为"未开工"；（12）记录唯一类，如客户表中同一统一社会信用代码只有一条记录；（13）层级结构一致约束类，如组织结构符合"集团-子企业-分公司-大项目部-项目部"结构。

2. 数据质量监控

数据质量监控通过监控质量度量的情况，消除或减少异常数据。在数据质量监控前，必须先识别监控对象范围，确定监控对象的质量规则，如对监控对象"项目"设定如图5.4-4所示的质量规则。

数据质量监控可以在数据生命周期的不同时点被应用，最终质量监控结果可通过数据分析平台展示，或者推送给相关用户，如图5.4-5所示。

通过数据质量监控报告，用户可以迅速发现数据质量问题，并制定数据质量改进计划和方案，实施数据质量改进，实现质量改进PDCA循环。

5.4.4　数据安全管理

数据安全管理是指在组织数据安全战略的指导下，为确保数据处于有效保护和合法利用的状态，多个部门协作实施的一系列活动集合，包括数据安全战略、数据全生命周期安全和基础安全三部分，目标是在合规保障及风险管理的前提下，实现数据的开发利用，保障业务的持续健康发展，确保数据安全与业务发展的双向促进（图5.4-4、图5.4-5）。

序号	字段中文名称	检验规则	备注
1	项目状态	1 非空 2 未开工：是否有形象收入或监理批量或收款或付款 3 停工/退场：是否和财务一体化的"停工"一致 4 已结束：是否和财务一体化的"已竣已结"	完整性、一致性
2	业主名称	1 非空 2 业主名称或统一社会信用码与财务一体化一致 3 业主唯一	完整性、一致性、准确性、唯一性
3	客户线业务层级	1 非空 2 符合"客户线-层级"维表的值	完整性、规范性
4	客户线业主类别	1 非空 2 符合"客户线-类别"维表的值	完整性、规范性
5	竞标方式	1 非空 2 符合竞标方式维表的值	完整性、规范性
6	工程类型	1 非空 2 符合工程类型维表的值 3 大类与财务一体化一致	完整性、规范性
7	产品线	1 非空 2 符合产品线维表的值	完整性、规范性
8	模式线	1 非空 2 符合模式线维表的值	完整性、规范性
9	承包模式	1 非空 2 符合承包模式维表的值	完整性、规范性
10	资金来源	1 非空 2 符合资金来源维表的值	完整性、规范性

图 5.4-4　数据质量监控对象的质量规则

图 5.4-5　数据质量监控结果

1. 数据安全战略

数据安全战略需要充分考虑外部组织内外的法律法规、监管要求、组织现状及实际业务需求，参考行业最佳实践分析差距，从而梳理组织面临的内外部数据安全风险，并根据业务发展制定年度及中长期发展规划，形成规划清单；组织数据安全治理的团队，明确相应的数据安全管理机制，并通过对人员入职、转岗、离职等环节设置安全控制措施，防范由人员本身带来的数据安全风险。

2. 数据全生命周期安全

数据安全治理应在数据的采集、传输、存储、应用、共享及销毁各个环节设置相应的管控点和管理流程，包括：

（1）数据采集安全，如数据源的可信管理、身份鉴定及用户授权；数据采集设备的访问控制、安全加固；采集前对涉及个人数据和重要数据的业务场景进行合规性评估。

（2）数据传输安全，如传输通道两端主体的身份鉴别；不同分类分级数据的传输通道加密方案；接口管控清单及调用日志记录等。

（3）存储安全，在数据分类分级基础上，结合业务场景，明确不同类别和级别数据的加密存储要求；建立存储系统或平台，实现对账号、权限、安全基线等的管理；建立存储介质管理系统，对购买、标记、审批、入库、出库等操作进行安全管理。

（4）数据使用安全，在数据分类分级基础上，建立不同类别和级别的数据使用审批流程及安全评估机制；部署数据脱敏工具，实现不同类别、不同级别的数据脱敏；数据使用可追溯；对数据使用活动进行日志记录和监控审计。

（5）数据处理环境安全，明确系统开发、上线、运维过程的安全控制措施；对生产环境、测试环境等不同环境进行资源隔离；对用户在数据处理环境上的操作进行日志记录和监控审计；部署数据处理环境的数据防泄漏工具。

（6）数据共享安全：对共享的数据内容进行评估、审批；对共享过程进行日志记录及监控审计；建立共享清单，明确共享链条；建立数据共享平台，并对其账号、权限进行管控；共享平台或接口的访问控制；部署数据脱敏工具、数据溯源工具；明确共享双方的安全责任。

（7）数据销毁安全：根据数据分类分级情况，明确不同的销毁方法及销毁工具；建立数据账期清单，确保过期数据按时销毁；对数据销毁过程进行监督。

3. 基础安全

基础安全作为数据全生命周期安全能力建设的基本支撑，可以在多个生命周期环节内复用。

（1）数据分级分类，根据法律法规及业务需求，并结合数据特点，明确数据分类分级原则、方法及安全管控措施，并对数据进行分类分级标识，以实现差异化的数据安全管理。数据分类分级前，需进行数据资产梳理。通常数据分级分类可分为：外部公开、内部公开、秘密、机密、绝密。一般控制审批流程如下：外部公开和内部公开数据，不需要审批；对秘密数据，由消费方直属主管审批即可；对机密和绝密数据，需要数据生成方和消费方双方共同审批。

（2）合规管理，定期梳理国内外法律法规、行业监管等合规要求，形成组织的合规清单，并根据合规落实情况，定期监控审计。

（3）合作方管理，合作前对合作方的数据安全防护能力进行评估；签订数据保护协议，明确双方合作过程中的权责边界、责任划分；明确合作过程中，对合作方人员账号、权限等的管理要求；业务合作结束后，督促合作方依照合同约定及时关闭数据接口、删除数据。

（4）鉴别与访问，对用户身份进行鉴别与管理，对系统、平台及数据等权限进行管理及访问控制；定期开展账号及权限审计。

5.4.5　数据价值管理

数据价值管理是对数据内在价值的度量，可以从数据成本和数据应用价值两方面来开展。数据成本一般包括采集、存储和计算的费用（人工费用、IT 设备等直接费用和间接费用等）与运维费用（业务操作费、技术操作费等）；数据应用价值主要来源于其直接或间接产生的业务收益，但由于数据自身存在的无损复制性、按不同业务场景产生收益的可叠加性，使得特定数据资产的价值与传统资产价值不同，它不是一个固定值，而是一个随不同因素变化的动态值。根据数据价值评估的维度，有三种可能的定价模式：

（1）成本法。成本法以数据成本为基础，结合数据的时效性和生命周期综合情况，最终乘以期望收益系数计算出数据的价值，该方法适用于内部数据资产共享的虚拟核算、外部数据交易及数据产品定价，缺点是没有体现数据直接及间接产生的业务价值。

（2）收益法。收益法以建模分析类、报表类、数据服务类的业务实际应用情况来估计收益，如报表的访问次数、接口调用次数及返回的数据集大小等，整体收益可按资产等级进行加权分摊。收益法适合于企业内部评价数据资产对业务的贡献度量，缺点是收益往往是基于一组数据资产的应用产生，难以在单个数据资产层面进行分摊，但基于约定的业务规则，也是可以分摊的。

（3）市场法。市场法以公开交易市场上相同或类似数据资产的交易成交额为基础，乘以用于对标的数据资产和可比案例的差异进行修正的修正系数，得到估计定价。市场法能够可观反映资产的市场情况，但缺乏足够的公开市场交易基础，很难对企业整体的数据资产进行定价。

上述三种定价方式各有利弊。但从企业内部管理角度出发，建议选择收益法作为数据定价模式，一方面是因为收益法直观反映了数据资产对业务收益的影响，另一方面也是因为对于大数据集成与应用平台而言，元数据管理系统相对成熟，能够准确地获取报表及数据服务的应用情况。

基于数据成本和数据收益，建立适合本企业的数据价值评估模型，即可实现对企业数据的价值评估，高效管控和合理应用数据资产。

5.5　数据管理体系建设

将数据从原始状态变为能够驱动企业发展的洞察能力，是开展数据治理、实现大数据集成与应用的目标，也是数字化转型的一项重点工作。为了保障此项工作的顺利开展，需要有针对性地开展组织体系、管理流程与技术规范建设。

5.5.1　组织体系建设

开展数据管理，首先要建立数据管理组织。在组织建立上，建议一把手担任数据管理的最高领导，来充分保障数据管理的资源投入，也便于打造企业数据文化，让数据成为业务运作中的重要考虑因素；在数据共享上，实现价值优先原则，避免人为设置数据障碍。同时也要让业务充分融入数据管理体系，使其承担起数据管理的责任。典型的组织架构主要由数据资产管理委员会、数据资产管理中心、各业务部门构成。组织架构划分和角色职责如图 5.5-1 所示。

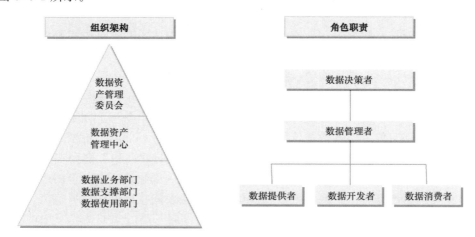

图 5.5-1 组织架构划分和角色职责

在图 5.5-1 中，数据资产管理委员会是数据管理的决策者，由公司主要领导和业务部门分管领导组成，决策数据资产管理重大工作内容和方向；在数据管理、认责存在争议时负责仲裁；确定数据管理的机制，打造数据管理的文化。数据资产管理中心是数据管理者，负责牵头制定数据资产管理的政策、标准、规则、流程，协调认责冲突；监督各项数据规则和规范约束的落实情况；负责数据资产管理平台中整体数据的管控流程制定和平台功能系统支撑的实施；负责数据平台的整体运营、组织、协调。各业务部门既是数据的提供者，也是数据消费者。作为数据提供者，是数据出现质量问题时的主要责任者，要配合制定相关数据标准、数据制度和规则；遵守和执行数据标准管控相关流程，根据数据标准要求提供相关数据规范。作为数据消费者，负责反馈数据应用效果，反馈数据质量问题，是数据资产管理平台数据闭环流程的发起人。

建立了管理组织，要明确组织机构的工作机制。按照组织架构的工作职责，各管理组织间的工作机制如图 5.5-2 所示。

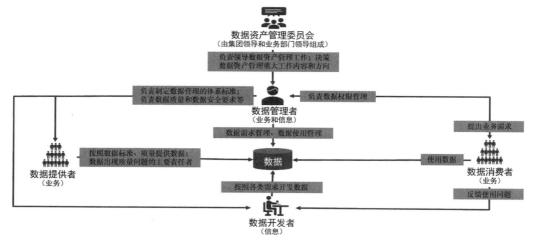

图 5.5-2 各管理组织间的工作机制

5.5.2　管理流程与技术规范建设

为了保障数据资产管理的正常运转，需要建立一套覆盖数据引入、使用、共享等整个数据生命周期的数据管理流程及技术规范，从制度上保障数据资产管理工作有据、可行、可控。

数据管理流程可针对数据标准、数据模型、数据质量、数据安全、数据共享等建立相应的管理办法和管理流程。在此基础上，细化管理办法至接口设计、接口开发、模型设计、模型开发、数据开放以及服务封装等内容，形成对应的技术规范及模板。数据管理流程与技术规范建设如图 5.5-3 所示。

图 5.5-3　数据管理流程与技术规范建设

6 数字建造应用场景及价值挖掘

6.1 数字建造在工程管理方面的应用及价值

工程管理数字化是对项目管理业务的数字化转型，利用数字化技术对技术、质量、安全、设备、物资等业务进行全方位、全链条赋能，提高业务管理效率。

6.1.1 技术管理

1. 功能原理

应用互联网信息技术建立技术管理平台，实现企业技术管理业务线上化，把信息技术与工程技术管理有机融合，内置技术管理相关业务表格和模板，技术人员可进行线上填报及处理，并发送和接收相关工作提示，实现技术人员异地协同办公，并通过服务器对技术管理过程数据进行统一处理。

2. 应用案例及实施效果

案例1： 中交一航局五公司，以中交一航局《施工技术及工程质量管理标准》相关要求为依据，从项目实际管理角度出发，结合不同专业、不同地区的具体要求，设计出一套适用于局管理标准的通用性较强的数字化技术质量引导操作与归档平台（图6.1-1）。

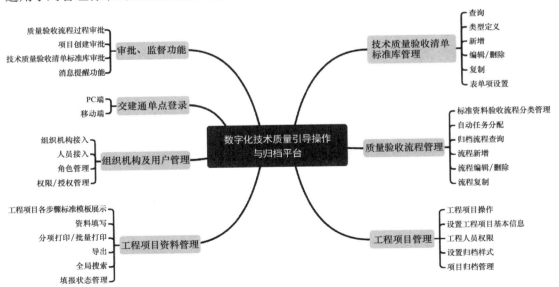

图 6.1-1 数字化技术质量引导操作与归档平台

该平台实施效果有：

122

（1）规范的验收程序：技术质量管理流程环环相扣，传统线下人工管理时，受人为因素影响，很难实现质量追溯，将传统的线下验收流程改为线上验收流程，使质量管理的每个流程环节均能得到良好把控，有效规范验收程序；

（2）做到引导验收：系统内置项目施工相关质量验收规范表格，现场技术人员验收时会收到系统提示，根据主办项目分配到验收内容，提高技术人员工作效率、提升验收水平；

（3）自动完成资料的制作：通过过程验收的数据与结果，套用标准模板样式，最终实现自动完成工程资料的制作，减轻人员工作负担。

案例 2：中交第三公路工程局有限公司第四工程分公司机关，利用云表单，绘制基础格式表单（图 6.1-2），公司各项目在表单中对数据进行上报和维护（图 6.1-3），云端后台服务器根据规则对上报的数据、技术管理内容进行实时监控提醒，对下一步的技术管理内容按计划进行提醒，保持技术管理的持续稳步进行。

图 6.1-2 基础格式表单

3. 应用价值

技术管理数字化将各项技术管理工作集成，有利于规范技术管理过程，便于技术人员异地协同办公，有利于增强技术管理综合性，加强了技术管理的基础建设，提升了技术管理的灵活性。最终实现数据信息云端共享、公司和项目上下联动、云端数据处理功能。

4. 适用范围

本技术适用于各类施工企业数字化技术管理。

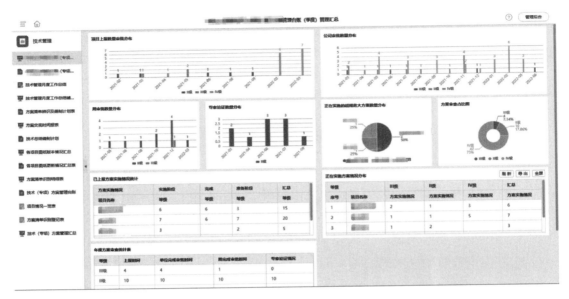

图 6.1-3　对填报的表单进行数据统计和分析

6.1.2　质量管理

1. 功能原理

质量管理数字化，通过物联网技术、自研核心算法打造核心能力为系统运转提供基础支撑，以海量的质量问题清单、质量通病和质量验收的各种检查项目为数据基础，以质量问题的排查与治理、质量检验批验收、质量通病治理为主要业务，支持全员参与质量管理工作，通过"事前预防""事中管控"的方式严格控制现场施工质量，形成完整的、清晰的、可对实际质量管理工作起重要作用的质量信息化管理。

2. 应用案例及实施效果

案例 1：钦州港智慧工地

质量管理只要是通过质量巡检的方式对工程质量进行把控，该平台质量巡检分为计划巡检和不定期巡检两种方式。计划巡检采用巡检计划的预先制定、临时任务安排和巡检人员主动进行巡检活动等方式启动巡检任务，任务创建后将对巡检计划相关人员进行任务展示和临期提醒，防止漏检。不定期巡检是质量巡检必不可少的环节，也叫突击检查，在被检查单位、人员以及工程不知情的情况下进行不定期的检查会尽可能真实的暴露出质量问题，这样也会让被检查者时刻以安全第一、质量至上为目标进行生产，从而进一步提高工程质量、减少工程质量问题。

通过质量巡检能够更好地对质量过程进行监管，巡检人员通过 APP 领取任务，巡检过程可进行相关工作要点和文档的查阅。系统根据巡检项目自动调取系统预置的问题等级、巡检结果和处理意见，巡检人员仅需选择即可完成对质量的评判和处理意见的提交，同时支持照片、视频、文字等多种备注信息的提交，方便问题整改和留底。在巡检过程中出现质量问题，系统根据质量问题的等级自动分配管理人员进行下一步的处置，对整改工作设定处置时间，在开始和临期结束时对相关人员进行任务提醒；在质量处理全过程中设置质量审核流程，处理人员处理完成后提交复核，复核人员进行质量整改问题复核，复核不通过打回继续整改，直到整改符合要求审核通过，整个质量巡检问题得以闭合。相关记录表及过程数据根据现场管理要求自动生成各类记录报表，多种维度生成各类查询和统计报表，让管理人员随时掌握质量问题和整改情况（图 6.1-4）。

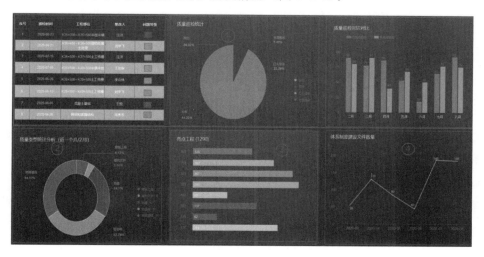

图 6.1-4　质量管理模块次屏幕效果图

案例 2：中电建路桥集团（温岭）建设发展有限公司，甬台温高速至沿海高速温岭联络线 PPP 项目，利用智慧建造综合平台-质量管理模块，辅助进行工序报验、监理巡检、质量巡查。工序报验（图 6.1-5）包括自检、现场监理验收、隐蔽工程验收等，通过平台

图 6.1-5　工序报验

进行验收流转。监理巡视包括巡视发现的问题与模型关联、主要施工情况、质量安全环保等情况、发现的问题及处理意见、同步上传现场视频和图像信息。质量巡查通过 APP 上传巡查发现的问题，并通知相关整改人，对质量问题进行销号，完成整改闭环。

围绕项目质量管理全过程（质量保证体系、实体质量管理、试验检测管理、质量监理、质量智控、质量评定、交竣工检测），集成物联网、智能手机等终端数据，实现从质量单元划分到开工审批、施工自检、监理抽检、交竣工检测、质量评定的质量全过程精细化管控，推动质保资料数字化和质量管控全程化。落实"首件"，通过样板工程验证施工工艺、积累施工经验、固化操作流程。

案例 3：临沂经济开发区新旧动能转换东部生态示范园区项目安置房工程，通过质量管理系统（图 6.1-6）上的质量验收流程在流程流转过程中的提出问题、整改责任人处置、解决方案编制、影像资料上传等环节，对质量验收预警问题的解决形成业务闭环，大大节约线下整改时间，同时完整的解决方案也会在系统上保存，形成完备的项目施工安全教育交底资料。

图 6.1-6 质量管理系统

案例 4：中交一航局海口江东水厂项目，在 PC 端的质量管理系统中录入质量问题库，通过移动端 APP 将现场发现的质量问题拍照上传至平台（图 6.1-7），选择整改责任人（协作队伍质量负责人）及整改完成日期。在要求整改时间前完成，整改责任人可获得一定积分，积分可以在超市兑换物品。质量管理还可在 PC 端形成纸质文件。

本项目应用质量管理系统相比于传统纸质文件提高了整改效率，质量问题由协作队伍质量负责人专门整改并回复，积分系统让协作队伍质量负责人积极整改质量问题，不会使质量问题延期或超时，降低了项目部管理人员的工作负担。

3. 应用价值

（1）主要在质量相关的计划安排、巡检执行、问题处理、结果审核等环节实现全流程的线上管控、留痕。避免因人为因素造成错检、漏检、整改不到位、整改结果无审核等情况发生，有效保障项目质量监管。

（2）实现组织层级给多个组织、多个项目下达专项检查任务，跟踪每个项目每次检查的执行情况，当天任务结束后，给任务创建人推送日报信息。可适用于针对某类专项质量问题的专项检查。

（3）实现质量管理日常巡检闭环式管理，规避日常巡检数据不能有效集成，自动输出整改单和罚款单，辅助质量问题零遗漏的整改目标。在质量管理看板下有多维度的质量数据分析结果，以供项目管理层对项目质量管理业务实现宏观调控。对发现的质量问题及时督促整改；形成真实、完整、可追溯的施工质量管理资料；对隐蔽部位施工影像资料同步保留；实现班组自检、工序交接检、专职质检员检验。出现质量问题及时采取措施纠偏，确保实体质量合格。

（4）将 BIM 技术应用于建筑工程施工质量管理中的场地布置、技术交底、碰撞检测、模拟施工，极大地提高管理效率和质量，减少失误与风险。对于实现建筑工程质量管理精细化、信息化、高效化具有重要意义。

图 6.1-7 移动端 APP 发布问题界面

4. 适用范围

本技术适用于房建工程、线性工程、市政工程、港口码头工程等类型工程的施工质量管理。

6.1.3 进度管理

1. 功能原理

系统以互联网、大数据技术为手段，可满足企业不同管理层级对项目计划和进度的多层级、多维度、多机构交叉兼管要求，实现企业营业额、产值、项目产值计划和形象进度计划数据归集、转换、统计、流转，集计划、进度、预警、调度等业务于一体，解决企业生产规模大、项目和层级多等进度管理难题。

2. 应用案例及实施效果

案例 1： 中铁十六局集团有限公司，341 省道无锡马山至宜兴周铁段工程（宜兴段），通过手机 APP 或 Web 端实现浇筑申请、审批，搅拌站系统生产和调度。数字管理平台获取搅拌站和手机 APP 或 Web 端生产进度数据（图 6.1-8）进行对比、分析和统计，进度数据关联 BIM 模型，实现三维进度可视（图 6.1-9）、进度预警和提示。

打破混凝土搅拌站操作系统独立、数据无法对接的局面，混凝土浇筑申请单信息直接进入到搅拌站系统，搅拌站生产数据直接进入到数字管理平台，减少人工录入生产数据引起的数据差错。

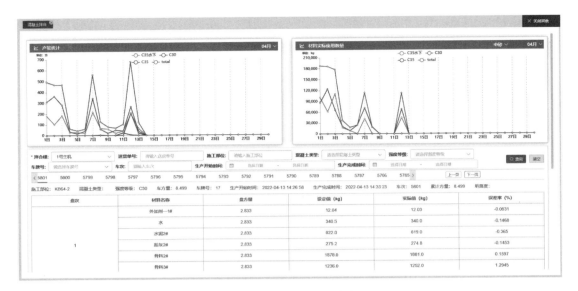

图 6.1-8　搅拌站进度数据

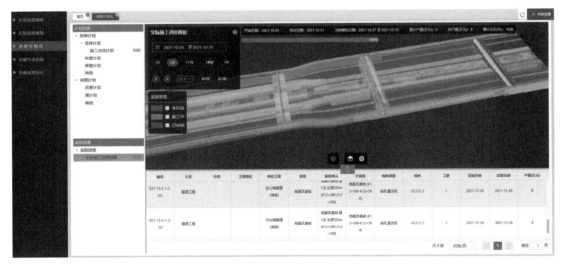

图 6.1-9　进度可视化

案例 2：中交第二公路工程局有限公司渝湘复线高速公路项目，全线利用平台内置的参数化建模工具，通过定义工程类型和输入综合参数后即可快速生成桥梁、隧道、涵洞等各种构件的三维可视化模型，极大地节省了建模所需的人力成本和时间成本。

利用形象进度管理，将施工进度情况以不同颜色的形式在 BIM 模型上进行展示，现场工作人员通过移动端 APP 可及时填报各构件进度完成情况，模型状态实时自动更新，管理人员在电脑端、手机端都可以随时随地查看施工进度，做到进度的极致可视化（图 6.1-10）。

系统支持 Project、斑马、Excel 等管理软件的数据格式进行进度计划导入，编制计划更方便。

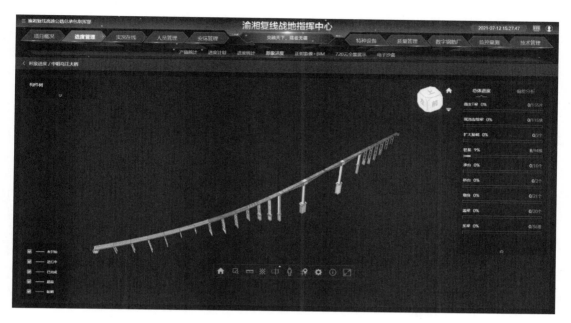

图 6.1-10　BIM 模型可视化

通过月度任务的编制下发，现场人员在 APP 上跟踪每日完成的进度任务，进度数据即可自动汇总，进度日报、周报、月报以及形象进度统计自动生成，可一键导出，逐步解决了传统方式通过每日在线文档填报进度的整理难、汇总难、及时性难的问题，极大减轻了统计人员的工作量。系统自动进行进度多维度统计分析、产值多维度统计分析，生成统计图表，领导层可直接查看进度分析结果，做到事中控制。

3. 应用价值

（1）制度标准化

借助系统及配套管理制度，可以使集团现行的工程项目进度管理相关的规章制度、业务管理流程标准化，特别是通过对业务管理流程的优化、固化、再优化的过程，使制度标准化不断适应管理发展的需要。

（2）管理系统化

通过系统应用，使集团、公司、项目三级组织对工程项目进度管理达到系统化，具体体现在计划的编制、调整、跟踪、预警、统计分析等全过程管理中的分层次管理，满足三级组织对工程项目进度管理各自不同的管理需求。

（3）管控常态化

通过系统应用，可以使集团、公司所属工程项目进度管理纳入常态化管控，信息数据进入系统后相关管理者即可依据权限对工程项目实际进展情况进行跟踪—预警—计划调整—再跟踪—再预警—计划调整的循环过程，使工程项目进度始终处于"受控"状态。

4. 适用范围

本技术适用于房建工程、桥梁工程、公路工程、市政工程、港口码头工程等类型工程的进度管理。

6.1.4 安全管理

1. 功能原理

安全管理系统，以海量的安全隐患清单、危大工程库、危险源库和学习资料为数据基础，以危险源的辨识与监控、安全隐患的排查与治理、危大工程的识别与管控为主要业务，支持全员参与安全管理工作，对施工生产中的人、物、环境的行为与状态进行具体的管理与控制，通过“事前预防”“事中管控”的方式杜绝事故的发生，为施工现场的安全管理提供完整的解决方案。

安全管理包括重点安全施工及人员监管、安全巡检、重点岗位值班管理和火工品控制管理。施工现场的安全管理是为施工项目实现安全生产开展的管理活动，重点是进行人的不安全行为与物的不安全状态的控制，落实安全管理决策与目标，以消除一切事故，避免事故伤害，减少事故损失，通过对周边环境、天气、人员、易燃易爆品等生产环节的监管达到安全管理的目的。

2. 应用案例及实施效果

案例 1： 中铁十六局集团有限公司，341 省道无锡马山至宜兴周铁段工程（宜兴段），项目管理人员安全检查发现的安全隐患问题，将通过系统进行上报，系统自动填报问题报表并推送至相关负责人的客户端及移动端（系统分阶段提醒相关责任主体）；各责任主体对安全隐患问题进行整改并将整改结果上传系统，系统自动生成安全问题整改报表并推送至相关人员客户端及移动端；相关人员对整改结果进行核查，核查通过后形成安全管理闭环（6.1-11）。

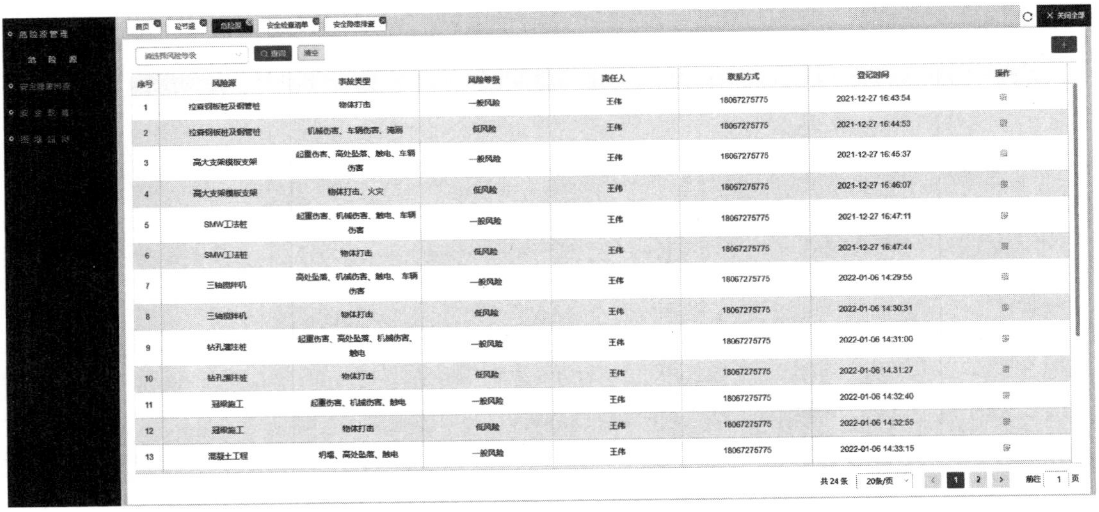

序号	风险源	事故类型	风险等级	责任人	联系方式	登记时间	操作
1	拉森钢板桩及钢管桩	物体打击	一般风险	王伟	18067275775	2021-12-27 16:43:54	
2	拉森钢板桩及钢管桩	机械伤害、车辆伤害、淹溺	低风险	王伟	18067275775	2021-12-27 16:44:53	
3	高大支架模板支架	起重伤害、高处坠落、触电、车辆伤害	一般风险	王伟	18067275775	2021-12-27 16:45:37	
4	高大支架模板支架	物体打击、火灾	低风险	王伟	18067275775	2021-12-27 16:46:07	
5	SMW工法桩	起重伤害、机械伤害、触电、车辆伤害	一般风险	王伟	18067275775	2021-12-27 16:47:11	
6	SMW工法桩	物体打击	低风险	王伟	18067275775	2021-12-27 16:47:44	
7	三轴搅拌机	高处坠落、机械伤害、触电、车辆伤害	一般风险	王伟	18067275775	2022-01-06 14:29:56	
8	三轴搅拌机	物体打击	低风险	王伟	18067275775	2022-01-06 14:30:31	
9	钻孔灌注桩	起重伤害、高处坠落、机械伤害、触电	一般风险	王伟	18067275775	2022-01-06 14:31:00	
10	钻孔灌注桩	物体打击	低风险	王伟	18067275775	2022-01-06 14:31:27	
11	冠梁施工	起重伤害、机械伤害、触电	一般风险	王伟	18067275775	2022-01-06 14:32:40	
12	冠梁施工	物体打击	低风险	王伟	18067275775	2022-01-06 14:32:55	
13	混凝土工程	坍塌、高处坠落、触电	一般风险	王伟	18067275775	2022-01-06 14:33:15	

共 24 条　20条/页　1　2　前往 1 页

图 6.1-11　安全危险源管理

使用移动端安全管理系统，使广大职工用自己的眼睛寻找身边的安全隐患，发现身边的安全隐患，从而提高自身的安全意识，营造“人人查隐患、人人保安全”的良好氛围（图 6.1-12、图 6.1-13）。

案例 2： 临沂经济开发区新旧动能转换东部生态示范园区项目安置房工程，检查人在

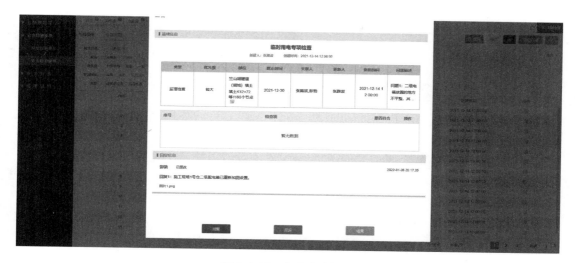

图 6.1-12　安全隐患排查

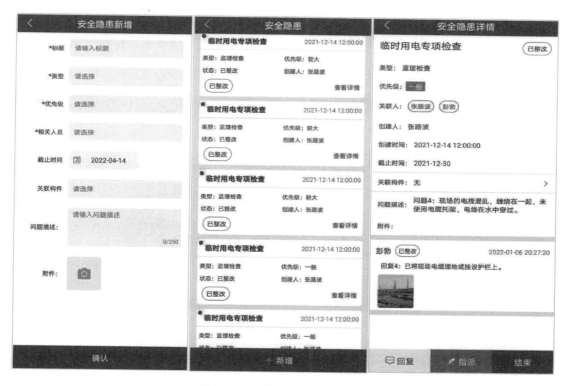

图 6.1-13　移动端安全管理系统

对重大危险源进行检查时，对发现的隐患可立即通过 APP 进行提交，并明确隐患详情以及整改期限、整改责任人等，责任人收到隐患整改通知并完成对应的整改工作（图 6.1-14）。

案例 3：海口市滨江西污水处理厂项目，通过安全管理系统将日常巡查、进场教育、安全技术交底、隐患排查与治理、安全检查、风险管控、相关内业资料和制度查阅等工作

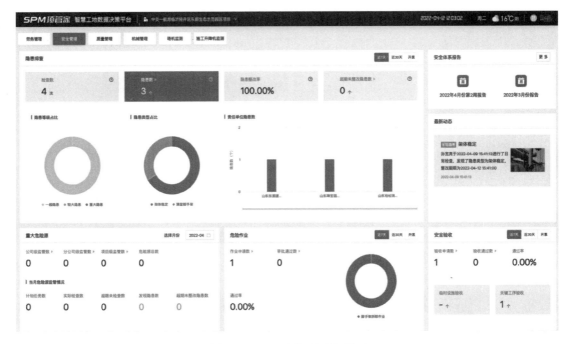

图 6.1-14　安全管理系统界面

全部转为线上 OA 管理（图 6.1-15），通过手机端 APP 方便快捷地进行现场安全问题的发现、整改闭环，通过 PC 端平台进行安全管理的统计、分析工作，提高项目安全管理效率，为项目安全生产保驾护航。

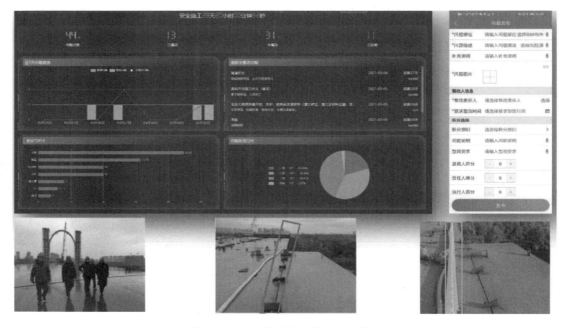

图 6.1-15　污水处理厂线上 OA 管理

案例 4：钦州港智慧工地

安全巡检功能，可采用巡检计划的预先制定、临时任务安排和巡检人员主动进行巡检活动等方式启动巡检任务。设备巡检将根据设备特性和维护的检修规则自动创建任务，任务创建时将进行巡检项、类别等选择，在巡检过程中将对巡检过程和技术要点进行提醒和资料查看。任务创建后将对相关人员进行任务展示和临期提醒，防止漏检。

巡检过程监管，巡检人员通过 APP 领取任务，巡检过程可进行相关工作要点和文档的查阅；巡检人员将根据预先维护的巡检要点进行打卡式结果上传。系统根据巡检项目自动调取系统预置的问题等级、巡检结果和处理意见，巡检人员仅需选择即可完成对结果的评判和处理意见的提交。APP 支持照片、视频、文字等多种备注信息的提交，方便问题整改和留底（图 6.1-16）。

图 6.1-16　软件 APP 功能操作界面

3. 应用价值

安全管理系统通过日常巡检、风险分级管控、危大工程管理等主要监管指标实现安全业务信息流监管，为项目安全业务提供信息化支撑，帮助一线人员提高巡检效率和内业资料自动输出。对于安全总监可实现风险源巡检、危大工程内业资料、隐患趋势、整改率和重大隐患等主要指标的实时呈现，对项目决策和对外汇报做到实时数据支撑。

4. 适用范围

本技术适用于房建工程、线性工程、市政工程、港口码头工程等类型工程的施工安全管理。

6.1.5　设备管理

1. 功能原理

设备管理主要由设备进场管理、设备出场管理、设备台账、设备安全巡检管理以及设备运维管理组成。根据项目策划，按照施工组织设计，科学配置机械设备，保障施工正常生产；加强设备安全管理，有效预防机械设备相关安全事故的发生；加强机械设备管理、使用、养护、维修等各环节的数字化管理应用；按照自有设备、外租设备、劳务班组自带设备等不同场景，采取合适的管理思路；规范设备合同管理；提高设备的运行效率，降低设备的使用成本；对特种设备进行运行监控。坚持"科学配置、安全使用、精细管理、节能增效"的原则。

系统以设备计划为源头，对设备使用过程的运行、结算、状态等进行监控，实现自有设备从采购到报废，外租设备从租赁计划至结算退场等全流程管理。通过借助物联网技术，实现工程设备运行过程控制、状态监控和油料消耗预警等，保证数据的真实性和实时性，有效提升管理效率。

2. 应用案例及实施效果

案例1：中铁十六局集团有限公司，341省道无锡马山至宜兴周铁段工程（宜兴段），对机械设备进出场进行登记（图6.1-17），一机一码。充分利用机械二维码，辅助进行维修保养、特种设备安全操作培训、检验检疫提醒管理、机械设备供应商管理、机械设备配置计划管理、机械设备合同管理、机械设备物联监测、机械设备安全管理、机械设备核算管理。

图 6.1-17　设备进出场登记界面

在车辆定位模块中，对项目信息、进场机械、机械类型、流量统计、机械开工率等信息进行统计，以图表的形式进行表达。

把混凝土运输罐车定位数据共享,现场技术人员和罐车调度负责人可实时查看运输车辆位置(图6.1-18)。通过对车辆驾驶行为的监测,可显著降低驾驶员的违章驾驶、不安全驾驶行为。

特种设备运行监测系统见图6.1-19。

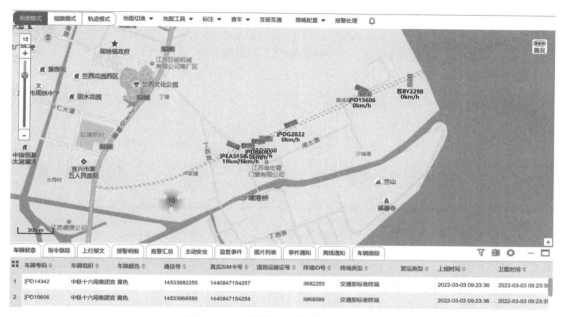

图6.1-18　混凝土运输罐车车辆定位

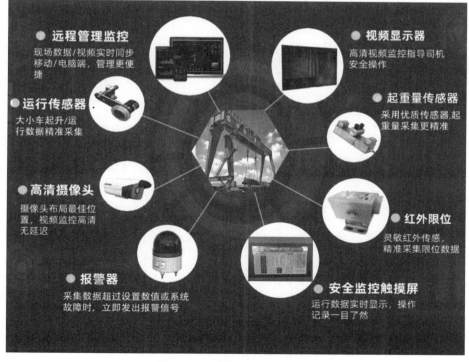

图6.1-19　特种设备运行监测

案例2：中交一航局船机数字化管理系统以机械设备资源管理业务为基础，以设备计划为源头，以物联网管理为手段，结合采购、合同、结算，贯穿生产设备全生命周期的管理，通过物联网技术、生产业务、数据融合，将机械设备资源管理数据有效整合和集中管理，建立全方位的管理，包括基础管理、供应商管理、计划管理、合同管理、设备管理、结算管理、任务管理、预警信息、统计报表、系统首页等模块。

船机数字化管理系统（图 6.1-20）在中交一航局上线使用，以船舶、机械设备、临电设备为管理对象，通过信息化技术和管理手段，实现船机设备登记、进场验收、调拨、过程检查、维修保养、报废、退场等全流程管控，从而提高施工企业管理效率，降低生产过程中的安全风险。

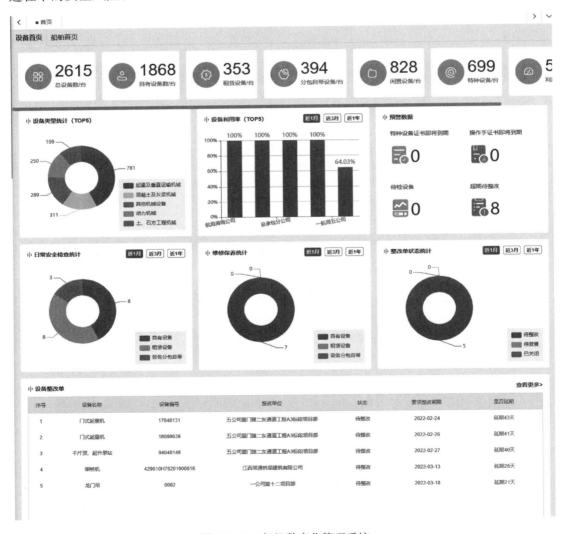

图 6.1-20　船机数字化管理系统

案例3：重庆城开高速公路项目

设备管理，主要是对设备的进场、出场、台账以及设备巡检等进行统一管理。对进场设备进行统一登记管理，系统提供手动录入和批量导入设备信息功能。设备信息录入后系统自动生成二维码，作为设备的唯一标志，通过扫描可以查看设备的详细参数信息（图 6.1-21）。对出场设备进行登记管理，系统提供手动数据更新和批量导入设备信息更新功能。设备进出场台账均支持批量导出到 Excel，表格样式可以自定义设计。系统支持多维度数据统计分析，如：设备类型、在场、离场、维护、运行状态等，自动生成设备台账报表，支持报表格式自定义以及批量导出到 Excel。

图 6.1-21　设备信息录入界面

系统支持自定义制定设备巡检计划、巡检项以及巡检标准，巡检计划包含巡检设备、巡检地点、巡检周期、巡检时间、巡检人等信息（图 6.1-22）。根据巡检计划设定按天、

图 6.1-22　设备巡检操作界面

周、月等生成巡检任务，巡检结果包括设备正常、需要检修等，根据不同的巡查结果通知相关的人员，保证设备安全、高效地运转。

设备运维管理进行预防性维护、管理和控制，确保设备处于完好状态，充分发挥设备效能。可以制定设备养护计划，设定养护说明、周期、类型以及是否自动生成养护任务，养护任务分派到责任人，详细记录养护过程并汇总统计。

3. 应用价值

通过设备的数字化管理，可实时掌握设备的使用情况（包括设备停用、设备启用、设备报废、设备恢复、设备维修、设备异动、设备折旧、设备借用、设备检定和校验、设备验收、设备使用检查以及设备购置计划等）；可生成设备的各类报表（设备台账、设备固定资产验收单、设备固定资产报废申请表、设备固定资产卡片、主要设备登记表、主要设备检定周期表、低值易耗设备清册、低值易耗设备报废清册、仪器设备周期检定计划表、设备维修保养检定记录表等）；可进行设备未校验和校验到期情况及时提醒和控制。

4. 适用范围

本技术适用于各种类型工程的施工设备管理。

6.1.6 物资管理

1. 功能原理

综合应用物联网、工业控制、AI识别等技术，可自动识别车牌号码、自动开启闸机，将地磅数据实时上传至平台，并且磅单数据可自动打印三联，实现无人值守地磅。接入地磅称重系统，所有称重数据、图像和视频信息均同步上传至本系统。在材料管理系统实现自动入出库管理。材料管理系统对数据进行汇总统计，生成对账单、结算单，入库信息推送，地磅入库数据与需求或采购数据联动，数据异常时，自动发送预警与提示信息至负责人手机。

2. 应用案例及实施效果

案例1：中交一航局自2021年起，已累计在17个站上应用智慧物料系统如图6.1-23所示（包含智能物料验收系统及搅拌站核算系统），通过智能物料验收系统对材料物资进行进出场称重数据自动采集、自动存储及智能分析，通过搅拌站核算系统自动集成机组数据，再将机组生产数据与智能物料验收系统采集数据进行综合分析，实现对搅拌站的物资精细化管理。

图 6.1-23 智慧物料系统——现场部署

　　在称重验收环节，通过偏差管控、扣量标准节约成本，通过智能硬件减少人员风险、提高作业效率；在管理环节，通过多维数据分析、材料分析、供应商分析等，支撑对项目物资的集约管控、对材料及供应商管控；在决策环节，通过整体数据的汇总分析，生成搅拌站（DI）看板，对搅拌站产能情况直观掌握，数据驱动决策、更智能（图 6.1-24～图6.1-26）。

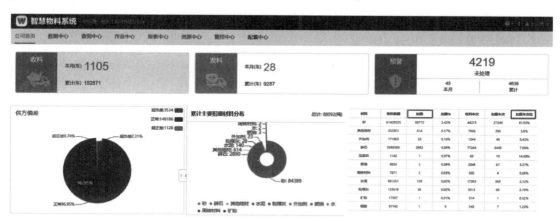

图 6.1-24　智慧物料系统——扣量及偏差情况

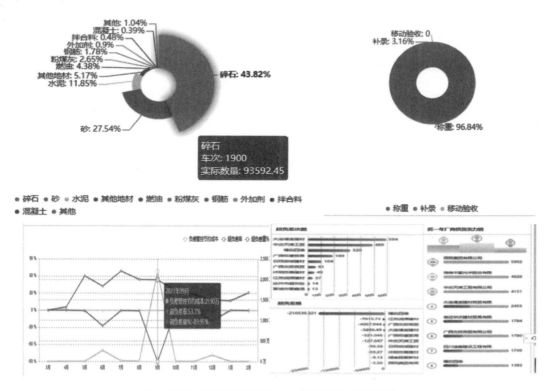

图 6.1-25　智慧物料系统——材料及供应商分析

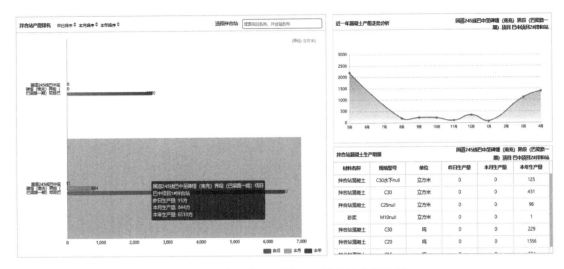

图 6.1-26　智慧物料系统——搅拌站数据分析

案例 2：重庆渝长高速扩能项目的物资管理从物资入场、物资出场、物资耗损等多方面进行监督管理，规范管理流程，减少人为误差，提高生产效率，真正实现无纸化、可视化、高效办公环境。管理过程中主要是对物资的出/入库、使用情况进行规范化管理，提高物资利用率和生产效率。

按照年、季度、月、日生产任务安排相应的生产计划，根据任务统计出年、季度、月、日所需物资数据进行备料。结合智能过磅系统在物资入库时可以直接读取地磅数据，也可以通过扫码等形式快速将入库物资的相关信息录入。钢材料等物资在入库时需要与平台实验室板块进行联动，检测试件是否符合要求。

针对钢筋加工过程及加工设备进行数据采集，对钢筋加工全过程进行实时监控，可将物料领用和加工成品对比进行使用效率统计分析，对损耗进行核算、评估（图 6.1-27）。采用四量台账分析管理，主要是对设计量、复核量、施工量、结算量的管理，可通过计量支付系统关联数据。

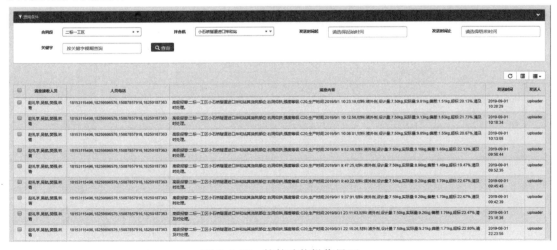

图 6.1-27　软件功能操作界面

3. 应用价值

智能物料收发模块实时监管物料的进场、出场以及库存情况，通过材料使用与进度进展的协同数据进行分析，掌握真实的材料使用情况，最终数据以可视化图表，如曲线图、饼图、雷达图等方式对分析数据进行展示。系统提供内置和自由定制多种分析统计报表以供管理方使用，所有表格、报表都可以线上预览并支持 PDF、Excel 等格式文件的导出。

建立项目部材料管理从需求—采购—入/出库—盘点—成本分析的标准化流程，防范管理失控风险。实现了项目工程部、材料部、合同部等与材料管理的各业务协同、数据共享，提高效率，让项目部的材料合同、结算管理、支付管理、现场收发料管理难题得到解决，减少项目部材料积压，降低材料损耗，降低现场材料浪费，降本增效。

4. 适用范围

本技术适用于房建工程、线性工程、市政工程、港口码头工程等类型工程的物资管理。

6.1.7 施工日志管理

1. 功能原理

施工日志是综合性记录，借助移动端功能记载了施工现场技术、进度、安全、质量控制过程等施工活动。数字化施工日志与传统纸质日志的不同，在于数字化日志可以根据现场填报的数据进行施工日志的整体编制，内容更加详细具体，适合不同人员的协同编制，并结合固定样式输出符合要求的标准施工日志版本，同时全部记录齐全。

2. 应用案例及实施效果

案例 1： 目前项目管理过程中的单位工程施工、个人施工情况采用传统的人工记载方式，领导、项目总工、上级工程管理部门等无法及时查看单位工程施工日志和个人施工日志情况。施工日志管理系统（图 6.1-28、图 6.1-29）在中交一航局的应用中，统一、规范施工日志填报的内容、格式及填报行为，提升施工日志编制、查阅、评价、整理、交付、存档的便捷性和规范性。

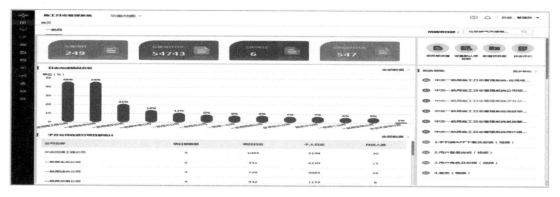

图 6.1-28　施工日志管理系统

随着电子施工日志的全面推广应用，实现了施工日志的数字化管理，全过程、零距离、无时差地记录现场生产管理信息。通过共享、大数据分析等手段，实现了工程施工日志管理的标准化、流程化、协同化，相对以前工程建设施工日志的管理模式，在标准化管理、精细化管理，工作效率提升、数据利用等方面都有了长足的进步，大大提升了建设单位和管理单位的管理效率和效果。

案例2：从2013年起，中国国铁集团为了支撑铁路工程建设信息化平台建设，首先推动施工日志信息化工作，解决铁路工程建设过程中现场数据采集问题。中铁二院工程集团有限公司受中国国铁集团工程管理中心委托，利用智能终端、移动互联网、大数据分析等先进的信息技术和工具，从2014年起历时6年，打造了一套满足全路施工现场一线人员日志即时填、即时报、即时批、即时查的信息管理系统——铁路工程电子施工日志管理系统（图6.1-30）。整个系统按低耦合、高内聚原则拆分，拆分为电子施工日志PC端填报子系统、电子施工日志移动端填报子系统、EBS管理子系统、电子施工日志应用平台子系统、数据服务中心五大部分。

图6.1-29　施工日志管理系统APP端

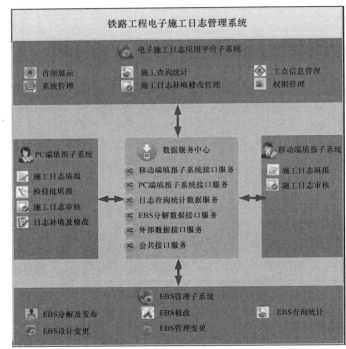

图6.1-30　铁路工程电子施工日志管理系统

目前电子施工日志已覆盖了全国145个在建铁路工程项目，实施里程约23000公里。系统日均在线用户数超过6万人，日均生成日志6万余份，累计收集施工日志、检验批、施工记录表等信息共5000余万份，是铁路工程建设信息化平台中应用覆盖面最广、数据采集量最大、用户数最多、使用最频繁的系统。

3. 应用价值

建立电子施工日志作为工程建设项目精细化管理的重要支撑，融入工程建设相关规范、考核标准，实现工程施工日志管理的标准化、流程化、协同化，杜绝人为干扰，减少了资源浪费，使资料归档更简单，既保证了收集数据的一致性和严肃性，又保证业务的灵活性和可操作性，大大提升工程信息化水平和实际施工管理水平，提高了工作效率，在工程建设项目过程管控中体现重要价值。

（1）通过软件工具解决效率低、汇总难

通过信息化技术手段和网络技术实现日志的集中化、批量化、即时化和电子化，提高工作效率，结合管理的业务模式实现施工日志业务流转的自动化和移动化应用，实现全天候办公，达成企业最佳型业务实践。

（2）业务流程和主数据标准化

实现施工日志全流程和管理控制的标准化、规范化、制度化，从"技术、安全、质量"三大方面实现管理。

（3）实时的数据统计分析提升管理水平

通过不同维度的智能统计分析用户需求与问题等，为中高层管理人员提供实时分析，达到透过数据看本质的目的。

4. 适用范围

本技术适应于房建工程、铁路工程等类型工程。

6.1.8　二维码技术

1. 功能原理

近些年，二维码的应用正在逐步推广应用，为施工项目带来了极大的便利，从而提高了管理水平。二维码是一种利用某种特定几何图形按一定规律在平面（二维方向上）分布的黑白相间的图形上记录数据符号信息的条码格式，其在代码编制上巧妙利用构成计算机内部逻辑基础的"0，1"比特流概念，将数据信息表示为平面几何图形，通过图像输入设备或光电扫描设备自动识读以实现信息自动处理。通过对数字三维模型与二维码技术的结合，能够将相关工程建设信息关联在二维码上，使其有着超大信息容量、覆盖范围广、容错率高、成本低廉、易制作且持久耐用等优点。

2. 应用案例及实施效果

案例1：中交三公局京雄高速5标项目，将BIM技术与二维码技术相结合，扫一扫二维码，即可了解项目概况、建设进度、内部结构、建材型号、责任工长等，便于项目负责人以及有关部门了解项目和监督作业规范，同时还可以向周围民众展示项目施工情况，了解新动态。通过自主研发基于Bentley平台的桥梁施工深化工具创建三维模型，在其创建时采用参数化建模，模型附带工程量信息，模型划分符合施工工序。结合基于Bentley自主开发的数字化协同管理平台导入三维轻量化模型，运用平台二维码技术生成工程分部分项二维码，项目部可扫描二维码获取项目工程施工图纸、施工工艺、危险源辨识、钢筋工程量、混凝土型号及方量、工程效果图等有关数据信息，现场技术员可根据二维码附带信息核对现场施工流程，预知施工风险源信息，节约项目成本，指导项目施工，提高施工过程中的安全质量管控（图6.1-31）。

本项目通过应用二维码技术改进了传统的工程现场管理，将具体的数据更加明确化、责任人也更加关联化，从而使工程管理人员在施工现场的监督检查过程中，可以及时发现问题，并且找到相关负责人，加强了项目技术员对现场施工的管理，保障了项目施工安全风险源的控制。现场技术员运用二维码上的信息，按码叫方量，按码施工。在施工模型进一步深化过程中，二维码的信息也会随之更新，其模型对应生成的二维码具有唯一性不仅

图 6.1-31 扫描二维码获取信息界面

为工程人员省去了大量查找通知的时间、提高了在土建施工中管理的工作效率，也方便了广大业主以及相关部门在施工过程中的管控，从而使工程管理更加的透明化、公开化（图 6.1-32）。

图 6.1-32 数字化协同管理平台二维码下载界面

案例 2： 在中交大连湾海底隧道项目建设中，二维码在项目展示、技术交底、人员管理、设备管理、安全质量巡检等方面有所使用。

在方案交底方面，将施工方案、技术交底文件、安全技术交底等各类方案交底文件链接到二维码上，施工作业前，现场施工人员扫码就可以查看技术交底文档，方便快捷。

在项目展示方面，通过制作项目概况、"五牌一图"等二维码，只需打开手机扫一扫，即可了解项目概况、建设进度、管理人员名单等，便于上级单位以及有关部门了解项目和监督作业规范，同时还可以向周围民众展示项目施工情况，了解最新动态。

在人员管理方面，制作人员二维码，以二维码作为员工身份标识进行实名登记，一人一码，人员二维码与施工人员考勤、培训情况等绑定，后台生成人员管理记录。以安全培训记录/违规记录为例，定期的安全培训和违规检查可以控制或减少伤亡事故的发生，传统记录过程冗杂、信息共享不及时，依靠巡检码自带记录模板，巡检人员自定义需要记录的内容，支持添加多个记录模板，需对每个记录的模板指定权限，实现一对一记录指定内容，保证记录的隐私、及时。

在设备管理方面，通过二维码管理设备的日常巡检、扫码记录现场设备的安全检查信息，相比传统纸质记录更加方便、快捷，针对每台设备制作单独的巡检二维码，巡检码直接上传相关文件、维保记录等，保证巡检步骤完整，同时巡检码可在线生成所有设备的汇总码，扫码即可查看所有设备巡检情况。

在安全隐患排查方面，安全管理人员现场巡视检查录入安全隐患信息，随手生成二维码，通过二维码及时反馈安全隐患，通知相关人员整改，保障现场安全。

在施工质量管理方面，可以通过二维码记录试块检验的情况（制作日期、原材料、配合比等），与试块一同保存，方便日后质量追溯，同时还可以做质量通病巡检，及时反馈巡检情况并做出整改。

3. 应用价值

将BIM技术和二维码技术结合，既实现了建筑实体和功能特性的数字化表达，又发挥了利用移动终端扫描二维码的智能化、多样化和高效率的优势，从而进一步提高设计、生产、施工过程中的信息传递效率。

（1）二维码技术在建筑施工管理交接时的应用

建筑施工管理尚未应用二维码技术时，一直采用传统的工程交接方法，即施工人员彼此之间通过纸质信息交接，或者直接口头交接。而现在，将二维码技术应用于建筑施工管理，可以避免传统工程交接的时间间隔长而导致的交接有误差，也可以使交接工作不再受时间空间以及人力的限制。建筑施工人员只需将信息输入到二维码中，读取时也只需要通过手机扫码就可以读取信息，二维码技术与建筑施工的工程交接紧密结合，可以便利交接工作，确保工作效率。

（2）二维码技术在工程技术交底中的应用

虽然目前项目施工时要求分项工程开始前及过程中工长对工人进行技术交底，但随着时间的推移，管理人员逐渐淡忘了技术交底的重要性，出现同一分项工程两个交底的时间间隔较长，或是技术交底疏于形式化较严重。因此，可能会造成工艺变化、特殊质量要求没有进行交底，导致最终出现不小的质量问题。

利用新型的BIM技术将构件进行建模，将分项工程中的重要技术交底（如钢筋、模板等）内容进行动画模拟，再将模拟动画制作成二维码在每层中进行粘贴，以供工人查阅。工人只需掏出手机，扫二维码即可显示交底的主要内容。

（3）二维码技术在物资信息与质量检测中的应用

建筑施工管理是以原材料的管理为始，主要包括原材料的产品信息、原材料的验收信息以及原材料的质量检测信息等，而原材料的质量决定了整个建筑施工的质量。将二维码技术应用到建筑施工管理过程中，可以将原材料的产品信息、质量信息等存入二维码内，并且将二维码贴到原材料上，二维码与原材料一一对应，以方便查看原材料的质量状况以及产品信息，方便原材料管理，进而可以方便整个建筑施工管理。

（4）二维码技术在施工方案中的应用

在建筑施工管理过程中，最为基础的就是建筑施工方案的制定与管理，其中最为关键的一个步骤就是将制定好的方案传播给予建筑施工过程有关的管理人员、技术人员以及基础施工人员。将二维码技术应用在建筑施工管理过程中，可以将建筑施工方案通过编辑存入到二维码中，在各层人员研究方案时，直接通过扫描二维码读取方案，既节省了上传下达的时间，又可以保证各层人员了解到的方案的准确性。

（5）二维码技术在人员管理中的应用

在工人的工作服与安全帽上配备专属二维码，主要信息包括：工种、姓名、年龄、籍贯、身份证号、操作证信息、电话、血型、所属单位、宿舍床号、主要作业区及所属单位现场负责人联系方式等，同时其安全教育、违章处罚、考勤情况也由具备相应权限的管理人员定期更新，不仅方便掌握作业人员情况，也让工人增强了自觉性。

4. 适用范围

本技术适用于各种类型工程的数字化施工管理。

6.1.9 劳务用工实名制

1. 功能原理

劳务用工实名制管理系统包括工人人脸录入、考勤记录、合同管理、劳务人员管理、工资管理、手机 APP 等功能模块，其中封闭围挡的施工现场采用劳务实名制闸机通道考勤模式，无封闭围挡施工现场采用智能安全帽模式，线性工程采用移动考勤方式。实现动态管控施工现场劳务人员的用工情况，改善建筑施工行业企业施工人员的管理层次，防止劳务人员工资纠纷，保护劳务人员合法权益，建立有利于建筑业工人形成的长效机制。

劳务用工实名制系统架构图见图 6.1-33。

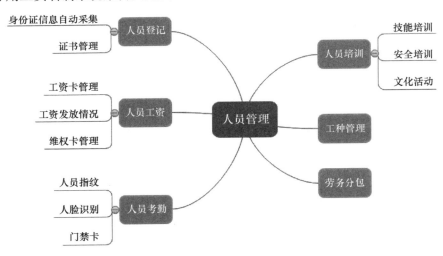

图 6.1-33　劳务用工实名制系统架构图

（1）人员身份信息的自动采集：包括身份证（自动识别）、专业技能证书、学历、人脸等相关信息的采集，通过身份证读卡器、手机等设备实现证件、证书的快速识别和数据、图像的采集。

（2）人员工资：工资卡管理、工资发放情况、维权卡管理等。

（3）人员考勤：人员指纹、人脸识别、门禁卡等考勤管理。

（4）人员培训：人员技能培训、人员安全培训、人员文化活动培训等。

（5）工种管理：各类作业工种的管理和维护。

（6）劳务分包：分包劳务团队的管理。

2. 应用案例及实施效果

案例1：针对项目劳务用工量大及劳务工人的流动性强，现场管理难度大等问题，中交一航局海口市江东新区高品质饮用水水厂项目采用信息化的手段，实现对劳务人员实名制管理、考勤、教育培训（图6.1-34）。通过"人脸识别"的识别方式，记录劳务人员进出施工现场时间。自动闸机通过视频检测系统自动识别人员通行权限，不符合要求人员将无法进场。依托进出场记录，精确统计施工班组、个人每日出勤情况，月底形成月度考勤报表为工资结算发放提供依据，农民工工资由总承包部直接发放，专款专用，确保按时发放至每个农民工手中。

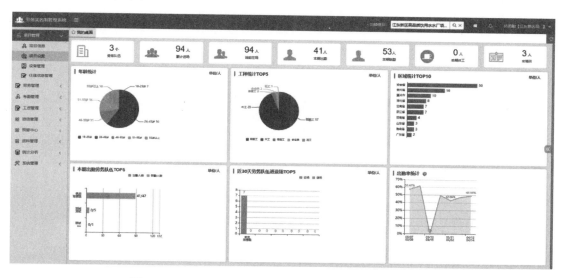

图6.1-34 海口市江东水厂项目劳务实名制管理系统界面

本项目安装4台人脸抓拍机，每天8台闸机对劳务人员进行出勤记录，记录数目已达6500多条（图6.1-35）。并针对劳务人员已全部完成劳动合同签订，根据出勤记录完成每月工资发放。通过安全教育培训记录，确保了所有进入施工场地的劳务人员全部做完三级安全教育，有效地降低了安全事故的发生次数。

案例2：系统以企业劳务管理流程为主线，综合应用人脸识别、无感测温、移动互联网等技术，着力打造同时满足封闭式环境、开放式环境、地下空间等多个应用场景的考勤手段，实现劳务管理全过程信息化（图6.1-36）。

项目部负责劳务企业备案、劳务队伍和劳务人员进退场管理，同时负责对劳务人员的安全教育培训、考勤、工资发放进行全程管理。

通过劳务数据的维护，建立劳务企业、授权委托人、劳务班组、劳务工人全局统一的劳务资源库，供企业项目共享。

进场后产生的安全培训、考勤、工资数据，按照劳务主体的不同，分别生成劳务人员

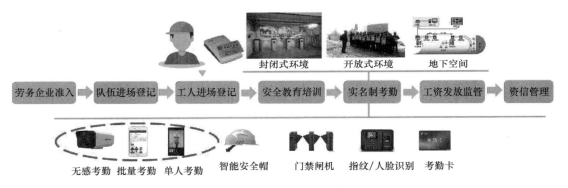

图 6.1-35　考勤记录界面

图 6.1-36　劳务管理全过程信息化

从业履历卡，为后期的考核评价奠定基础。

　　构建多层级劳务实名制管理系统需要具备灵活的分级分权管理机制，既可作为企业级平台压实各层级的管理层次，也可作为项目级工具系统单独运行。创新管理模式，以移动考勤手段为支撑，首创班组自驱管理新模式，大幅降低考勤管理模式。以视觉识别技术为基础，在房建、地铁等封闭式工程中，利用无感考勤解决了上下班高峰期闸机"形同虚设"的弊端；在铁路、公路等开放式工程中，利用"移动端＋电子围栏"考勤解决了考勤难度大、考勤数据失真等问题。

　　系统上线项目 600 余个，施工劳务队伍 2400 余个，累计登记入库人员 16 万余人，平均出勤率 80％以上，取得了企业及项目劳务管理的良好应用效果。

　　案例 3：中铁二局是中国中铁旗下的以基建类项目为主的特大型国有建筑施工企业，旗下施工项目覆盖了铁路、公路、市政、桥隧、电气化等多种类型，通过智能硬件设备，来解决项目上的人员用工安全以及不同类型项目下的考勤打卡管理问题。

　　工人进场通过安全入场教育后，通过手持设备"速登宝"，随时随地扫描或拍照身份证自动识别,同时采集人员基本信息、特殊工种证书和照片,保证信息准确,登记一人只需 15s,大大减轻一线管理人员工作量。

登记同时对比黑名单、年龄等不符合要求的人员,自动提醒和拦截,从源头降低用工风险。拍摄本人照片,以公安部网上身份证数据库进行人证比对,识别身份证件真实有效,避免登记信息不准确(图 6.1-37)。

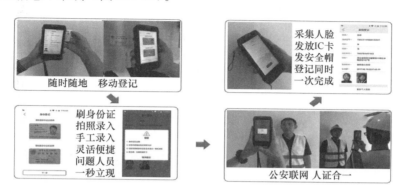

图 6.1-37 人员准入操作流程图

针对房建、市政、隧道、梁场、钢筋加工厂等一些封闭式项目或工区,可在现场大门口设定闸机+人脸(图 6.1-38)。区别于其他传统的闸机考勤方式,采用无线 4G 的先进技术,完全摆脱传统劳务产品必须配置电脑的依赖,减少电脑、网络设备等多余硬件投入,为项目节省成本,减少电脑、网络问题频繁的困扰,同时提高项目管理和工人通行的顺畅。

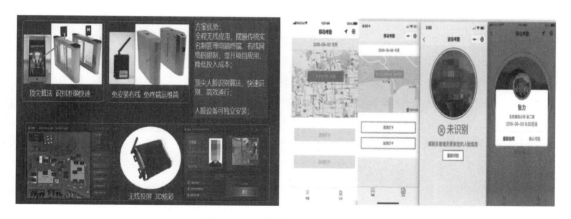

图 6.1-38 多类型项目考勤方案

对于无法封闭的开放性项目,结合卫星地图根据现场实际情况自定义划分电子围挡区域,也可支持设定多个围挡区域,形成虚拟的电子施工围挡。

当作业人员进入施工现场时,通过手机 GPS 定位自动检测工人是否进入施工考勤区域,利用微信小程序"劳务打卡宝"进行人脸拍照识别考勤及确认,不在考勤区域内,则不能进行打卡考勤。

自 2020 年 10 月,集团公司全面推广劳务管理系统,实现对下属所有项目统一管理。

项目实名制覆盖项目类型 100%——房建 139 个，市政 130 个，公路 52 个，铁路 48 个，其他各类项目 60 个。

2021 年劳务用工平均出勤率 80.05%——累计用工 230384 人，平均在岗 5 万余人，平均出勤 4 万余人。

黑名单分包企业和人员数据——累计积累和发布了黑名单分包企业 274 家，黑名单人员 109 人。

管理效率提升 60%，用工风险降低 30%，规避多起恶意讨薪事件。

3. 应用价值

实名制考勤系统的应用，主要有以下六方面价值：

（1）劳务用工实名制，让工人的上工情况，有据可查，有记录为证，解决了工人归属问题，降低工人流动性，满足行业主管部门对管理人员（项目经理、总监、技术负责人等）、劳务人员考勤的要求。

（2）考勤系统与农民工工资发放系统挂接，通过劳务人员实际考勤天数发放农民工工资，避免发生劳资纠纷；通过考勤数据，为项目成本写实工作提供基础数据支撑。

（3）有利于开展劳务人员岗前培训和继续教育，实行持证上岗；人员培训管理主要是针对工人培训安排时间、培训内容以及培训对象进行新增、修改、删除以及查询，保存培训历史记录使得信息可追溯。

（4）系统以企业劳务管理流程为主线，综合应用人脸识别、移动互联网等技术，着力打造同时满足封闭式环境、开放式环境、地下空间等多个应用场景的考勤手段，实现劳务管理全过程信息化。

（5）结合生产管理系统可完成对劳务公司、劳务班组、劳务人员的工作质量、安全保障、工作量等进行自动化考核，相关报表可提供给项目管理方进行查阅，自动根据相关数据生成人员工资发放报表，用于劳务费用结算。

（6）将 BIM-RFID 应用到建筑工地人员管理系统设计中，解决了传统的建筑工地人员管理效率低、数据更新不及时、安全管理松懈等问题。一方面，实现了人员信息从传统的人工采集到现在的自动采集的转变，人员数据智能分类与数字化存储；另一方面，将人员安全问题与人员信息管理相结合，时刻监督人员安全问题。基于 BIM-RFID 技术的人员管理系统具有信息交流智能化等特点，在提高建筑工地管理人员工作效率的同时，在工作人员安全保护方面有较大应用前景。

4. 适用范围

本技术适用于封闭式管理工地、线性工程、开放式管理工地的劳务用工管理。

6.1.10 视频监控

1. 功能原理

本系统由三大部分组成：

（1）前端各项目视频采集端；

（2）视频数据网络传输；

（3）监控中心数据处理集中展示。

采集端负责图像、报警信号的采集，并将采集到的模拟信号通过视频服务器编码转换成为数字信号。数据传输采用无线网桥将数字信号以无线网络的方式发射、接收、汇集到监控中心。视频监控采取基于新一代深度学习的 AI 技术，提供 10 余种 AI 智能识别算法，管理模式从人控到技控，自动进行报警，结果同步推送至 APP 和短信，实现了现场不安全施工行为或事件实时预警，变事后查询为主动监控，真正做到实时预警、智能检测。监控中心采用多级架构技术，分散监控，集中管理，查看实时图像的同时，并对其进行录制保存。

通过前端网络数字高清枪机或球机实施对监控目标视频、音频信息的采集，并将前端多路网络摄像机的数字视频信号通过交换机进行集中；再将集中后的视频信号传入前端的 NVR 网络硬盘录像机中进行录像；最后网络硬盘录像机通过互联网将数字视频信号发布到外网服务器。

2. 应用案例及实施效果

案例 1：海口市滨江西污水处理厂工程，现场共设置球机 6 台，枪机 17 台，视频监控覆盖整个施工现场、环场道路、钢筋加工场及材料堆场、施工现场进出口等关键位置（图 6.1-39）。同时，本项目在视频监控系统的基础上，应用了 AI 安全识别系统（通过视频监控分析劳务人员的行为，并进行语音警告）、延时摄影（形成视频记录，为后期宣传片制作积累素材）、陌生人驱赶系统（无感考勤、视频监控系统结合应用）等，便于全面掌握项目现场施工情况。

图 6.1-39　海口市滨江西污水处理厂工程现场施工视频监控情况

案例 2：根据施工部位定点安装视频监控系统，摄像头角度可控制调整。显示器可实现多界面即时切换，对项目施工进度、现场人员安全、材料进出场安全等进行辅助监测。摄像头能够实现视频管控，支持查看实时画面和与其他子系统视频联动（图 6.1-40）。

视频监控支持直播、回放、异常事件预警等功能，可随时查看项目实时画面，了解项目施工现状，同时可减少项目现场人员日常巡检的工作量。

定时定点抓拍现场图片，可根据当前工程重点部分或相关需求，设置普通摄像机完成自动抓拍过程，关键影响部位留痕，抓拍结果可以按时间轴形式展示图片，项目施工进度一目了然。

图 6.1-40　视频管控下的实时画面和其他子系统视频联动

视频监控数据与视频监控系统对接，通过组织树的样式，上到企业整体，下到基层项目，实现监控的全面集成。通过组织的快速切换，针对重点企业、重点项目，呈现视频接入规模及设备状态，实时查看重点区域监控视频，及时掌控项目一线动态。扩大管理人员感知范围和对现场实时信息的感知速度，从而提升管理人员的管理能力，项目生产的透明度、安全性。

案例 3：青海省牙同高速公路，由于项目自身具有点多、线长、面广的特点，桥梁与隧道施工现场安全管理水平也相对较落后，传统管理满足不了安全生产控制的需要。通过采用远程视频监控技术对施工现场及主要原材生产加工区域及预制构件生产区域进行动态监控，有效提高了对整个工程施工过程中安全施工、文明施工的监管水平（图 6.1-41、图 6.1-42）。

图 6.1-41　青海省牙同高速公路施工现场

图 6.1-42　施工一线视频监控效果

3. 应用价值

视频监控系统通过 24h 对施工现场进行实时监控，全面系统了解工程进度、物资设备、现场施工情况等方面的信息，对各个重点环节和关键部位安全监控，加强对施工现场的安全和文明施工的监督；同时视频监控系统可引申出多项智慧工地应用手段，如 AI 识别、重点抓拍等，对项目全方位管理工作提供支撑。

4. 适用范围

本技术适用于各类型工程项目的视频监控应用。

6.1.11　智能监造管控平台

1. 功能原理

监造是确保工程设备、预制件等供应质量的重要环节，由于设备和预制件的投资规模大、技术复杂程度高、制造安装周期长、施工吊装难度大、生产运营过程中难以替换等原因，一旦发生质量安全事故后果极为严重。智能监造管控平台是一套科学高效的监造信息化平台，实现监造数据各主要相关方（设计、物资、监造、安装、运维）纵向、横向的数据贯通和数据共享，便利各方实时监控生产及监造状态，保障设备、预制件监造执行和管理工作更加规范和及时，效率更高，效果更好，投入更少。

智能监造管控平台以云平台为基础，提供互联互通的技术便利条件，加强智慧监造的管控力度，提高管控水平，充分应用大数据、人工智能、云计算等先进技术，积累和沉淀监造工作管理体系，极大提升监造工作的管控效能及各环节质量水平，实现监造管理工作的智慧转型升级。智能监造管控平台提供基础信息管理、监造采购、设计评审、监造准备、监造管控、监造总结、问题数据库、信息报表、监造评价、统计分析的监造全过程管理方案，使监造各主要相关方可以进行数据的横向集成和纵向贯通，实现数据的共享融通，并经过各工程数据积累和数据加工，形成大数据分析，为监造工作提供辅助决策。

2. 应用案例及实施效果

某电力工程项目通过应用智能监造管控平台，实现了多工程、多项目在同一平台进行设备监造管理的目标（图 6.1-43）。平台为设计院、物资采购方、设备监造方、设备安装方和运营维护方，提供监造采购、设计评审、监造准备、监造管控、监造总结和监造评价的一体化管控（图 6.1-44～图 6.1-46）。

图 6.1-43 多工程、多制造商、多设备类型的设备监造管控画面

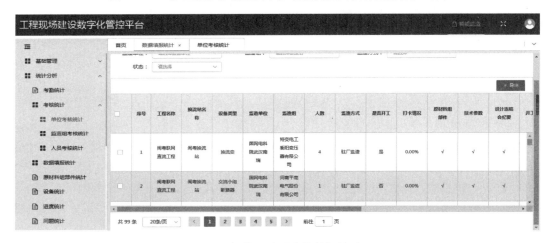

图 6.1-44 智能监造平台的数据统计画面

图 6.1-45 智能监造平台的考核统计画面

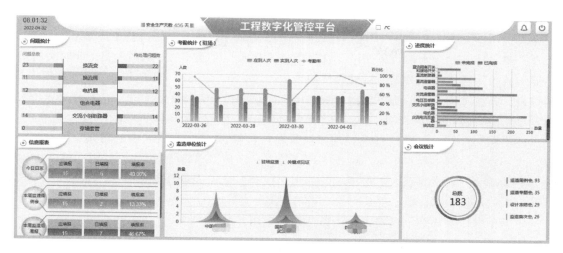

图 6.1-46 智能监造平台的大屏展示

项目通过应用智能监造管控平台，实现了监造设备相关方的数据贯通和数据共享，实现了从监造采购、设计评审、监造准备、监造管控、监造总结、监造评价的一体化管控，同时平台设置了问题数据库，实现典型问题、案例的智能分析，辅助决策。通过信息报表实现对监造组日志、监造组周报、监造单位周报的线上管控和定期周月报的自动生成，提高监造效率；通过统计分析，实现考勤统计、数据填报统计、考核统计、进度统计、问题统计、原材料组部件统计等多维度统计分析，发现各类潜在规律，推动监造能力和效率的提升。

3. 应用价值

实现成套设计、工程设计、设备设计、现场电气安装与运维等多个单位，以及设计、生产、安装、运行等多个环节的数据互联互通，提高数据共享度和数据传递效率，便于指导隐患排查、故障处理等，提高工作透明度和管理效率。

实现监造单位之间横向协同，通过问题库实现对不在监造范围内的设备的统一管理，实现信息数据的一家收集、多家共享，提高信息转化利用效率。

形成设备监造数据库，便于了解设备生产的质量、进度、问题等相关信息。通过大数据分析，发现各类潜在规律，推动监造能力和效率的提升，协助、督促供应商保质、按期提供满足长期安全稳定运行的设备，实现本质安全。

强化设备质量、投资、进度和安全等实施管理服务和专业化监督，满足决策、管控及业务运营的管理要求，平台强化了对人、机的智慧协同、互联互通，有效保障重大设备质量，提升管理与效率。

4. 适用范围

本平台适用于房建工程、线性工程、市政工程等类型工程的设备监造、预制件监造等。

6.1.12 环水保管理平台

1. 功能原理

为落实地方和国家有关环境保护、水土保持方面的政策和法规，解决施工管理人员环水保意识薄弱、现场监督人员环水保专业水平较低、现场环水保管控难以落实等问题，环水保管理平台坚持"预防为主，综合防治，全面规划"原则，抓住建造工程中水土保持的重点，建立完善的环水保管理制度和技术审查、环水保监测、竣工环保验收、竣工水土保持设施验收等技术支撑体系。有针对性地采取措施，确保水源、植被不被污染和破坏；严格按设计方案施工，保护施工场地和临时设施附近的植被，施工场地范围内的树木进行移植，尽量减少破坏植被。将施工生产过程中对环境的干扰、破坏降到最低。

环水保管理平台，通过将现场的监测设备，包括但不限于环境微气象站、气体传感器、水环境检测传感器、土壤污染检测传感器、噪声监测设备等数据采集设备，进行智能融合和共享交互，实时获取工程现场的环水保数据、过程记录数据等信息，客观分析施工区域的大气污染、水污染、噪声污染、固废污染、土壤污染等情况，并根据相关规范进行空气质量预警、噪声污染预警、水污染预警等应用。

2. 应用案例及实施效果

某电力工程项目通过应用环水保管理平台（图6.1-47～图6.1-49），将现场气体传感

图 6.1-47　环境监测

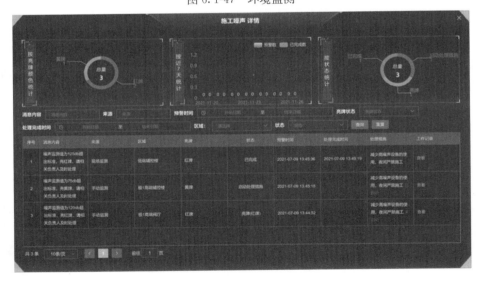

图 6.1-48　噪声监测

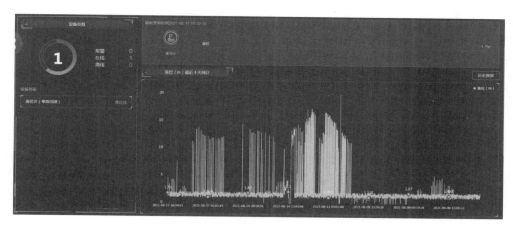

图 6.1-49　水位监测

器、水环境检测传感器、土壤污染检测传感器等采集的环水保数据、过程记录数据等信息，进行智能融合和共享交互，借助"互联网＋""BIM"及大数据技术，客观分析施工区域的大气污染、水污染、固废污染、土壤污染数据，将虚拟的业务系统与真实世界的场景、时间、环水保信息数据深度融合，实现"智慧环保"的智慧化转型。

通过环水保管理平台的应用，工程项目对施工准备的环保措施、施工过程的环保和绿化措施、施工和作业环境保护、水污染防治、大气污染防控、噪声污染防控、水环境影响、生态环境污染防控、社会环境污染防控等环境保护工作，以及水环境保护、生态环境、水土保持措施、临时用地恢复保护等水土保持工作，进行了有效管控，减少了工程施工、交付和运行对周边环境的影响。

3. 应用价值

环水保管理平台以换流站工程项目的环境保护、水土保持和标准化管理为基础，以环境保护和水土保持竣工验收资料自动汇总为目标，解决了环水保过程资料缺失、数据收集不规范等问题，极大提高了环水保数据流通的效率、规范了环水保业务流程，使项目过程建设环境保护和水土保持措施落实情况有据可循，为环水保竣工自主验收奠定了坚实的基础。平台还保证了施工过程中人员的身体健康和社会文明，消除了外部干扰，保证了施工的顺利进行，对节约能源、保护人类生存环境，以及保证社会和企业可持续发展都具有重要的意义。

4. 适用范围

本平台适用于房建工程、线性工程、市政工程等类型工程的环水保管理工作。

6.1.13　数字档案

1. 功能原理

数字档案通过一系列的数字化处理技术，包括扫描技术、模数转换技术、网络存储技术、数据压缩技术等多样化的技术手段，实现档案信息组织与服务网络化、档案实体虚拟化、信息资源共享化、档案利用知识化。

2. 应用案例及实施效果

205 国道开化县音坑至华埠段改建工程隧道质量智评系统，基于 BIM 技术、物联网技术、移动平台等科学技术手段，以施工质保资料数字化、标准化管理为目标，围绕施工质量检测全过程的资料管理，解决各阶段质检数据孤岛问题，基于质检信息大数据的集成与共享，实现质检资料记录数据与检测设备物联数据的互通，实现了数据采集无感化、数据成果可视化、评定分析自动化、质保资料数字化、质量管控全程化的质量检测资料数字化的目标。

3. 应用价值

传统质检资料档案资料多以纸质形式归档，有质检过程难以追溯、存在数据孤岛、测量值人工读取和判别繁琐、检测数据分析费时费工、缺乏基于数据的质量改进机制、检验规划效率低的弊端。通过质检资料数字化实现了数据的自动评定、线上资料审批留痕、电子化归档、数据统计、快速检索调取、打破质检资料"信息孤岛"、多方监督共享的意义与价值。

4. 适用范围

本技术适用于施工单位质量自检、监理单位抽检、交竣工检测抽检、业主质量保证资料管理等领域。

6.1.14 混凝土生产质量监控

1. 功能原理

混凝土生产数字化管理系统，以工程数字化平台为指导框架，整合以往大型混凝土拌合系统信息技术、智能技术应用所得的经验参数和现代物联网技术，建造运行服务器，配置手持终端和车载终端。

施工中，技术人员依据施工图要求，将混凝土强度等级、设计要求、使用部位及浇筑工艺上传至系统，现场施工及质量控制人员根据信息组织备料，现场质控人员手持终端（PDA），主要流程为：材料自检后发出验收申请→混凝土浇筑计划上传至试验室，试验室根据计划要求及材料检验结果在 PDA 端选择计算配合比并上传→监理现场查验配合比后允许生产（PDA）→施工单位现场生产调度人员利用手持终端（PDA）调度混凝土的搅拌楼和混凝土运输车车号→混凝土生产信息自动上传至搅拌楼并分发给混凝土搅拌车车载终端→搅拌楼配置车辆识别系统，搅拌车到达后自动识别上传信息至搅拌楼。搅拌楼生产的相关信息实时上传至调度系统工控机（服务器）储存。

通过运用 NB-LOT 物联网、DSRC、大数据、工业控制等技术，以远程生产指挥中心为基础，整合搅拌站无人值守地磅、远程生产双机双控、粉料仓余料监测、混凝土搅拌车物联网、生产尾料处理五大场景，在保证绿色环保的基础上，实现对混凝土生产过程、原材料收料、混凝土运输途径及尾料处理的质量监控。

通过混凝土生产全环节的智能管控和质量追溯，提升混凝土生产工效、混凝土品质和混凝土生产与浇筑的协同效率，实现搅拌站集中操控少人化、业务流程自动化、车辆物联智能化、质量卡控标准化，并集成地磅管理系统和视频监控系统，实现自动收料和物料消耗统计，为主体工程施工提供了质量保障。

2. 应用案例及实施效果

案例 1：在中交大连湾海底隧道建设工程中，运用了混凝土生产质量监控系统，混凝土生产浇筑各工序信息，可根据权限可在手持终端查询，如搅拌站已生产混凝土方量、搅拌车实时运输混凝土方量、现场浇筑方量、料仓剩余方量。现场质控人员根据生产、运输、浇筑情况，在手持终端随时调整施工配合比及方量，并可随时暂停或停止生产。

（1）混凝土拌和系统计量控制

混凝土搅拌站生产时，搅拌站设备开机应首先经过监理和生产单位在场首盘见证，然后通过配合比见证模块在信息化管理系统中领取生产任务及配比单，直接下发至搅拌站生产控制器，搅拌站拌料生产系统开始工作。

混凝土搅拌站生产过程中，生产质量监控数据应采取远程监控、数据共享方法，传递至信息化管理系统，进行数据分析、展示，对不合格信息及时预警。若收到预警信息，现场应停工，监理单位对混凝土质量进行现场检定，待预警闭合后继续生产。

搅拌楼各粗细骨料料仓安装料位计、外加剂安装料位探头、胶凝罐安装称重传感器，将料位信息通过网络实时上传至系统。混凝土骨料含水率受外界环境影响较大，由于含水率的波动，搅拌楼生产混凝土时混凝土生产配合比随含水率的变化进行微调。应用骨料含水率检测系统，实现骨料含水率在线实时检测，检测系统与配料单系统、搅拌楼系统对接，自动进行搅拌楼生产配合比微调，避免配合比微调的延时及人工干预出现的误差，使混凝土性能达到最优。各风冷料仓安装温度巡测仪，将风温通过网络实时上传至系统，动态实时掌控骨料温度。

混凝土拌合物质量检测在搅拌楼生产后进行，不合格的混凝土无法"回炉"，存在进入浇筑仓面的风险，需应用混凝土拌合物质量控制智能技术，实现在混凝土生产过程中进行控制，在线实时判断混凝土搅拌是否合格，使搅拌楼生产出的每一方混凝土都符合质量标准，提高搅拌楼生产效率，避免资源的浪费。

（2）混凝土运输智能控制

由于混凝土性能受时间影响的特殊性，混凝土生产后运输环节尤为重要，一般为多台自卸车水平运输或匹配多种垂直运输联合实施，存在混凝土强度等级错误及运输时间较长的现象，建立基于GPS的控制系统进行连续、实时、自动、高精度监控（图6.1-50），实时反馈设备的运行轨迹，便于管理人员现场调度。通过混凝土运输智能技术的再挖掘研究，实现搅拌楼→自卸车→垂直运输设备→浇筑混凝土强度等级和部位的自动匹配及状态在线显示，动态掌控设备运料情况，消除人为因素造成的质量问题。此外，通过系统智能分析，计算运输设备运行的最优路线并实时可视化反馈设备操作手，操作手按最优路线进行操纵，达到节约混凝土运输时间、保证设备安全运行、优化资源的目的。

案例2：中铁四局沪渝蓉高铁武宜段二标智慧搅拌站，该智慧搅拌站由远程双机双控、无人值守地磅、余料监测、料仓料位门禁等设备组成，通过自主研发的ERP搅拌站生产管理系统与远程控制系统，实现搅拌机远程一键功能、远程生产及搅拌机自动生产、试验室人员、调度员、信息员可及时监控、干预生产，防止生产错误，提高混凝土质量；ERP综合管理平台（图6.1-51）能够接收无人值守地磅的收料信息，通过余料监测设备实时传输粉料仓的余料状态，对粉料仓的数量进行实时监测，对料仓的实时信息进行动态展示，保证粉料的连续性。

图 6.1-50 混凝土搅拌车物联网（混凝土运输监控）

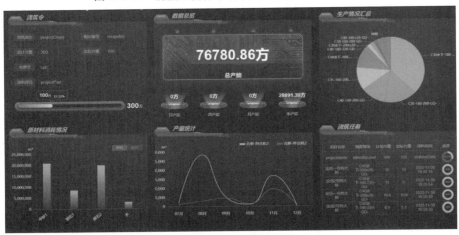

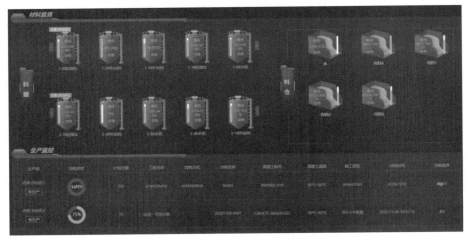

图 6.1-51 搅拌站 ERP 综合管理平台

本项目应用远控双机双控操作搅拌机，混凝土日产量效率提高 40% 左右，每班生产信息员由之前的每班 2 人缩减至 1 人，并可独立完成双线搅拌机生产工作的操作，降低人工费约 3 元/m³；在混凝土生产质量方面，通过双控系统自动化生产的 C30 混凝土（同一种配比）28d 龄期的抗压强度比常规手动操作 28d 抗压强度高 20%；在 ERP 综合管理平台方面，可系统生成搅拌站的材料报表，减少数据统计工作量和人为统计错误，管理人员通过管理平台能够随时了解施工进度、质量和成本投入，保证搅拌站混凝土的生产质量。

案例 3：中交集团新疆乌尉公路 PPP 项目，混凝土生产全过程监控系统由集团级监控平台和项目级采集应用平台组成：集团级监控平台部署于中国交建总部云平台上，由集团负责建设，供集团及各直属项目部、二级单位和三级单位使用；项目级采集应用平台的采集终端安装于搅拌机和试验室，应用平台部署于实施单位的机房或者云平台上，由各项目部负责建设，供项目部管理和生产人员使用。搅拌站、试验室采集的混凝土生产试验数据通过有线或者无线公网（GPRS、3G/4G）首先传输到项目级应用平台，项目级应用平台通过标准的数据交换接口，将数据转发到集团级平台。现场部署的系统由各类传感器、数据传输设备、软件控制模块组成，自动实时采集搅拌时间、各类原材下料数量、压力试验值，并与施工配比实时对比，超标分类短信报警；自动统计每日、每周、每月或者选定时段的生产量，超标分析，可以有效降低混凝土生产质量，初级超标率减低 1.3%，中级超标率降低 1.8%，高级超标率降低 3.1%，原材料消耗减少 9.5 万 t；搅拌站操作人员及各级管理人员可以远程实时获得生产数据，提升生产效率约 20%。系统对于提升混凝土质量，降低成本，提升生产和管理效率，防止事故扩大，确保工期起到了积极作用。

3. 应用价值

混凝土生产质量监控系统可对混凝土生产过程质量进行全面监控，并提供报警功能，有效提高混凝土生产质量和效率，降低人员劳动强度；数据自动采集，自动归类，并可进行数据自动统计分析和大数据分析，全面提升混凝土生产管理水平。

4. 适用范围

适用于工程自建搅拌站管理。

6.1.15 农民工综合服务管控

1. 功能原理

农民工综合服务管控平台"骄子微卡"（图 6.1-52）基于微信庞大的用户基础和强大的连接一切的生态能力，创造性地将移动端微信小程序与实际管理需求、互联网技术优势和施工项目场景相结合，研发的面向施工企业农民工综合管理的智能管控服务平台。目前该平台在中交集团农民工综合管理、施工现场运营监控、智慧工地等领域发挥重要作用。员工利用手机就可以实现信息收集、实名认证、人脸识别考勤、工资确认、教育培训、文化宣传、疫情防控、健康监测、现场巡更、物资管理等功能。灵活高效的移动端既提高了使用便利性和易用性，又降低了使用门槛和投入成本，具备金融级安全防护，有效提升了施工项目的管理效率与员工使用体验。

2. 应用案例

案例："骄子微卡"平台已经在中交集团的在实施项目试点推广一年，取得良好效果。以中交机电局为例，其下属 40 余个施工项目使用"骄子微卡"平台进行农民工综合

图 6.1-52 "骄子微卡"操作界面

管理，新入场员工只需要扫描二维码开卡，通过手机完成人脸信息采集和实名验证后，就可以在施工现场进行人脸识别考勤，整个过程仅需 3 分钟，并且不借助任何额外硬件设备就能完成整个操作，大大降低了项目部采购成本，提高了用户体验（图 6.1-53）。

图 6.1-53 员工使用"骄子微卡"平台

佛山轨道交通 2 号线一期工程机电项目由 35 个分包商、不同班组的 2000 余人组成，仅仅通过 2 天的培训和宣贯就完成了项目全员的开卡和实名认证工作，累计考勤 40 万人次，有效地提高了人员管理效率，降低了由于考勤管理不规范导致的工资纠纷风险。

新疆乌尉项目面临施工现场开放、安装考勤闸机难，网络信号差等不利因素，"骄子微卡"与离线考勤机相结合（图 6.1-54），通过双离线方式实现考勤信息采集，定时联网同步的方式解决了施工项目网络条件差无法实现考勤管理的难题。

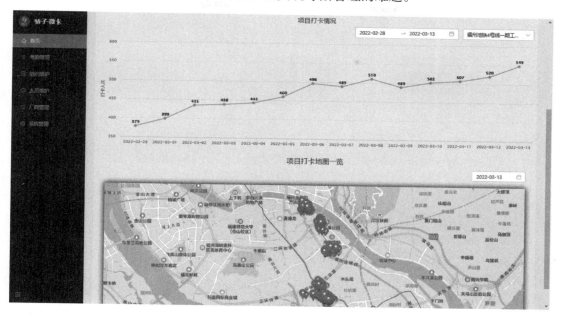

图 6.1-54 "骄子微卡"平台的考勤管理

3. 应用价值

"骄子微卡"农民工综合服务平台，通过手机终端实现现场采集各类数据并进行实时共享，实现数据采集的实时性和真实性，避免了人员管理混乱和考勤舞弊的风险。针对实名认证、人脸识别考勤、在线培训、工资确认等关键核心功能的研发，可以切实解决施工项目实际遇到的实名难、考勤难、培训难、工资确认难等问题，助力各单位、各项目实现劳务人员信息化综合管理。平台基于手机移动端管理的灵活性和开发性大大降低了施工现场闸机、考勤机等硬件的投入成本，与现有智慧工地系统相结合，实现施工现场综合监管。

4. 适用范围

本技术适用于公路、隧道、轨道交通、房建、基建、养护、疏浚等各类工程施工现场的农民工实名认证、考勤管理、薪资查询确认、培训考试等服务场景。

6.1.16 试验室数字化管理

1. 功能原理

一个功能完整的 LIMS（试验室管理系统）平台能够支撑完整的管理体系，支撑一个检测机构的日常运行。LIMS 技术的应用（图 6.1-55），可以将试验室的业务流程、环境、人员、仪器设备、标准物质、化学试剂、标准方法、图书资料、文件记录、科研管理、项目管理、客户管理等因素有机结合，为试验室的高效运作以及各类信息的存储、分析、报告和管理提供平台，并可对试验室工作的各个环节进行全方位的量化和管理。

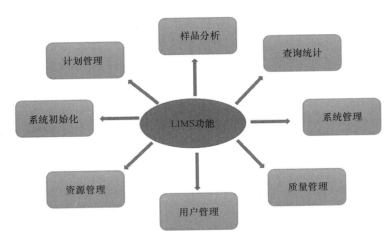

图 6.1-55　LIMS 技术的应用

2. 应用案例及实施效果

案例 1： 试验室管理和试验数据处理平台具有试验检测业务流程管理、仪器设备管理、远程在线委托管理、样品管理功能。平台能提高工作效率，避免重复工作，降低管理运营成本，进行试验检测数据结果信息的分析挖掘与应用。

（1）检测功能模块

检测业务管理涵盖检测业务流程管理、数据处理、流程审批、数据统计分析，以及人员管理、设备管理、单位管理等在内的试验室管理体系所要求的管理要素的信息化管理。本项目系统包涵检测业务流程、样品管理、设备管理、单位管理等。

（2）检测业务流程管理

检测业务流程管理是从委托收样直至报告打印发放，所有环节实现信息化管理，包括委托收样、检测收费、任务分配、试验检测、参与人确认与复核、审核、批准、报告打印和发放。

（3）样品管理

基于系统内的样品管理模块，实现样品二维码管理，数字身份识别管理，从收样登记到废弃全流程的快速识别登记管理和收检分离管理等功能，主要包括：待检样品管理、在检样品管理、已留样品管理、已分包样品管理、样品流转管理等。

（4）设备管理

基于系统内的设备管理模块，实现设备的全寿命周期管理，能自动根据岗位职责控制查看、修改、审批权限；具有设备基本信息、二维码管理，设备检校、超期提醒、确认管理，设备采购、验收、期间核查、维修保养管理，设备调拨、外借、报废管理等功能。

（5）单位管理

单位管理模块是系统对于用户机构内部的人员、资质证书、规程管理、分包管理、信用评价、申诉、投诉、建议的辅助管理功能模块。

（6）其他

用户可以根据自身的管理需求或提高对外形象，进行系统升级、外设的扩展应用，如：标签打印、扫描识别、微信公众号集成、触摸屏自助查询、大厅显示系统等支持性功能（部分需要配套相应的硬件设备）。

示例：触摸屏自助查询系统，用于送检单位查询检测机构的公司简介、业绩展示、资格证书、参数范围、收费价格、人员履历和报告进度查询等。

案例 2： 中电建路桥集团（温岭）建设发展有限公司甬台温高速至沿海高速温岭联络线 PPP 项目，通过传感器、工控系统、无线通信模块，与上位机、平台接口构成独立的数据采集系统，试验过程数据的实时采集、上传至平台，在 WEB 端或 APP 端查看实时温湿度（图 6.1-56），当温湿度数据超过平台设定的阈值范围时，可发送短信或 APP 消息提醒试验室人员排查处理。

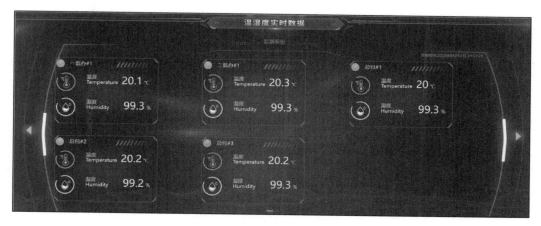

图 6.1-56　WEB 端以及 APP 端查看实时温湿度

3. 应用价值

试验室数字化管理的应用可以实现试验室主要试验过程数据的自动实时采集、结果判定、预警推送，杜绝试验室质量管理漏洞，有效控制施工质量，提升检测工作效率，提高分析数据的安全性和可靠性，同时实现试验室相关设备、业务的量化管理。

4. 适用范围

本技术适用于市政工程、房建工程、水工工程、公路工程等类型工程的试验室数字化管理。

6.1.17　装配式工厂制造生产管理系统

1. 功能原理

系统综合应用物联网、视频监控、工业控制、IT 技术、人工智能和线性规划等技术，对装配式构件生产订单在完成深化设计后进行智能化排产，并采用视频监控、人工智能等技术对构件生产过程、生产安全以及构件质量进行持续监控和数据积累，并通过持续优化排产算法、生产过程控制，实现装配式工厂在人员工作强度、模台利用率、设备使用率、物料供应与损耗情况、构件质量和订单及时交付率以及物料使用的量差等关键指标的综合最优。

2. 应用案例及实施效果

案例： 广西武鸣装配式工厂部署的装配式制造生产管理系统实现了人员实名制管理、

材料设备管理、生产管理、安全管理和质量管理等有关功能，通过连接工厂闸机、生产设备设施数据，时刻监控人员上岗、订单生产、构件质量，实现工厂订单到生产过程控制，从构件生产跟踪、管控到构件成品出厂的全过程管理。

如图 6.1-57 所示，通过 BIM 模型和三维可视化技术显示装配式工厂的生产布局、产线和模台使用情况、订单生产情况、构件保养情况、仓库及堆场使用情况。如图 6.1-58 所示，实现构件生产工序、订单管理、排产管理、任务管理、堆场管理、运输管理等生产全过程管理。如图 6.1-59 所示，通过手机客户端查看整个工厂的订单和构件生产情况、计划排产情况，实现生产过程的安全检查和构件的生产质量控制。

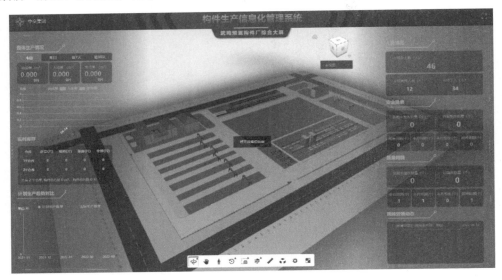

图 6.1-57 装配式工厂制造生产管理系统截图（综合大屏）

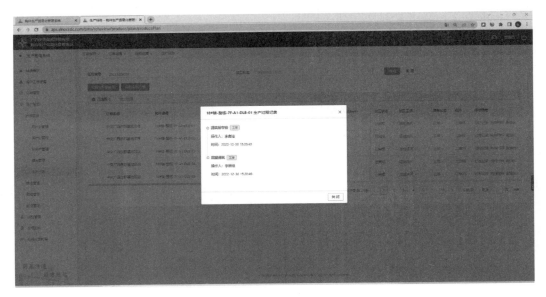

图 6.1-58 装配式工厂制造生产管理系统功能截图（生产过程记录）

图 6.1-59　装配式工厂生产管理系统手机端

3. 应用价值

装配式工厂制造生产管理系统可以实现装配式生产订单的自动排产，提高工厂模台、设备、仓库和堆场的使用效率，通过使用手机端的安全检查和质量管理功能，能有效改进装配式生产的安全水平，提高构件的出厂质量。

4. 适用范围

建筑 PC 构件、预制梁构件、市政管片构件的装配式产品制造生产。

6.2　数字建造在施工技术方面的应用及价值

施工技术数字化针对施工过程中标准工艺工序进行数字化改造，实现装备自动操控、数据自动采集，提高施工质量和效率。

6.2.1　智能碾压数字化施工技术

1. 功能原理

智能碾压数字化施工技术（图 6.2-1）是指在路基填筑碾压过程中，应用物联网、自动化监测、大数据分析等技术，将量测系统布置在压路机上，以连续获取钢轮的动态响应信息,依据压路机在施工过程中产生的激振力与路基土体相互作用,通过设备检测压路机振动轮竖向振动反馈信号,同时采集压路机施工过程中的碾压轨迹、遍数、速度、振动频率等数据,实现对整个碾压面压实质量的实时动态监测。通过系统内置的压路机碾压轨迹、碾压遍数算法,并根据路基实际压实情况,调整碾压机械的碾压参数(速度、频率、振幅等),从而实现在线监控和反馈指导施工。

图 6.2-1　智能碾压数字化施工技术原理

2. 应用案例及实施效果

案例 1: 中交一航局浦清高速公路七标段项目,智能碾压数字化施工系统(图 6.2-2)由移动信息传输模块、设备传感器、GPS 天线及定位接收机、计算机分析系统以及可视化模块系统整合而成,首先在填方段铺设试验段做出系统 CMV 模拟压实度数据与现场实测数据相关性验证及对模拟压实度计算,后续进行路基智能碾压设备的应用。与传统方法相比,项目可以少投入 6～8 人,按人工工资每月8000 元计算,总共节省 5 万元以上。同

图 6.2-2　智能碾压数字化施工

时该技术还能保障施工质量,大幅提高压实作业的效率,杜绝漏压、少压、超压,减少资源、时间的浪费。

案例 2: 中交一航局长春经济圈环线高速公路九台至双阳段项目,路基智能碾压数字化施工系统。(1)进行任务创建,基于实际工地坐标系统,利用 3D 道路设计数据导入,创建碾压智能分层信息;(2)实施及数据采集(图 6.2-3),通过 RTK 获取厘米级定位并记录轨迹,并通过安装在振动轮的压实传感器获取实时的遍数、速度、轨迹、振动等信息,通过物联网平台收集、处理信息;(3)信息处理与人机互动,根据车体尺寸设置算法模型计算压路机的压实覆盖、高程、复压度等信息,并实时上传至服务器,通过平台大数据分析形成压实报告,一方面有效并实时地指导操作手施工,精准计算压实遍数,压实高程和层厚数据,另一方面项目管理人员可实现远程压实管理,系统自动显示施工质量薄弱区域,且精确到±3cm。通过本系统,可实时监控路基压实过程的每一个细节,有效提高施工质量和管理水平。

本工程实施过程中,项目部与上海华测导航技术股份有限公司达成功能深入开发协议。通过平台大数据处理智能处理分析高程、坐标、时间等信息,计算生成横、纵断面填筑折线图(图 6.2-4),路基土方计算等可视化信息,实时掌握施工进度。从而实现在一个数字化平台同时实现质量和进度监控管理,大大提升项目综合管理水平。

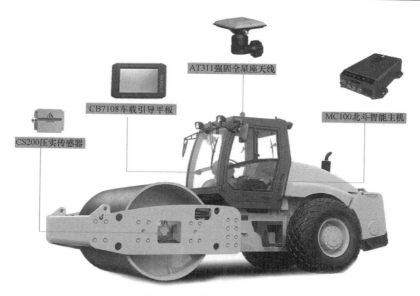

图 6.2-3 信息采集系统

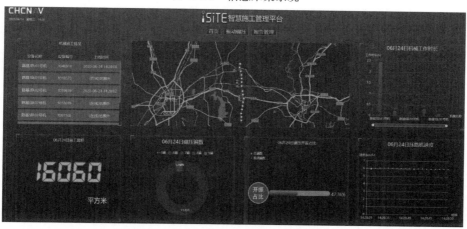

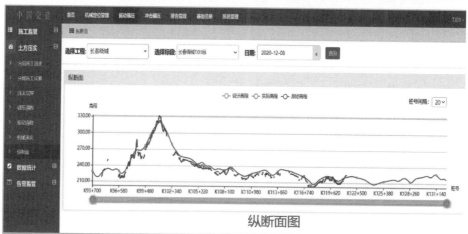

图 6.2-4 数字化平台页面

本项目通过智能收集实时数据并进行大数据处理,实时形成反馈信息报告,平均每日减少项目部管理现场人员监管和数据处理工作时间 1 小时;在施工质量方面,可实时监控路基压实过程的每一个细节,基本避免漏压和超压现象的发生,有效提高路基压实度的施工质量。在施工管理方面,本技术可高效地形成准确施工报表,提高数据及时性的同时,减少数据统计工作量和人为统计错误,管理人员通过管理平台能够随时了解施工进度、质量和成本投入。

案例 3:广西兴业至六景高速公路路面改造工程 "广西兴业至六景高速公路路面改造工程" 为了防止传统施工管理方法可能造成的施工质量缺陷,缺陷问题不可查、难追溯,施工成本浪费等问题,从施工开始就引进了智慧工地应用系统。

智能碾压系统通过物联数据综合分析采集,建立北斗基准站或高频脉冲实时动态定位系统,实现对摊铺机和压路机的生产作业全程监控,及时将数据信息显示到随车屏幕,指导操作人员调整对摊铺机和压路机的操作,实现高质量精准高效作业。

(1)应用效果实例 1:压实曲线图饼状图结合分析实例(多图联合,深入扩展分析应用)

NoSG2 合同段应力吸收层初压阶段选取了 7 张速度温度走势图的截图(图 6.2-5),这些截图是从一个时间段的局部放大到整个时间段。通过分析发现,几个时间段节点内,

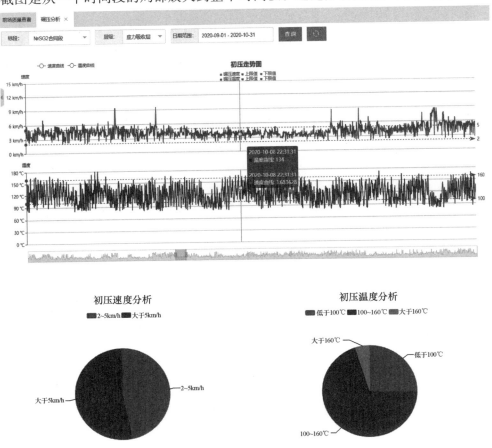

图 6.2-5　NoSG2 合同段应力吸收层初压/复压阶段速度温度走势图

速度呈规律性过快，对比操作人员上班时间，找出操作不规范的人员，并要求及时改正现有操作方式，严格按照摊铺操作规程操作。

NoSG2 合同段应力吸收层初压合格率与该吸收层复压的合格率有很大差别，管理人员发现问题后及时跟进、及时处理，使施工质量得到保障。

（2）应用效果实例 2：NoSG3 合同段下面层某一时间节点的初压、终压速度波动都比较大，但是压实温度，初压明显整体偏低，而终压明显偏高，如图 6.2-6 所示，结合施工工艺，

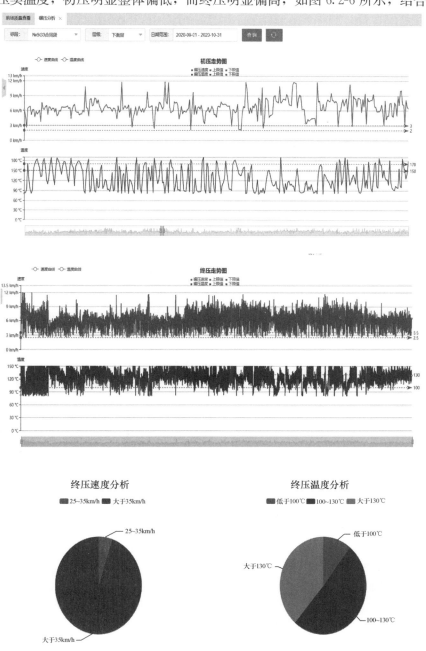

图 6.2-6　NoSG3 碾压质量数据分析

在后期施工过程中进行了修正，碾压的速度和温度基本符合施工工艺，达到设计要求。

3. 应用价值

智能碾压数字化施工技术可以实现路基路面碾压施工全过程实时监控，降低现场操作人员劳动强度，提高项目管理效率，实现成本精细化管控，实时指导反馈压路机操作人员，提高压实作业效率，杜绝漏压、少压、超压，减少资源、时间浪费。

4. 适用范围

本技术适用于公路工程、铁路工程、市政工程、民航工程等类型工程的路基碾压施工。

6.2.2 强夯数字化施工技术

1. 功能原理

强夯数字化施工技术（图6.2-7）依托物联网技术、北斗定位技术、数据采集与传输技术，结合高精度定位设备、行程传感器、旁压传感器、液压传感器、主控箱等，对强夯机施工过程中的夯击位置、夯击间距、夯击次数、落距等数据进行采集，实现操作手的施工引导，同时设备将数据传输至服务器，与导入平台的设计数据进行比对，从而实现施工结果监管。

2. 应用案例及实施效果

案例1： 福州机场地基处理施工项目，通过精确的定位数据，结合设计数据，将驾驶员引导到正确的施工坐标；同步展示当前的工作参数信息，包括坐标、高程、累计次数和落距等；将施工数据实时传输到后台，可生成施工进度报告、施工质量报告、强夯机工况报告等，通过施工报告可快速查看施工成果信息。现场施工如图6.2-8所示。

图6.2-7　强夯数字化施工技术示意图

图6.2-8　现场施工图

该技术能够支持桩点数据导入，结合平面厘米级的定位精度，可引导操作手进行施工，免除了夯点放样工作，极大提升了工作效率。同时，施工数据回传保存，为质量溯源提供了数据支撑。

案例2： 中交天津港研院连云港区旗台作业区南区混矿堆场试验区工程地基处理监测检测项目强夯数字化施工技术（图6.2-9）由平板电脑、北斗定位设备、物联网设备、数据采集箱、各类传感器组成,通过 RTK 高精度差分定位技术实时展示夯击现场与夯击质量,指导施工人员正常施工。

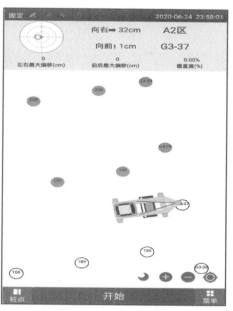

图 6.2-9 强夯数字化施工技术

强夯数字化施工技术相比传统人工观察的方法,提高了夯点定位的准确率与夯击质量,降低了同一夯点的夯击次数;支持多种灵活的自动布点方式,平板电脑精确引导夯点位置,不需人工放线、引导、记录工作,提高夜间施工的安全性与准确性;同时后端平台实时图形化展现机群施工状态，为施工方、监理、业主等自动生成各种施工报表、日志。

3. 应用价值

强夯数字化施工技术可以实现强夯机的数字化管控施工，对现场进行规范化、信息化管理，并引导操作手进行强夯施工，保障了施工标准和施工精度的统一，将全流程关键指标监测实时回传平台，并且通过高精度定位技术，提高了施工精度，降低了现场操作人员劳动强度，减少了测量、放样工作，缩短工期，有效保证施工质量。

4. 适用范围

本技术适用于房建工程、民航工程、线性工程、市政工程、码头工程等类型工程的地基强夯处理施工。

6.2.3　水泥土搅拌桩数字化施工技术

1. 功能原理

综合应用物联网、工业控制、IT 技术等，可对成桩深度、喷浆压力、喷浆量、钻杆电流和桩机机架垂直度等施工过程数据进行实时监测，通过自动控制程序实现自动施工功能。桩机配备无线数据网关，可将施工状态及数据远传至云服务器，实现远程施工管控和数据报表生成及导出功能。

2. 应用案例及实施效果

案例：中交一航局引江济淮工程白山船闸项目，桩机数字化施工系统由现场控制箱、触摸屏、各类传感器、数据网关等设备组成，通过自主开发 PLC 控制程序与人机交互界面（图 6.2-10），采集和处理各类施工数据，实现桩机自动施工功能，并可根据现场地质情况切换多种施工流程。数字化施工管理平台能够接收现场桩机的实时施工信息并进行动态展示，施工数据可保存至历史数据库。

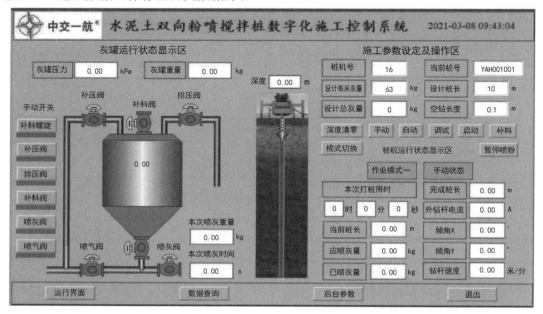

图 6.2-10　桩机数字化施工操控界面

本项目应用数字化施工（图 6.2-11）相比于传统的手动施工日产量提高 20％左右，每班只需 1 人即可完成全部施工操作，降低人工费约 1.5 元/m，综合数字化技术落地应用的数据，实际价格较中标价降低约 3.5 元/m。在施工质量方面，数字化施工 28d 龄期取芯率平均为 93.51％，芯样完整率远超同作业条件下手动操作施工桩基的 85％，28d 抗压强度为 3.1MPa，而手动操作 28d 抗压强度为 2.6MPa，成桩质量显著优于传统施工方法。在施工管理方面，本技术可高效准确地形成施工报表，减少数据统计工作量和人为统计错误，管理人员通过管理平台能够随时了解施工进度、质量和成本投入。

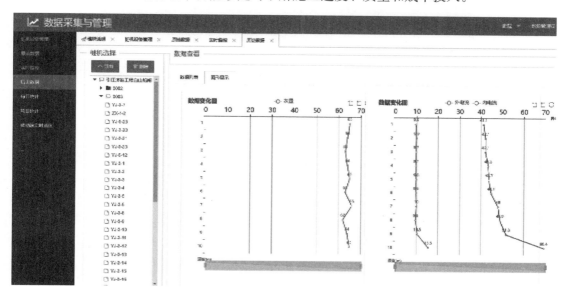

图 6.2-11　数字化施工管理平台

3. 应用价值

水泥土搅拌桩数字化施工系统可以实现施工全过程实时监控，降低现场操作人员劳动强度，提高项目管理效率，实现成本精细化管控，施工自动控制功能可提高桩体均匀程度，有效保证施工质量。

4. 适用范围

本技术适用于房建工程、线性工程、市政工程等类型工程的地基处理施工。

6.2.4　双轮铣槽机数字化施工技术

1. 功能原理

综合应用精密传感、工业控制、图像识别、移动 APP 等技术，对双轮铣槽机钻进速度、铣轮钻速、提升速度、注浆流量、注浆压力以及水泥掺量等参数进行监控，通过无线数据网关将数据加密传输至云端，实现远程施工管控以及将实际施工的数据自动引入检验批的功能。

2. 应用案例及实施效果

案例： 中交一航局信江航电西大河项目，双轮铣槽机数字化施工系统通过升级自动化模块，配置桩机侧及制浆后台控制箱、无线网桥、监测传感器、变频器等设备，通过

PLC 控制程序与人机交互界面（图 6.2-12），采集和处理各类施工数据，实现双轮铣槽机及制浆后台自动施工功能，并通过无线数据网关将数据传输至云端数字化施工管理平台。平台将实时施工信息进行动态展示，施工数据可保存至历史数据库。现场施工如图 6.2-13 所示。

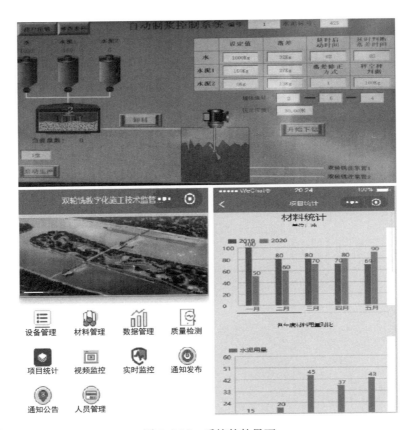

图 6.2-12　系统软件界面

图 6.2-13　双轮铣槽机现场施工实景

一台传统双轮铣设备需要两名工人在后台高负荷进行制浆、注浆操控，一名技术人员全程旁站监管后台及双轮铣设备施工，一名资料员记录和编制资料等。新研发的双轮铣槽机数字化施工技术，在软、硬件系统的"双重加持"下，减少了传统人工操作导致的精度误差和浆量浪费，仅需要一名工人即可轻松完成后台数字化参数配置与巡检工作。技术人员"云端"高质量实时监控数据，自动提取现场施工数据生成表格，减少技术人员和资料员50％以上工作量，大幅提升工作效率和现场设备管理水平。

3. 应用价值

双轮铣槽机数字化施工系统的应用可以实现双轮铣槽机施工全过程实时监控，降低现场操作人员劳动强度，提高项目管理效率，实际施工的数据自动引入检验批，大幅提高了资料编制效率和数据准确度，确保可查可溯。

4. 适用范围

本技术适用于深基础防渗墙地基处理施工。

6.2.5 挖掘机 3D 引导技术

1. 功能原理

系统采用北斗高精度定位技术和角度传感技术，结合 EX-Tech 挖掘机模型算法，实时计算出挖掘机铲斗斗尖三维坐标，操作手根据车载平板电脑中的三维设计图纸进行引导挖掘，达标高精度施工目标。

2. 应用案例及实施效果

案例： 中交一航局南沙岛礁填筑，挖掘机 3D 引导系统（图 6.2-14）由高精度定位模块、车载平板、倾角传感器等设备组成，通过自主研发的 EX-Tech 挖掘机模型算法，实时计算出挖掘机铲斗斗尖三维坐标，并根据车载平板电脑中的三维设计图纸进行引导挖掘。

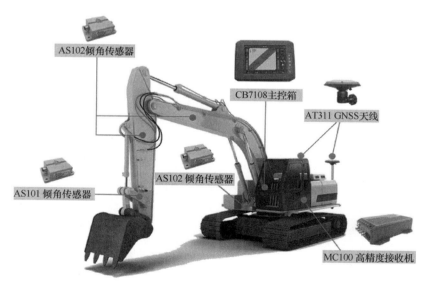

图 6.2-14 挖掘机 3D 引导系统示意图

该技术相比于传统技术日产量提高 50％ 左右，每班只需操作手 1 人即可完成全部施工操作，在施工质量方面，施工精度得到了保证，夜间施工得以实现，无论是效率还是施工质量都得到了保障。现场施工如图 6.2-15 所示。

图 6.2-15 现场施工图

3. 应用价值

挖掘机 3D 引导技术可以实现挖掘机的高精度开挖施工，降低现场操作人员劳动强度，降低人为误差，减少测量、放样工作，实现无桩化施工，缩短工期，有效保证施工质量。

4. 适用范围

本技术适用于公路与铁路高边坡、水下清淤、试车场环道施工等类型工程的高精度、隐蔽土方处理施工。

6.2.6 平地机 3D 控制技术

1. 功能原理

系统采用北斗高精度定位技术、惯导传感技术和液压控制技术，结合自主研发的 GR-Tech 平地机模型算法，实时计算出平地机铲尖三维坐标，并根据车载平板电脑中的三维设计图纸计算填挖量并下发至液压阀控制模块进行自动控制。

2. 应用案例及实施效果

案例：内蒙古二赛高速公路项目，平地机 3D 控制系统（图 6.2-16）由高精度定位模块、车载平板、惯导传感器、液压控制模块等设备组成，通过自主研发的 GR-Tech 平地机模型算法，实时计算出平地机铲尖三维坐标，并根据车载平板电脑中的三维设计图纸进行自动控制。

该技术相比传统施工效率提高 60％ 左右，只需 1 名操作手即可完成全部施工操作，极大降低了人力和燃油成本，控制标高误差 ±2cm 以内 96％，平整度 15mm/3m 以内 92％，控制了整体施工质量。现场施工如图 6.2-17 所示。

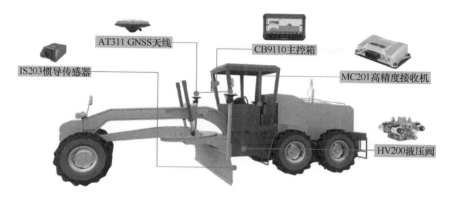

图 6.2-16 系统示意图

图 6.2-17 现场施工图

3. 应用价值

平地机 3D 控制技术的应用可以实现平地机铲刀的自动控制，提高施工精度，降低现场操作人员劳动强度，降低人为误差，减少测量、放样工作，实现无桩化施工，缩短工期，降低油耗，减少机械磨损，有效保证施工质量。

4. 适用范围

本技术适用于公路与铁路路基、机场场道、大面积土地平整施工等类型工程的高精度土方整平、造型施工。

6.2.7 推土机 3D 引导技术

1. 功能原理

系统采用北斗高精度定位技术和角度传感技术，结合 DO-Tech 推土机模型算法，实时计算出推土机铲尖三维坐标，操作手根据车载平板电脑中的三维设计图纸进行引导施工，达到高精度施工目标。

2. 应用案例及实施效果

案例：老挝南屯 1 水电站填筑，推土机 3D 引导系统（图 6.2-18）由高精度定位模块、车载平板、倾角传感器等设备组成，通过自主研发的 DO-Tech 挖掘机模型算法，实时计算出推土机铲尖三维坐标，并根据车载平板电脑中的三维设计图纸进行引导施工。

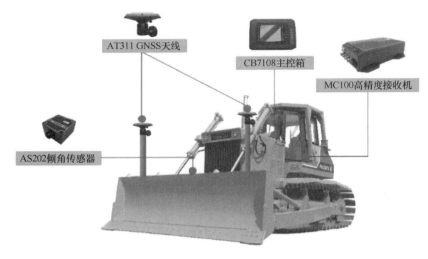

图 6.2-18 推土机 3D 引导系统示意图

该技术相比传统施工效率提升明显，每班只需 1 名操作手即可完成全部施工操作，施工质量、精度都得到了保证，夜间施工得以实现。现场施工如图 6.2-19 所示。

图 6.2-19 现场施工图

3. 应用价值

推土机 3D 引导技术可以实现推土机的无桩化高精度填筑、整平，提高施工精度，降低现场操作人员劳动强度，降低人为误差，减少测量、放样工作，实现无桩化施工，缩短工期，有效保证施工质量。

4. 适用范围

本技术适用于公路与铁路路基整平、大坝土石方填筑、大面积土地平整施工等类型工程的高精度土方处理施工。

6.2.8 后张预应力智能张拉技术

1. 功能原理

后张预应力智能张拉技术是指采用计算机、通信、控制、液压等现代技术对预应力整个张拉过程进行控制，全过程按规范要求自动完成预应力张拉。

为了从根本上预防有效预应力在实际张拉工序时偏差过大而形成工程隐患，提出采用预应力智能张拉系统替代传统预应力张拉方式，预应力智能张拉系统以应力为控制指标，伸长量误差作为校对指标。系统通过传感技术采集每台张拉设备（千斤顶）的工作压力和钢绞线的伸长量（含回缩量）等数据，并实时将数据传输给系统主机进行分析判断，同时张拉设备（泵站）接收系统指令，实现张拉力及加载速度的实时精确控制。系统还根据预设的程序，由主机发出指令，同步控制每台设备的每一个机械动作，自动完成整个张拉过程。系统结构如图 6.2-20 所示。

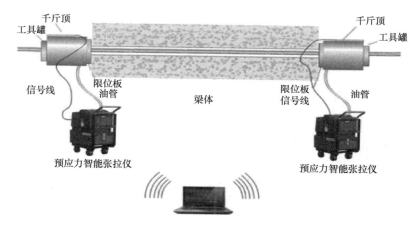

图 6.2-20　系统结构示意图

设备配置远程监测云平台，通过在张拉、压浆设备的前端安装数据采集硬件，对预应力智能张拉设备及智能压浆设备的施加应力、伸长量、注浆数量、保压时间等数据实时采集，通过网络实时上传数据到服务器进行分析、处理，实现张拉过程及压浆过程的全过程监控，一旦发生偏差，系统以短信报警的方式及时通知技术管理者，确保张拉及压浆过程规范可控。同时，各级管理者可以通过管控平台对各标段各张拉、压浆设备的张拉数据（每个油表压力、张拉力、伸长量变化等）、压浆数据（每次压浆的时间、进浆量、保压时间等）进行实时监控，并可对历史数据、超标数据等进行查询。系统总体框架如图 6.2-21 所示。

2. 应用案例及实施效果

案例 1：中交一航局京秦高速遵秦段 B6 标项目，采用预应力智能张拉仪、智能千斤顶、自带无线网卡的笔记本电脑、高压油管等设备对桥梁建造过程进行控制。系统自动控制应力，校对伸长量误差，对采集的数据进行分析，并且发出相应的指令来控制机械的运作，自动完成整个张拉过程（图 6.2-22）。

案例 2：中交一航局鹤大高速项目，预应力智能张拉系统

（1）四顶两端同步张拉

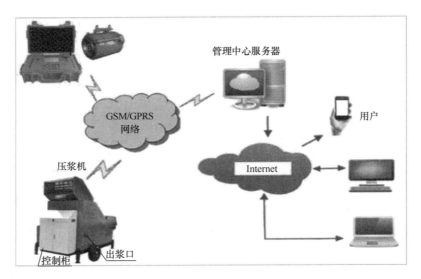

图 6.2-21　系统总体框图

图 6.2-22　工人操作智能张拉系统

计算机无线控制 4 台张拉仪，一台计算机控制 4 顶同步张拉。

（2）张拉过程全自动

张拉数据输入计算机，只需输入梁号，张拉过程全自动完成。

（3）智能控制张拉过程

张拉程序智能控制，不受人为、环境因素影响。停顿点、加载速率、持荷时间等张拉过程要素完全符合桥梁设计和施工技术规范要求；传感器实时采集钢绞线伸长量数据，避免人工采集数据，张拉连续进行，最大限度减少了张拉过程中的预应力损失；预应力智能张拉系统可使千斤顶张拉完成后缓慢卸压，从而保证钢绞线的张拉力从工具锚过渡到更稳定的工作锚具上，尤其在卸压过程中通过缓释泄压技术避免了对工作夹片的冲击，防止出现滑束。

（4）精确施加应力

智能张拉依靠计算机运算，能精确控制施工过程中所施加的预应力值，将误差范围由传统张拉的±10％缩小到±1％。张拉过程压力与目标值由计算机进行动态对比，准确控制施加力，智能控制、自动补压、及时纠错。

（5）及时校核伸长量，实现"双控"

系统传感器实时采集钢绞线伸长量数据，反馈到计算机，自动计算伸长量，及时校核伸长量是否在±6％范围内，实现应力与伸长量同步双控。

（6）张拉自动记录

张拉数据自动记录、存储、传输和打印。杜绝了人为因素对张拉数据的影响，质量责任可追溯。

（7）精度

同步对称张拉时张拉力同步精度控制在±2%；张拉力控制精度±1%，钢绞线伸长值测量精度±0.1mm。

（8）智能张拉仪计算机显示界面见图6.2-23，智能张拉施工见图6.2-24。

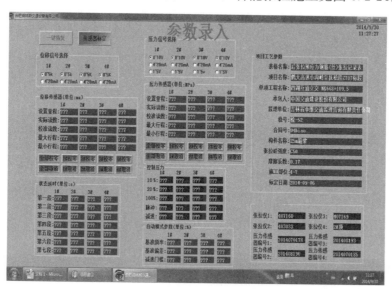

图 6.2-23　显示界面图

图 6.2-24　智能张拉施工

案例3：云南思澜高速公路项目

（1）实时数据展示

当设备开始工作时，随着机器的运转，实时数据即时地通过无线网络展示到远端的服务器。管理者无需出门，打开系统即可查看动态工作数据和数据曲线，达到实时管理。

（2）数据预警

当机器或者远端服务器接到设备的数据时，根据施工规范，可以马上对数据进行分析，一旦发现异常数据，系统及时提醒现场工作人员，同时也通过手机短信、网络报警等手段及时地通知管理人员和技术人员，从而保证施工质量。

（3）互联网网络数据

工作数据通过无线通信网络上传到远端服务器，在远端服务器的数据中完整地保留下来，每个数据都是施工工作的完整体现。工作人员不但可以看到数据和曲线，还可以通过数据查询设备的设置信息、状态信息、过程信息和结果信息，通过网络程序，随时打印工作报告。

（4）手机端数据

手机端的数据展示方便用户在需要时即时地查看和浏览施工信息。

（5）自动生成报表，杜绝数据造假

自动生成张拉、压浆记录表，杜绝人为造假的可能，进行真实的施工过程还原，同时还省去了张拉力、伸长量等数据的计算、填写过程，提高了工作效率。

软件功能界面见图 6.2-25。

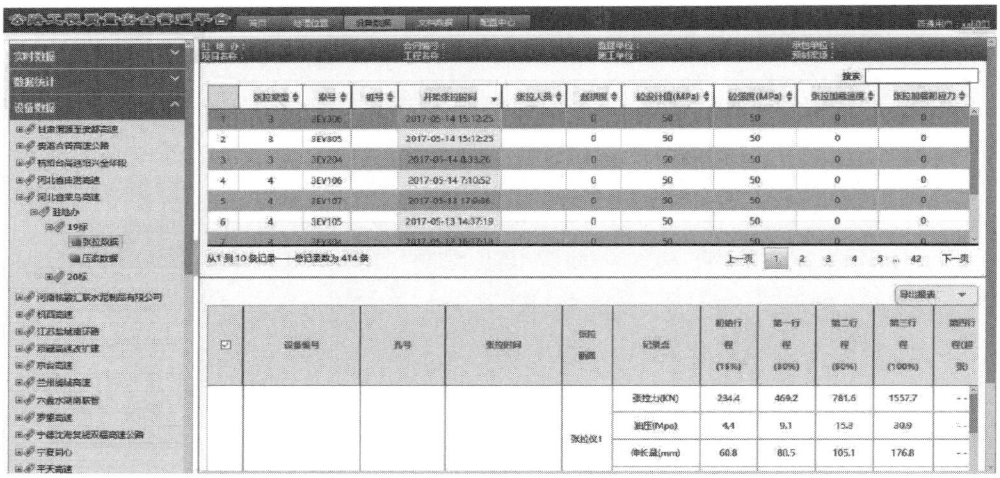

图 6.2-25　软件功能界面

3. 应用价值

管理者利用该系统能实时对预应力施工质量进行控制，降管理成本，大幅提高施工管理质量和效率；通过实时远程监控，保证张拉同步、停顿点、加载速率、持荷时间等过程要素完全符合规范要求，大大提高了施工管理工作效率；避免了劳动人员在工作过程中的安全事故，从而节约了成本。

通过智能张拉压浆设备远程监测云平台，管理人员在办公室就可以查看现场的实时张拉压浆数据和曲线图，同时能实时监控设备的运行状态。系统会根据数据进行智能分析，判断出设备可能存在的缺陷，以便将来进行优化处理。

4. 适用范围

本技术适用于线性工程、市政工程、港口码头工程等类型工程的预应力张拉施工。

6.2.9 沉箱预制智能生产管理系统

1. 功能原理

沉箱预制智能生产管理系统结合物联网、BIM 及二次开发技术，可实现沉箱预制全流程可视化、工序流程化、管理少人化。利用 RFID 芯片可将现场预制台座选择、钢筋下料、钢筋绑扎、模板支立、混凝土浇筑、沉箱养护、沉箱横移及各工序验收等统筹一体，过程关键工序数据采集并上传，通过二次开发实现 BIM＋Unity3D 联动模式，实时展示现场施工进度。

2. 应用案例及实施效果

案例：中交一航局钦州港大榄坪 9-10 号泊位工程，在沉箱预制场台座处设置 RFID 芯片，实现现场生产变化的实时通信，系统配备专用扫码枪，一键录入信息，通过芯片记录现场每道工序的开始时间和完成时间，现场施工实际情况实时上传至后台数据库。如图6.2-26 所示。

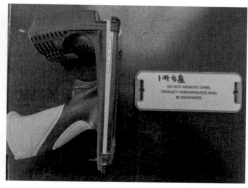

图 6.2-26　沉箱预制现场 RFID 芯片与数据上传装置

通过二次开发，将沉箱预制场、钢筋、模板、混凝土、大型设备等 BIM 模型导入到 Unity3D 软件中，利用 Unity 访问后台数据指令，通过 Socket 协议，连接后台数据库，实时读取 RFID 芯片最新数据信息。

通过设置各工序流程的返回值，Unity3D 软件自动完成现场施工工序（图 6.2-27），实现 BIM 模型与现场施工同步联动，达到虚拟与现实实时交互的效果，实现沉箱预制的数字孪生。

沉箱智慧生产管理系统已经投入现场使用，并在 33 座沉箱预制全流程成功应用，现场应用效果良好，达到了数字化赋能现场管理的效果，可在类似构件预制领域推广应用。

通过现场应用表明，与传统沉箱生产管控方式相比：

（1）利用 RFID 芯片实现现场生产变化的实时通信，精确记录每道工序的作业时间，便于对沉箱生产的进度分析，找出影响进度的核心因素。

（2）管理人员可随时了解生产计划完成情况，减轻统计人员工作，实现集成化管理。

图 6.2-27　BIM＋Unity3D 实时联动展示现场进度

（3）沉箱生产原流程数据化呈现，从制定计划到沉箱横移完成的全过程，数据与人员、设备等资源链接，可准确分析施工成本。

（4）有效提高了材料设备利用率、提升了沉箱表观质量、加快了生产进度，节省了施工成本。

3. 应用价值

通过该系统，可实时了解沉箱生产进度，完善沉箱生产过程资料；便于分析沉箱生产的进度，找出影响进度的核心因素；科学有效地配置物资设备，细致分析生产成本；严格执行工艺要求，提升沉箱预制质量；可达到环保节能的效果，现场施工绿色文明程度较高。

4. 适用范围

水运工程，沉箱预制场、大型桥墩预制场等大型构件预制工程。

6.2.10　沉箱出运及安装数字化施工技术

1. 功能原理

沉箱出运及安装数字化施工应用了可视化定位系统和智能沉箱注水系统。

沉箱安装可视化定位系统由数据采集设备、数据通信设备和软件 3 个部分组成。软件主显示监控模块部分，实时采集 GPS 接收机数据后，通过数据计算、处理、分析并于液晶屏幕上显示当前沉箱位置、顶面标高与设计偏差，从而控制沉箱定位。

智能沉箱注水系统综合运用云计算、物联网、移动技术等信息化技术手段，通过智能感知终端对施工过程信息进行自动采集，上传至云架构中。施工人员在操作中心或手机端进行部署，实现施工过程的数字化控制。

2. 应用案例及实施效果

案例： 中交一航局防城港企沙港区赤沙作业区 2 号泊位工程（一期）项目，在钦州预制场沉箱登驳后安装 GPS 支座。在沉箱顶部结构分明、便于用尺找中的地方确定两个特征点 1、2 号位置，然后用 GPS 平滑采集 1、2 号点坐标，再以 1 和 2 号点为基准、用线放样功能根据图纸上尺寸放样出另外 2 台 GPS 安置的位置，沉箱 GPS 位置为 1、3、4（图 6.2-28），GPS 安装支座见图 6.2-29。

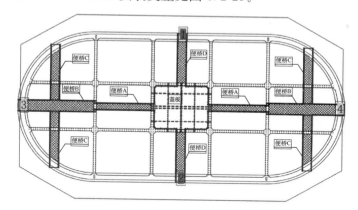

图 6.2-28　3 台 GPS 安装位置

图 6.2-29　GPS 安装支座

安装过程中，利用全站仪极坐标法测量沉箱位置，进行复核，保证沉箱平面位置的偏差不大于 50mm。如图 6.2-30 所示。

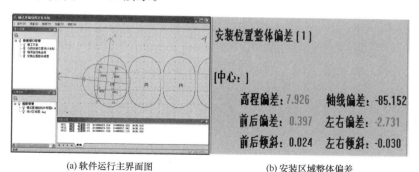

(a) 软件运行主界面图　　　　　　　(b) 安装区域整体偏差

图 6.2-30　软件操作

智能注水根据各仓格内注水总量将沉箱仓格对称划分为 7 个区域（图 6.2-31），使用过水孔分别联通。每个区域根据注水量分别设置 1~2 台大功率水泵进行注水，每台水泵设置水位测量仪、电磁流量计、电子陀螺仪，在注水过程中对仓格水位，注水流量、流速、沉箱姿态等信息进行实时收集，将收集到的信息传输到操作主机，如图 6.2-32 所示。

3. 应用价值

智能沉箱注水系统可具备注水流量、液位实时读取，各仓格间水位变频实时调整，手机 APP 操控等功能，实现数字化、信息化、可视化、少人化的施工过程，达到沉箱平稳着床目标，为后续类似施工提供借鉴。

GPS 定位系统软件主显示监控模块部分，实时采集 GPS 接收机数据后，通过数据计算、处理、分析并于液晶屏幕上显示当前沉箱位置、顶面标高与设计偏差，从而控制沉箱定位。

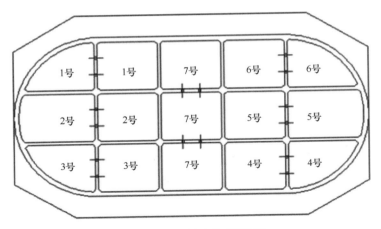

图 6.2-31　沉箱仓格区域划分

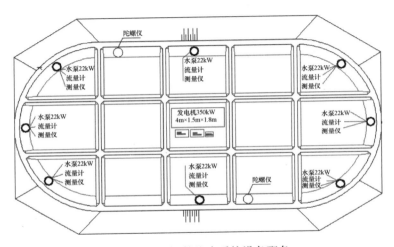

图 6.2-32　沉箱注水系统设备配备

4. 适用范围

本技术适用于重力式码头沉箱安装及出运。

6.2.11　隧道衬砌台车数字化施工技术

1. 功能原理

隧道衬砌台车数字化施工技术主要用于隧道二衬混凝土的施工，具有结构精简，便于制造、装运、现场拆装和管理的优点。该技术主要依托智能化数据采集与控制系统，实现对二衬混凝土浇筑施工全方位的实时监测，保证混凝土浇筑质量，提高施工效率。

2. 应用案例及实施效果

案例：中交一航局平南高速项目，数字化隧道衬砌台车（图 6.2-33）突破了传统台车结构的受力缺点，传力路线短、节点少，浇筑过程中不易发生变形和跑模。台车主要由逐窗分层浇筑系统、振捣系统、自动铺轨系统、可视化封堵装置组成，通过 PLC 控制程序和"五新 e 管家"隧道信息化管理系统（图 6.2-34）相兼容，不仅具备拱顶空洞预警、

图 6.2-33　数字化隧道衬砌台车

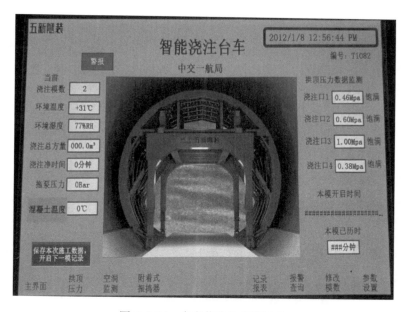

图 6.2-34　台车信息化管理系统

拱顶压力预警、视频监控、报表生成等功能，还可实时监测台车仓内浇筑位置、浇筑方量、对应浇筑口流量、各浇筑口的混凝土温度、浇筑位置的环境温度和湿度，浇筑过程中拱顶饱满度、拱顶压力等数据，所有监测信息均可上传、存储，达到过程可控制、可追溯。

3. 应用价值

本项目应用数字化隧道衬砌台车相比传统隧道衬砌台车每板衬砌浇筑时间节约 4～5h，每班由原来的 7～9 人减少至仅需 3 人，台车采用逐窗分层浇筑技术，减少了混凝土的浪费与污染，同时也节省了清理作业的时间。在质量方面克服了传统台车易产生的混凝土浇筑过程离析、人字塌落冷缝、麻面、止水带安装不规范、拱顶脱空等问题，极大提高了二衬混凝土浇筑实体质量及外观质量。

4. 适用范围

本技术适用于线性工程、市政工程等类型工程的隧道二次衬砌施工。

6.2.12 构件预制数字化工厂

1. 功能原理

综合利用 BIM、物联网、"互联网＋"等信息化技术，面向工程实际，结合人、机、料、法、环等关键要素，以"身份管理＋数据驱动"的理念，智能采集预制场生产数据，驱动 BIM 模型的实时运动，实现虚拟预制场与现实预制场的真实映射。同时紧密围绕"1＋1＋N"模式，即 1 个数据指挥中心，1 个平台，N 个系统，建立项目信息化管理、数字化协同和智能化应用的协同架构和信息共享体系，打造数字化预制场。

预制混凝土构件数字化工厂聚焦一线管理活动，以"提升数据资源利用水平和信息服务能力"为目标，以企业数智升级一体化工作平台为基础，助推设计、工艺、制造协同，实现预制混凝土构件全寿命周期数字化管理。

2. 应用案例及实施效果

案例 1：渝昆铁路川渝段站前四标江阳制梁场项目，是台座法生产工艺，主要承担双线简支梁 599 个孔施工任务。本项目综合利用物联网采集、智能化设备对接、移动互联网、第三方平台对接等多种技术手段，采集预制构件生产工序数据、质量数据、智能化设备数据、视频监控等，实现预制构件生产过程的数据智能化采集、统一化管理，并动态生产内业资料，减少人员手动记录数据的误差及工作量，提高数据采集的实时性及准确性。预制场生产数据支持与外部系统对接，实现数据的一处录入，多处共享。同时数据实时驱动预制场 BIM 模型的运动，打造与现实一致的三维数字孪生预制场，结合视频监控数据，管理人员可快速掌握现场施工情况，生产实况一览无余。如图 6.2-35 所示。

图 6.2-35　生产管理数字化

通过对人、机、料、法、环的统一化管理，实现计划、进度、物资、质量等全环节的智能化管控，相比较传统的生产方式，提高管理效率10%以上，节约劳动力约15%，节约原材损耗约5%，提高管理人员工作效率，提升预制厂标准化和精细化管理水平，助力打造预制场精品工程。

案例2：福厦铁路8标同安轨枕厂项目，是流水法生产工艺，主要承担334410根轨枕预制施工任务。本项目主要通过在生产关键工序位置安装RFID智能读写设备，施工生产时自动读取轨枕生产信息；与智能养护窑对接获取温湿度信息、与三维轨枕扫描设备对接获取外观质量信息、与搅拌站对接获取混凝土搅拌信息等，并实时生成内业资料，提高项目管理水平及质量追溯水平；系统自动生成进度多维分析图表，结合三维数字孪生技术，为管理者决策提供多维数据支撑。如图6.2-36所示。

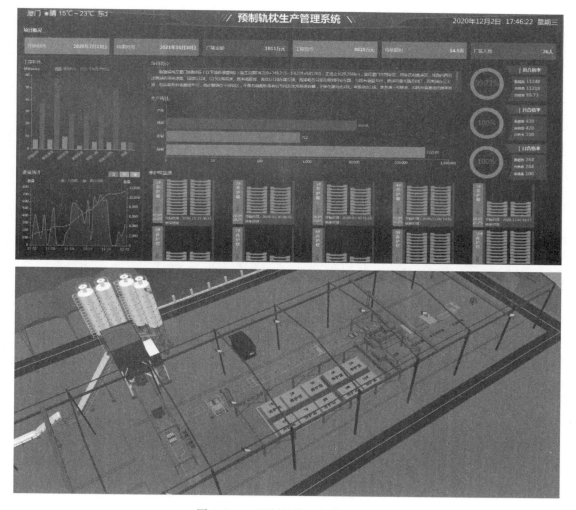

图 6.2-36 预制轨枕生产管理系统

通过对轨枕生产过程的全环节智能化管控，极大地提高了生产过程的信息化与智能化水平。相比较传统的生产方式，提高管理效率20%以上，节约劳动力15%，节约原材料

5%，有效发挥信息化技术在装配式建造过程中的深度应用，提高施工组织效率，提升对项目的整体管控，保证了"品质工程"建造要求。本项目的信息化应用，获得了建设单位和施工单位的一致好评，极大提高了企业的品牌形象。

案例3：中交一航局天津地铁11号线管片厂项目，应用了数字化管理手段进行管片预制生产的管理，智慧管片管理系统（图6.2-37）由1个中央控制系统和8个子系统组成，在物料管理方面，利用RFID技术进行开发，采用可视化监管，实现过磅车辆进出厂状态与过磅状态清晰可查，各项材料数据一键生成。原材消耗自动出库，库存数据实时可见，自动生成混凝土损耗方量，监控原材实际损耗和偏差，计算当日混凝土的损耗。该系统与地磅控制系统联动可实现地材实时库存的盘点。生产管理方面，系统可进行管片和钢筋笼生产排产，系统自动记录管片浇筑、蒸养、水养数据，自动控温，出现异常数据及时显示。监控当前浇筑管片的型号和所用的模板编号。通过管片水养系统对管片水养进行温度和pH值管理，温度较低和pH值偏高时进行预警提醒，达到7天养护进行出池提醒。

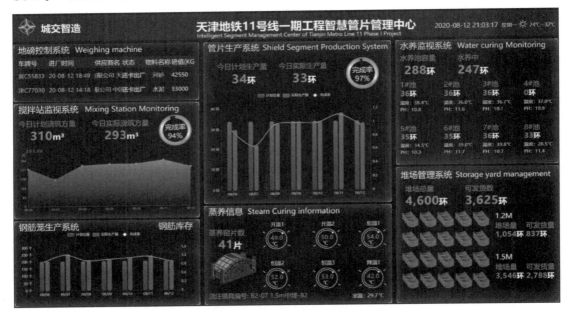

图6.2-37　智慧管片管理系统

该系统实现了仅需1名管理人员就可以监督全厂生产，优化了生产管理流程，压缩了非必要时间，将单线日产管片由32.5环提高到44环，劳动生产率提高35%。将混凝土损耗由常规1%降低到0.5%、钢筋整体损耗由常规4%降低到0.7%；工期由42个月缩减到36个月。在施工质量方面，管片质量稳定，检验合格率100%，获评中交一航局和中交集团优质混凝土奖。

3. 应用价值

数字化预制构件厂建设，紧紧围绕项目实际需求，深度融合建筑信息模型，着眼于利用信息化手段、智能化技术提升预制生产的管理与施工水平，有效保证了施工进度及质量，降低了人员统计工作量，极大地提高了管理决策水平。本技术已在张吉怀铁路、黄黄铁路、韶新高速、济宁装配式预制构件厂、福厦铁路轨枕厂、南中高速、渝昆铁路、巢马铁路、闵行预制构件厂、寿县管片厂等多个项目落地运用。经测算，平均为每个项目节约近150万元，经济效益显著，且保证了"品质工程"建造要求。

4. 适用范围

本技术适用于管片预制、箱涵预制、箱梁预制、PC构件等构件预制的施工。

6.2.13 工程船舶数字化施工技术

1. 功能原理

目前，工程船舶的自动化程度不断提升，在工程船舶电气系统中，模块化技术对于提升船舶的自动化、智能化、信息化，标准化等都具有重要作用。通过优化工程船舶整体的资源共享设计，不仅可大幅提高船舶运行可靠度，还能预先监测故障，降低经济成本，保证船舶安全操作。总体来看，工程船舶电气技术目前的发展状况良好，自动化水平也在不断提升，电气技术应用范围越来越广，随着船机设备的不断改进，系统一体化和机电一体化，使船舶的各个模块链接更加紧密，为船舶性能向数字化、智能化改善提供了有效技术支持。

工程船舶数字化是通过现代计算机辅助技术、卫星定位与三维建模等技术配合无人机、激光扫描仪、传感器等监测设备通过物联网将工程施工中各要素信息转化为更为直观的数据图像信息，通过对数据图像信息进行汇总、分析，指导施工作业人员及智能化机械设备更高效地作业。

2. 应用案例及实施效果

（1）船舶可视化仿真技术

在中交大连湾海底隧道建设工程中，应用船舶可视化仿真系统（图6.2-38）。对挖泥船的抓斗挖泥过程的电气控制系统及施工定位系统，可实现数据采集并输入可视化系统，结合数据通信技术、计算机图形学、计算机程序设计和传感器技术，实现抓斗水下作业可视化，减少人为误差，提高施工质量。

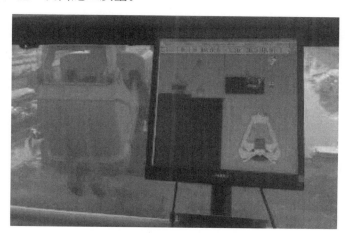

图6.2-38　可视化仿真系统

（2）潮位自动补偿技术

通过采集潮位遥报仪的潮位数值信息，自动获取潮位差数值进入船舶中心控制器，补偿潮位对施工的影响，实时保持作业在设定的标高，去除了人工校正补偿的作业方式，进一步提高施工精度。

（3）船舶自动驻位及调平技术

将船舶的锚机采用数字化集成并与主控系统连接，将船舶的驻位信息输入主控系统，系统控制锚机自动收放锚缆，实现自动定位功能（图 6.2-39）。同时，主控系统实时监测各锚缆的拉力值变化情况，及时调整，避免气象及潮流引起的风险及定位偏差。

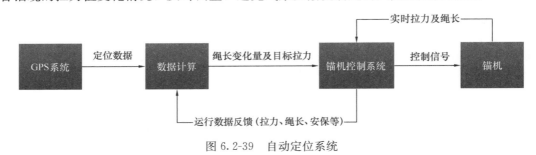

图 6.2-39　自动定位系统

在船舶上设置倾角监控装置，并在船舶底部设置多个压载水仓，通过主控系统调整各个压载水仓的注水和排水量，实现船体自动调平。

3. 应用价值

工程船舶数字化施工技术的应用价值主要体现在利用数字化的手段提高施工效率、提升施工质量、保证施工安全、节约施工成本等几个方面，通过数字化运用减少操作人员，减小人为误差，对工程船舶施工技术发展具有重大意义和价值。

4. 适用范围

本技术适用于水运工程、港航工程等类型工程的施工。

6.2.14　打桩船数字化施工系统

1. 功能原理

通过综合运用计算机网络、数据库、现代通信、多媒体等技术建立高效畅通的通信链路，系统地管理全船的各项数据、资料和信息，实现高效的状态监控、数据处理、信息发布、多媒体通信功能。综合应用卫星定位仪、姿态传感器、声学传感器和距离传感器等多种设备，可对打桩船位置和桩架倾斜度实施监测，实时采集打桩过程中锤击数和桩身下沉量等施工要素，通过软件以实时图像、数字方式实现打桩船移位引导，满足规范和设计对桩身偏位、倾斜度、方位角和桩顶标高的要求，并以友好的界面形式向决策层、项目管理人员、操作人员提供所需的相应数据信息，确保打桩作业安全、高效进行。

2. 应用案例及实施效果

案例 1：中交一航局东海大桥桩基工程项目，打桩船数字化施工系统由卫星定位仪、打桩船船体和桩架姿态传感器、桩心矫正系统、标高监测系统、锤击计数器和台式机电脑等设备组成，通过人机交互界面（图 6.2-40）设置工程坐标及坐标转换参数、船体参数和数据质量标准等，实现打桩船施工引导功能。

卫星定位测量不受雨雾天气等环境因素制约，实现了白天和黑夜全天候施工，能完成距离固定构筑物或岸堤 10～20km 的打桩施工，能够为打桩偏位提供精确的数值数据实现

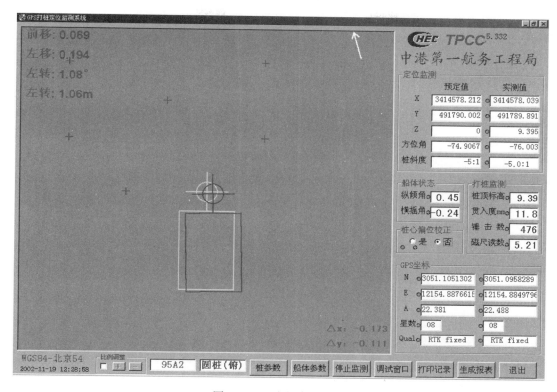

图 6.2-40 人机交互界面

数字化沉桩，保证了沉桩质量。打桩船定位系统实时监测船位，为恶劣条件下船舶异常移位预警。

案例 2： 中交一航局一公司"一航津桩 1"140m 打桩船，打桩船施工管理控制系统（图 6.2-41）能够实现打桩过程监控和数据的自动记录、报表输出，通过将 GPS 打桩定位

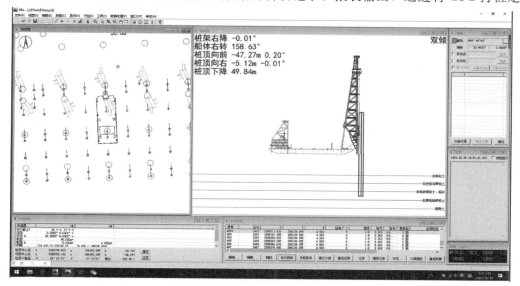

图 6.2-41 打桩船施工管理操控界面

系统（测量）、液压打桩锤 MHC21 系统、桩基施工过程质量数据收集系统、船舶姿态控制系统（船舶浮态、桩架角度检测、调载系统、桩架监测）等独立的子系统整合成打桩船施工管理控制系统，具备施工全过程监控、打桩精度实时分析和趋势判断、数据集中处理、报表输出等功能。

　　船舶综合管理系统（图 6.2-42）使用网络技术，为船舶提供并记录施工区域范围内的实时水文、气象信息，通过船舶浮态传感器、桩架角度传感器、压载舱液位传感器、风速仪、移船绞车拉力传感器、吊钩重量传感器、吊锤绞车重量传感器、船体及桩架应力传感器实现对船舶状态的实时感知和高效控制，并向施工管理控制系统反馈船舶状态信息，便于船舶根据施工需要，进行相应调整。

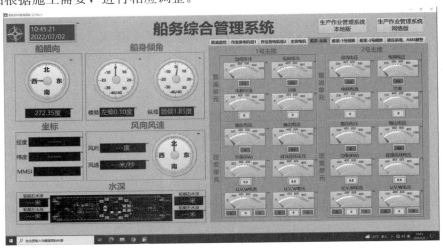

图 6.2-42　船舶综合管理系统

　　液压综合节能系统（图 6.2-43）通过优化动力系统配置方案，以负载敏感为液压系

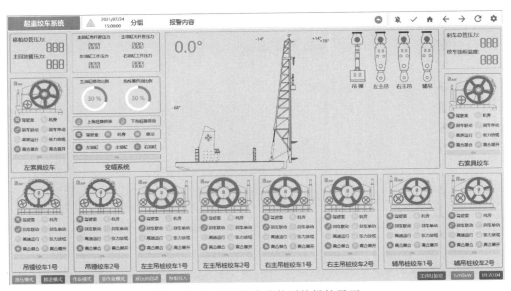

图 6.2-43　液压综合节能系统操控界面

统节能思路，实现打桩船移船、立桩、变幅、起锤同步动作的情况下瞬时功率最小。通过液压综合节能系统，将液压系统负载所需的压力、流量与泵源的压力流量进行匹配，以最大程度提高系统效率并实现系统节能。

该设计方案的研发与应用将使打桩船作业效率提高 10% 以上，能源消耗降低约 20%以上。通过对施工管理控制系统、船舶状态监控系统、设备运转监控系统、船务管理等系统的合理配置和规划，可以极大提高船舶的整体管理效率和效果。在保证安全的前提下，实现优化人员配置，减少设备低效作业等现象。

3. 应用价值

打桩船数字化施工的应用可以实现打入桩施工全过程实时监控，扩大打桩船水上作业范围，拓宽打桩船可作业时间，降低现场测量的素质要求，提高打桩施工质量和功效，提高打桩施工效率。

4. 适用范围

本技术适用于高桩码头工程、跨海越江公路工程的打入桩施工。

6.2.15　红外光谱快速检测技术

1. 功能原理

红外光谱快速检测技术是将一束具有连续波长的红外光通过物质，物质分子中某个基团的振动频率或转动频率和红外光的频率一样时，分子吸收能量由原来的基态振（转）动能级跃迁到能量较高的振（转）动能级，分子吸收红外辐射后发生振动和转动能级的跃迁，该处波长的光被物质吸收。红外光谱法实质上是一种根据分子内部原子间的相对振动和分子转动等信息来确定物质分子结构和鉴别化合物的分析方法。

2. 应用案例及实施效果

案例 1：中交天津港研院哈尔滨地铁 2 号线项目，红外光谱快速检测技术利用红外光谱成像原理（图 6.2-44）检测构筑物浇筑质量。

本项目利用红外光谱快速检测技术与传统人工打孔检测的方法相比，不需要给构筑物

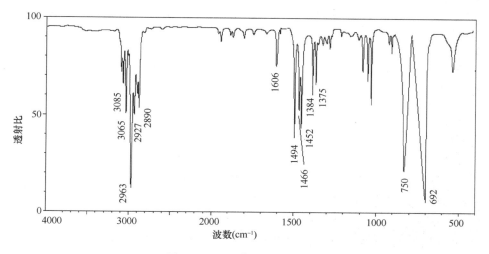

图 6.2-44　红外光谱成像原理

打孔，减少对构筑物的伤害，操作简便，通过平板电脑可以将浇筑质量较为直观地展示。

案例 2：本技术在镇丹高速、海启高速、申嘉湖高速等进行了应用，以最新的红外光谱技术为基础，综合了多年实验和实际运用中收集的样本数据，通过云平台的数据实时地从全新的角度去进行石油沥青的检测，不但可以做到 2 分钟内给出准确检测结果，通过与云平台的样本光谱数据进行后台对比分析，智能识别沥青的品牌、型号、批次和产地等身份信息，同时可以定性定量分析沥青中关键组成物质、改性沥青中的添加剂（SBS、SBR等）以及常见掺加物质，定性沥青的老化程度。采用分波段比对算法，提升了检测的区分度。如图 6.2-45、图 6.2-46 所示。

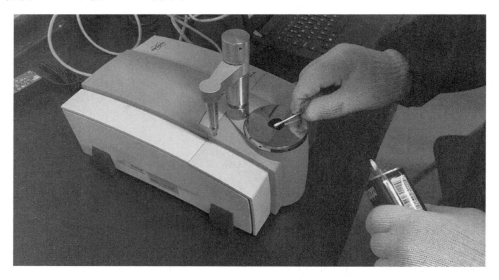

图 6.2-45　红外光谱仪

图 6.2-46　红外光谱仪检测系统界面

3. 应用价值

红外光谱快速检测技术对被检物质内部进行红外光谱探照成像，根据成像发现被检物质内部的结构瑕疵，并根据该瑕疵对施工质量进行检测判定。

4. 适用范围

本技术适用于房建工程、桥梁工程、线性工程、市政工程等类型工程的质量检测。

6.2.16 建筑机器人

1. 功能原理

建筑机器人是指能感知特定施工环境并能完成施工任务的机器人，主要用于房屋、高塔、桥梁、地铁建造当中，通过对机器人结构的改良，应用传感器技术、定位技术和控制系统达到降低成本，提高施工效率，保证工程质量的目的。

2. 应用案例及实施效果

案例： 中交一航局天津地铁 11 号线管片厂项目研发并应用了管片智能收面机器人（图 6.2-47），该机器人由桁架系统、机械臂、收面工具组成，基于 PLC 控制系统将收面工具与机械臂相结合进行自动收面，在三条养护线上方可以沿 X 轴、Y 轴行走，作业范围覆盖三条线上模具，自动切换收面工具进行收面。

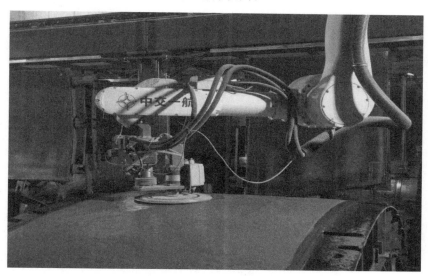

图 6.2-47 智能收面机器人

该机器人的应用使收面平整度较人工收面得到了大幅改善，收面时间由原来的 7 分钟减少到 4 分钟，不但质量稳定，更降低了工人劳动强度。流水线生产效率可提高 10％左右，生产一环管片的劳动力成本降低 50％以上，管片外观质量和尺寸精度有所提高。

3. 应用价值

建筑机器人的应用，可以提高建筑工地的劳动效率，代替工人完成大量重复性、有规律的工艺工序，并且能够提高施工质量，在人工成本不断提高的情况下具有很好的推广前景。

4. 适用范围

本技术适用于施工作业有规律且重复次数多的分项工程的施工。

6.2.17 路面施工质量监控技术

1. 功能原理

该方案在施工的关键节点安装各类传感器，采用北斗高精度定位、GIS、物联网数据采集等先进技术采集施工过程数据，并将数据实时上传至 iSITE 智慧施工管理平台，结合数据分析技术，可全面、真实、动态地反映施工过程中每一个环节，对施工过程进行引导、管控和预警；同时实现基于 BIM 的可视化自动摊铺质量控制，通过物联数据的采集、传输，借助数字化管理平台对数据进行加工、清洗、归类及划分，实现沥青拌合料的温度、沥青摊铺速度、压实遍数以及压实速度的数据的预警，实时将施工信息进行动态展示，施工数据可保存至历史数据库。

2. 应用案例及实施效果

案例 1： 中交港珠澳大桥路面信息化项目，采用 BIM 技术与现场施工的智能压路机、智能摊铺机、智能搅拌站等"物联网"设备结合，从而实现路面摊铺施工的数字化、可视化、智能化系统，如图 6.2-48 所示。这座大桥将非常智能，通过"物联网"技术对道路使用情况、人们出行规律等进行预判，可以提前安排道路的维护保养，提高运营效率，节约运营成本。

图 6.2-48 系统示意图

该技术相比于传统施工管控手段提升明显，做到了路面施工全流程管控，降低了施工项目运营成本。施工数据实时回传存储，为施工质量溯源、阶段决策提供了数据支撑，提升了项目数字化水平和企业形象。如图 6.2-49 所示。

案例 2： 351 国道（开化段），路面摊铺引入数字化监控技术（图 6.2-50），通过安装高精度卫星定位主机和传感器，系统实时监测铺摊过程中的铺摊位置、铺摊温度、铺摊速度、压实温度、压实速度、压实遍数等数据是否达到施工要求，并对不合格温度、速度进行实时动态预警，把路面施工质量检测转变为实时监测，摊铺压实数据图形化展示，全过

图 6.2-49 现场施工图

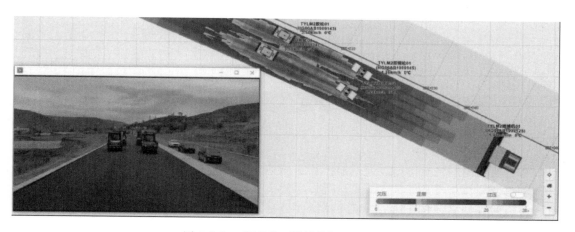

图 6.2-50 沥青路面摊铺数智监测技术

程管控，确保施工质量。并采用数据分析，提供专业的统计报表和施工回放，便于管理人员总结和积累施工经验。

3. 应用价值

路面施工质量管控系统及技术的应用可以实现从沥青料拌合、运输、摊铺、碾压的全流程管控。施工项目管理人员可以利用信息系统统计每天的施工段落长度，准确地进行施工进度测算；还可对单台施工机械的工作状态进行评价，比如每天碾压距离、振动状态的碾压距离、开始与结束的工作时间、息工的时长、单台机械出现"漏压"的概率值等信息，对工程机械进行有效的管理，剔除对质量贡献较小的单台设备，提高管理水平。

4. 适用范围

本技术适用于公路路面摊铺、机场道面施工等类型工程的沥青摊铺处理施工。

6.2.18 无人驾驶压路机系统及技术

1. 功能原理

无人驾驶压路机系统（图 6.2-51）是综合利用北斗高精度定位技术、惯性导航技术、障碍物识别技术，为设备提供行驶路径引导与控制信号，控制设备各工作系统动作，完成既定的行驶、转向、工作装置作业等任务。系统包括远程监控、中央处理器（包括上层计算处理和下层执行处理）、转向控制系统、发动机控制系统、安全检测系统、功能执行系统、故障诊断系统、通信系统。

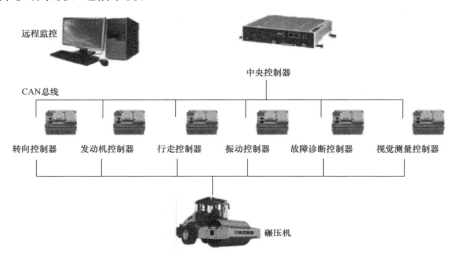

图 6.2-51　无人驾驶压路机系统组成

无人驾驶压路机系统通过捷联惯性导航技术实时确定压路机的空间坐标位置姿态信息和振动状态，压路机上的毫米波雷达等传感器实时监测作业路况信息，系统将这些信息通过微波传输到基站，再通过后台实现连接并控制。工人在后台电脑便能进行多台压路机群的作业，可实现对现场无人化压路机的碾压轨迹、碾压遍数、碾压速度和振动频率的设置。如图 6.2-52 所示。

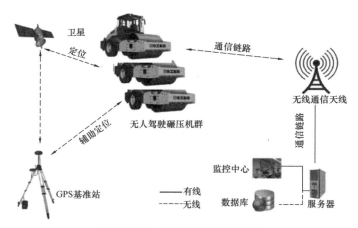

图 6.2-52　系统数据传输方式

2. 应用案例及实施效果

案例：雄安新区南拒马河防洪治理工程，治理范围主要为北河店至新盖房枢纽段，涉及河北雄安新区容城县、保定市定兴县和高碑店市三县（市），工程右堤防洪标准为 200 年一遇，堤防级别为 1 级。在该工程中，右堤 1～4 标安装 RTK 基准站 6 套，并对 36 台振动碾压路机进行无人驾驶技术改造。

图 6.2-53　无人驾驶压路机系统施工作业

项目建设期间，使用无人驾驶压路机（图 6.2-53）进行土方填筑施工，无人驾驶压路机系统可严格按照设定好的施工工艺参数自主进行作业，不仅保证了施工进度，更有效地提高了施工质量。

3. 应用价值

南拒马河右侧堤防施工过程中，大量使用了无人驾驶压路机，完成土方碾压 150 余万 m^3，占比超过六成。在施工过程中，无人驾驶压路机系统严格按照设定好的碾压速度、重叠宽度、碾压遍数、振动遍数、振动频率等施工参数进行施工，保证施工过程符合相关要求，保障压实质量均匀性，碾压结果如图 6.2-54 所示。

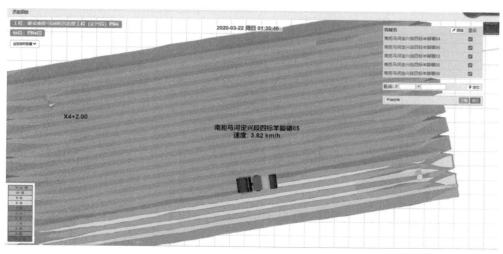

图 6.2-54　无人驾驶碾压结果图

4．适用范围

本技术适用于水利大坝、高速公路、机场等类型工程的土石方填筑施工及高速公路、机场等类型工程的道面施工。

6.2.19 山体隧道爆破智能计算技术

1．功能原理

综合利用移动通信、视频人工智能识别技术、地质超前探测技术、信息技术和精确测量技术，结合山体隧道生产技术和专业爆破设计技术，实现山体隧道爆破计算书的自动生成、山体隧道爆破效果的智能评估，并根据评估结果持续优化爆破计算。

利用视频人工智能识别技术，对山体隧道掌子面岩石在爆破后的迹线、产状、粗糙度等地质参数进行提取，结合地质超前探测技术所获得纵向地质预报数据，结合隧道的初始设计数据，计算得到与隧道开挖施工工法对应的爆破计算书，用于指导隧道现场施工人员科学施钻、精准爆破，实现施工工效提升和物料损耗降低的隧道建造目标。

2．应用案例及实施效果

案例： 新疆乌尉高速的天山胜利隧道项目。为减少对围岩的扰动及降低爆破振动强度，周边眼采用光面爆破，掏槽眼及底板眼按抛掷爆破设计，其他炮眼采用微差爆破技术，严格控制最大装药量钻爆法施工。

该项目使用了视频人工智能识别技术、移动通信技术和信息技术，使用高清相机采集多张爆破清渣后掌子面的图片信息，以移动通信技术传送到爆破书计算系统，系统对收到的高清图片进行人工智能识别后获得围岩等级，根据围岩等级自动生产爆破计算书。智能爆破系统界面参看图 6.2-55，图 6.2-56、图 6.2-57 是系统自动生成的开挖炮眼设计图和钻爆参数。

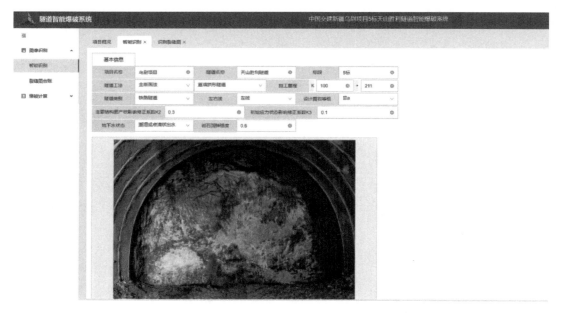

图 6.2-55　智能爆破系统界面示意图

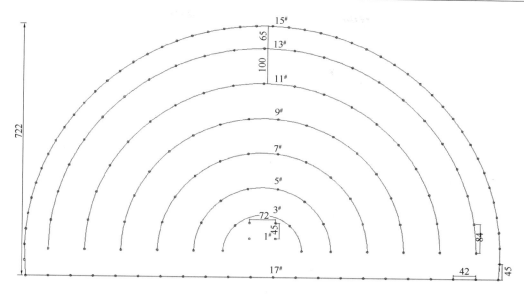

图 6.2-56　开挖炮眼设计图

项目	单位	掏槽眼	辅助眼	内圈眼	周边眼	底板眼
序号	1	2	3	4	5	6
周边眼装药结构		乳化炸药间隔装药				
周边眼外插角		沿径向外斜 1%~2%				
周边眼装药集中度	kg/m	0.15				
炮眼深度	m	0.90	0.70	0.70	0.70	0.70
炮眼数量	个	4	60	23	50	20
每个炮眼装药量	kg	0.46	0.27	0.27	0.14	0.27
小计装药量	kg	1.83	21.02	6.28	6.82	5.46
每个炮眼装标准药	节	3.04	1.82	1.82	0.91	1.82
起爆顺序		1#	3#、5#、7#、9#、11#	13#	15#	17#
开挖断面积	m²	72.56				
炮眼总数	个	157				
比炮眼数	个/m²	2.16				
总计药量	kg	41.41				
比耗药量	kg/m³	25.485				
说明：堵塞长度不小于 20cm。周边眼采用导爆索连接，其余采用塑料导爆管、非电毫秒雷管起爆系统。						

图 6.2-57　钻爆参数

3. 应用价值

山体隧道智能爆破计算技术的应用可以有效提升山体隧道钻爆效率，同步降低山体隧道施工中的超挖和欠挖情况。随着掌子面地质数据、钻爆数据的持续积累，视频人工智能识别技术对掌子面围岩等级的识别精度将会得到提高，钻爆数据将越来越准确，超欠挖情况也将得到有效改善。

4. 适用范围

山体隧道开挖中的爆破点位设计、钻爆参数计算。

6.2.20 混凝土智能振捣与施工质量可视化控制技术

1. 功能原理

平台系统由混凝土振捣数据智能采集硬件和混凝土智能化振捣实时馈控软件两大部分组成。硬件系统主要由定位基站、穿戴式智能装备、智能振捣设备等组成。通过 GNSS 定位装置定位工人双肩位置，基于人体工学原理推算操作手位置；智能振捣棒内设传感器实现感知操作手与振捣棒头位置关系，推算振捣棒头空间三维坐标。基于振捣棒插拔状态传感器，准确辨别振捣棒工作状态，获取混凝土振捣持续时间。软件系统采用 C/S＋B/S 架构开发，形成远程计算机管控系统和现场手机管控系统，包括振捣参数、评价模型、三维云图、远程数据、质量报告等 22 个模块。研发的三维可视化实时馈控系统，内嵌混凝土振捣密实质量评价专业模型，模型通过调用采集系统上传至云端数据库振捣施工工艺参数，最终以三维云图形式馈控振捣区域内混凝土密实质量，实现混凝土振捣密实质量可视化功能。系统工作架构如图 6.2-58 所示。

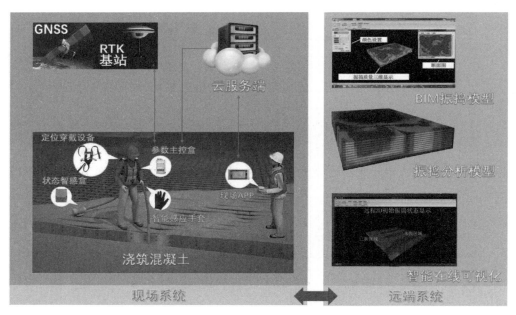

图 6.2-58　系统工作原理示意图

2. 应用案例及实施效果

案例：成都轨道交通 18 号线锦城广场项目，现场使用的定位基站、穿戴式智能装备、智能振捣设备如图 6.2-59 所示。首先，进行智能穿戴设备进场布置，调试振捣设备及现场工人培训。其次，施工人员穿戴智能振捣设备进行施工，振捣信息通过互联网无线传输至手机客户端。再次，工作人员通过手机端查看欠振部位并指导工人进行补振

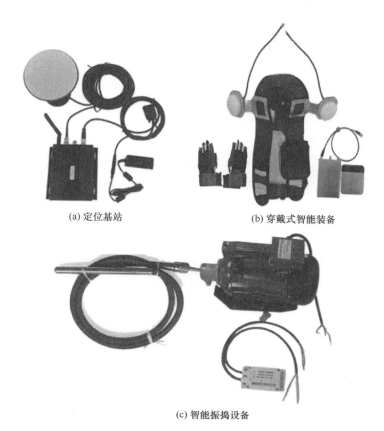

(a) 定位基站　　　　　　(b) 穿戴式智能装备

(c) 智能振捣设备

图 6.2-59　混凝土振捣数据智能采集硬件

（图 6.2-60），施工人员对欠振部位进行补振。最后，补振前、后电脑端数字化三维馈控系统效果对比，生成混凝土质量报表及二位平面图统计信息，确定施工质量合格与否。

(a) 电脑端显示振捣质量云图　　　　　(b) 手机APP现场指导补振作业

图 6.2-60　振捣质量现场可视化馈控

本项目应用混凝土智能振捣与施工质量可视化控制技术相比于传统的手动施工日产量提高 20% 左右，每班只需 1 人即可完成全部施工操作，降低人工费约 1.5 元/m，综合数字化技术落地应用的数据，实际价格较中标价降低约 3.5 元/m；在施工质量方面，数字化施工 28d 龄期取芯率平均为 93.51%，芯样完整率远超同条件作业下手动操作施工桩基的 85%，28d 抗压强度为 3.1MPa，强于手动操作 28d 抗压强度 2.6MPa，成桩质量显著由于传统施工方法；在施工管理方面，本技术可准确高效地形成施工报表，减少数据统计工作量和人为统计错误，管理人员通过管理平台能够随时了解施工进度、质量和成本投入。技术被列入《2022 年度水利先进实用技术重点推广指导目录》。

3. 应用价值

混凝土智能振捣与施工质量可视化控制技术破解施工现场混凝土质量无法定量表示、缺乏实时控制手段等棘手问题，在确保混凝土浇筑振捣均匀性、降低混凝土质量缺陷和返修费用、减少原材料浪费等方面提升数字化、精细化和智能化施工建造水平。

4. 适用范围

本技术适用于房建工程、交通工程、水利工程、能电工程、市政工程等类型工程的混凝土振捣施工。

6.3 数字建造在施工监测方面的应用及价值

施工监测数字化是在施工过程中，对各生产要素，如人员、机械、材料等方面进行关键数据监测记录，为施工过程的质量、安全、进度提供参考依据。

6.3.1 旋喷桩数字化监测技术

1. 功能原理

智能化高压旋喷桩施工系统集网络化、物联网化于一体，同时具备高喷灌浆自动记录等功能。该系统主要由系统软件和设备硬件两部分组成。

软件部分包含高喷灌浆自动检测软件、云端服务器平台软件；设备硬件部分包含网络化智能全自动高喷灌浆记录仪、气压压力传感器、水压压力传感器、浆压压力传感器、气流流量传感器、水流流量传感器、浆流流量传感器等。

2. 应用案例及实施效果

案例：宿连航道军屯河枢纽工程。智能化高压旋喷桩系统技术的采用，减少了项目部管理成本，技术人员无需一直待在现场旁站，便可远程监控喷浆效果，若现场有问题，系统会自动报警。如图 6.3-1 所示。

自动水泥搅拌机的采用，实现了水泥浆数字化生产，且质量得到了提高。经检测，采用自动水泥搅拌机代替传统的人工上料搅拌，合格率达到 100%，提高了 15%。

工期由原来的 90d，缩减到了 55d，提前了 35d。

人工成本得到节约。原有的人工制浆机需 5 个人同时操作才可完成制浆工作，采用自动水泥搅拌机 1 人便可完成相关工作，经计算，节约直接成本约 13.05 万元，总工期提前、节省间接成本 52.5 万元，合计节省 65.55 万元。

高智能全自动制浆站，生产运行自动化，整个系统配料、搅拌、制浆、输送、注浆均

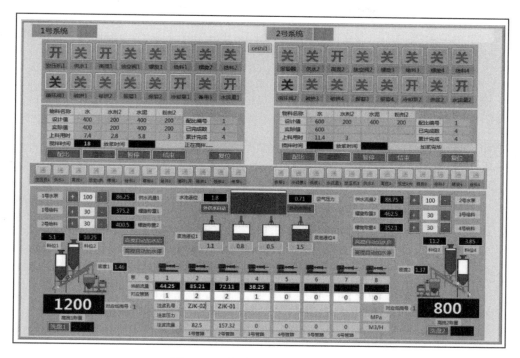

图 6.3-1 旋喷桩数字化监测系统

由计算机自动控制完成，无需人工干预，可实现 24h 连续制浆作业。自动化施工设备空间布局配置集成化高，结构紧凑而高效，占地空间小，无需复杂的土建基础，方便调用。

3. 应用价值

智能化高压旋喷桩系统技术实现了施工高度智能化、自动化，可远程控制施工现场，具备无人值守功能，方便后方调度室同时控制多台高喷台车施工，极大地降低了人工管理成本。系统采用网络化全自动高喷灌浆记录仪，使现场及远程云端同步记录，使灌浆工程中的实时灌浆参数得到真实体现、有效实时监控，施工质量得到有效保证。

4. 适用范围

本技术适用于房建工程、线性工程、市政工程等类型工程的地基处理施工。

6.3.2 灌注桩智能检测技术

1. 功能原理

针对灌注桩施工过程中的质量控制要点，综合应用物联网数字技术、互联网＋技术、北斗定位技术、云存储技术等，可对灌注桩桩体轴向抗压承载力、轴向抗拔承载力、水平承载力等重要指标进行智能检测，对灌注桩施工中测放桩位、成孔检查、泥浆相对密度监测、混凝土浇筑进行智能化管控，实现打桩位置的自动定位与导航、三维成孔检查、泥浆动态监测、混凝土质量溯源等功能，通过预先在主机上设定检测方式和桩体参数，完成自动加卸载、判稳和读数等操作，并将数据实时上传至多端服务器，实现远程智能检测功能。

2. 应用案例及实施效果

案例 1： 宁波舟山港梅山码头项目，灌注桩智能检测系统由主机、前端机、压力传感器、位移传感器、压力表等设备组成，其中主机内置移动通信模块、前端机具备 GPS 定位芯片。主机与前端机采用物联网数字无线系统实现自动组网，信号稳定可靠、传输速度快、抗干扰能力强，同时具备主机和手机 APP 远程操控功能，免除人工现场值守，降低夜间检测人员的安全风险，前端机内置程序可实现对于稳定的判读，根据实际工程条件进行相关参数调整，提高采集数据的可靠性。智能检测系统主机和前端机均能够存储数据，并可将数据实时上传至云端服务器，如图 6.3-2 所示。

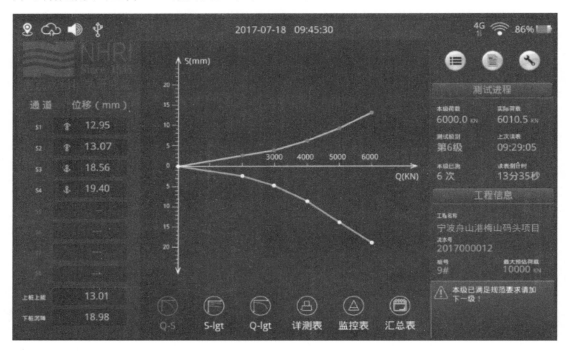

图 6.3-2　灌注桩智能检测系统主机界面

灌注桩智能检测技术相比传统人工检测方式，极大减少了现场等待时间，提高了检测人员的工作效率。在测试方法上，系统内置有多种行业规范，可根据具体的检测内容选择相应的标准。在数据管理方面，本技术可自动形成工程所需的表格和曲线，减少人为记录错误和数据处理工作量，检测人员通过主机和手机 APP 可以远程随时了解检测数据和进度。

案例 2：厦门第二东通道项目，灌注桩智能检测技术由传感器、采集设备、物联网设备、设备平台组成，通过对桩应力参数实时监测，实现对构筑物单桩质量的自动化检测。如图 6.3-3 所示。

该技术减少了人工检测的误差，同时减少人工，检测人员不用到现场就可对灌注桩浇筑质量实时检测，提高了工作效率。

案例 3：京杭运河施桥船闸至长江口门段航道整治工程新建护岸结构以桩基承台式和格宾式护岸为主，各部位桩长、桩径、间距均不相同。本工程钻孔灌注桩施工质量控制要点包括桩位测量放样、过程中纠偏控制、成孔垂直度、孔深、孔径、泥浆质量，以及混凝土生产信息的采集、汇总、分析等质量追溯环节。通过对智能化监测的关键参数进行研究，结合智

图 6.3-3　灌注桩智能检测

慧工地建设项目，将数据实时上传到智慧工地平台中，形成了施工全过程的智能化监测模式，极大地提高了钻孔灌注桩的施工效率与工程质量。如图 6.3-4、图 6.3-5 所示。

图 6.3-4　灌注桩智能化管控界面

3. 应用价值

灌注桩智能检测技术的应用可以实现灌注桩检测的全过程进行记录，在测量放样、泥浆相对密度检测、成孔检测等环节提高了施工效率，有效降低检测人员在现场值守的工作强度，工作环境更为安全。同时，减少非必要的时间和人力成本支出，数据自动记录并存储至云端，为工程验收提供依据，有效地提高工作效率。实现工地的数字化、精细化、智慧化，达到强化质

图 6.3-5　灌注桩施工效果

量管控、降低管理成本的目的，经济与社会效益显著，具有良好的推广应用价值。

4. 适用范围

本技术适用于水利工程、水运工程、交通工程、市政工程、房建工程等领域灌注桩检测。

6.3.3　地基加固数字施工技术

1. 功能原理

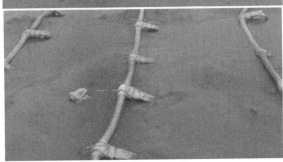

图 6.3-6　天津港东疆港区东海岸一期软基加固

真空预压加固软土地基是常用的地基加固方式，是指利用抽真空的方法，使土体中形成一个局部的负压源，通过降低砂井或排水板中的孔隙水压力而使土体中的孔隙水排出，从而增加有效应力来压密土体的地基加固方法。地基加固数字化施工技术主要用于监测地基加固过程中的真空压力、变形沉降等。

2. 应用案例及实施效果

案例： 天津港东疆港区东海岸一期软基加固工程，该工程由施工机械由塑料排水板、抽真空设备组成，塑料排水板打设机一般采用常用的门架式打板机，抽真空设备主要由潜水泵、射流器和射流箱组成。该设备使下砂垫层内和土体中垂直排水通道内形成负压，加速孔隙水排出，从而使土体固结、软土地基加固。如图 6.3-6 所示。

地基加固数字施工技术在水运工程、石油、化工、建筑、公用事业和机场等工程中得到应用。在港口建设行业,真空预压法使用更多。以天津港为例,地基加固数字施工技术已成为该地区首选的地基处理方法,加固软土地基面积加固面积已超过$100km^2$以上,取得社会效益和经济效益,与同等堆载预压相比,一般可降低造价1/3、缩短工期1/3。

3. 应用价值

该技术不需要大量堆载材料,可避免堆载材料运入、运出的施工通道建设和对周边道路造成的运输紧张,减少施工干扰;施工中无噪声、无振动,不污染环境;施工设备简单,便于操作;施工方便,作业效率高,加固费用低,适合大规模地基加固,易于推广应用;还适于狭窄地段、边坡附近的地基加固。

4. 适用范围

本技术适用于水工工程等类型工程的地基加固。

6.3.4　深基坑数字化监测技术

1. 功能原理

深基坑数字化监测技术运用物联网、移动互联网技术,以平面布置图、BIM模型为信息载体,通过前端传感器全时、全天候监测地下水位、沉降、支撑轴力、立柱内力、深层土体位移、土压力等,实时将数据传输至云端分析,及时预警危险态势,辅助基坑安全管理,预防生产安全事故。

2. 应用案例及实施效果

案例:哈尔滨地铁二号线工程,深基坑数字化检测技术在基坑开挖过程中,对基坑本体表面位移和沉降、基坑桩体墙体土体测斜、锚索/锚杆内力、土压力、地下水位以及路面、周边建筑进行监测,具备报警联动功能,当基坑变化量超过预设预警值时自动进行报警,对基坑及周边提供全方位多重安全保障。如图6.3-7所示。

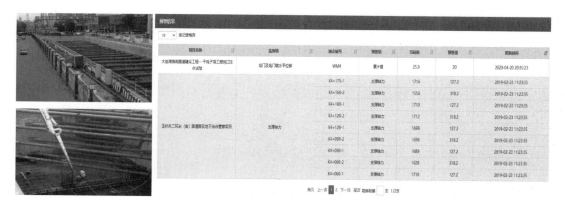

图6.3-7　深基坑数字化检测技术

该技术可全天候实时检测基坑变化,减少了人工测量的误差,同时对监测情况实时预警,工作人员会根据报警情况,及时采取处理措施,从而将重大危险隐患消除在萌芽状态。

3. 应用价值

该技术可以 24h 不间断监测，保障数据连续性、及时性，及早排查基坑安全隐患。监测点历史分析，动态展示数据变化轨迹，异常告警提醒，预防事故发生。远程数据无线传输，手机端在线可查，减少人力检查成本，实时了解现场情况。

4. 适用范围

本技术适用于水工、房建、桥梁、线性、市政等类型工程的深基坑监测。

6.3.5 高支模数字化监测技术

1. 功能原理

通过在高支模上加装无线倾角、无线位移、无线压力等传感器，对高大模板支撑系统的模板沉降、支架变形和立杆轴力进行实时监测，监测数据自动汇总至主机，现场声光报警，同时数据上传至后端平台，报警信息通知到人。

监测布点原则：

应对高支模关键部位或薄弱部位的模板沉降、立杆轴力和杆件倾角、支架整体水平位移等参数进行实时监测主要有以下几点：

(1) 能反映高支模体系整体水平位移的部位；

(2) 跨度较大或截面尺寸较大的现浇梁跨中等荷载较大、模板沉降较大的部位；

(3) 跨度较大的现浇混凝土板中部等荷载较大、模板沉降较大的部位；

(4) 测点布置在跨度梁，当跨度不大于 9m 时应至少在 1/2 跨位置，大于 9m 时应在 1/4、1/2、3/4 跨位置布置测点。

每个监测面应布置 1 个支撑沉降、1 个立杆轴力、1 个倾角传感器。

2. 应用案例及实施效果

案例：海口市滨江西污水处理厂项目。

本项目生化池负二层、脱水车间负一层－1.1m 板标高区域、接触消毒池负二层、高效沉淀池负二层模板支架搭设高度＞8m，厚度＞330mm 的楼板施工总荷载＞15kN/m²，截面面积≥0.53m² 的梁集中线荷载＞20kN/m，其中最大支撑高度达 10m，脚手架最大受力 26.11kN，属超高、高荷载高支模板体系。为保证施工过程中高支模板及支撑体系的稳定安全，本工程共设置 4 套高支模监测设备，根据施工顺序，进行周转使用。该系统对诸多重大安全风险点进行实时自动化安全监测，主要监测内容包括模板沉降、整体位移、顶杆失稳、扣件失效，支撑体系倾斜，承压过大等。系统采用无线自动组网、高频连续采样、实时数据分析及现场声光报警。在施工监测过程中，危险情况秒级响应，提醒作业人员在紧急时刻撤离危险区域，并自动触发多种报警装置，及时将现场情况告知监管人员，有效降低施工的安全风险。

本次施工部位为箱体西南角接触消毒池及巴氏计量槽负二层顶板结构，板顶标高为1.1m，现场支撑体系高度为 9m 及 10m，根据现场施工情况，4 套高支模监测设备布置如图 6.3-8 所示。

后续施工过程中，将根据现场支撑体系高度及脚手架、模板安装情况现场选点布置监测系统。

本工程采用的高支模监控系统为华和物联 WH-HMS-V2.0 高支模安全监测系统，

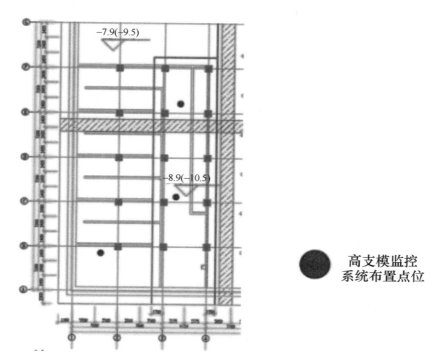

高支模监控
系统布置点位

图 6.3-8　高支模监控系统布置点位

整套系统包含高支模安全监测系统、综合分析仪、终端控制仪、无线采集器、位移传感器、荷重传感器、声光报警器以及托板、单环扣等辅助材料，设备均采用单环扣固定在待测的立杆或者横杆上，安装方便，且安装完成后，系统可对数据进行预采，并根据预采数据自动进行处理，以此作为基础数据，无需再次对设备进行调试。设备监测频率高于 1Hz，秒级响应危险，实时监测现场情况，采用 3 级预警机制，出现预警情况，可通过声光、语音、短信、电话通知相关人员，做到实时掌握现场情况，同时，系统每分钟将自动对监测数据进行采集，实时上传监测云平台，并可导出日报、项目报告、历史报告，可生成折线图、柱状图、饼状图、散点图等多种数据显示，更直观展示现场数据变化等情况，使得项目部对现场高支模及支撑体系的安全使用情况更加清楚。如图 6.3-9 所示。

3. 应用价值

通过在高支模上加装无线倾角、无线位移、无线压力等传感器，自动采集、实时监测高支模支撑系统的变化情况，当监测到在浇筑过程中发生高支模的变形、受力状态异常时，一方面现场声光报警，提醒作业人员紧急补救或紧急疏散，另一方面系统向平台和相关负责人发出报警信号，第一时间掌握现场情况，及时进行整改、调整以及预判，预防事故的发生。

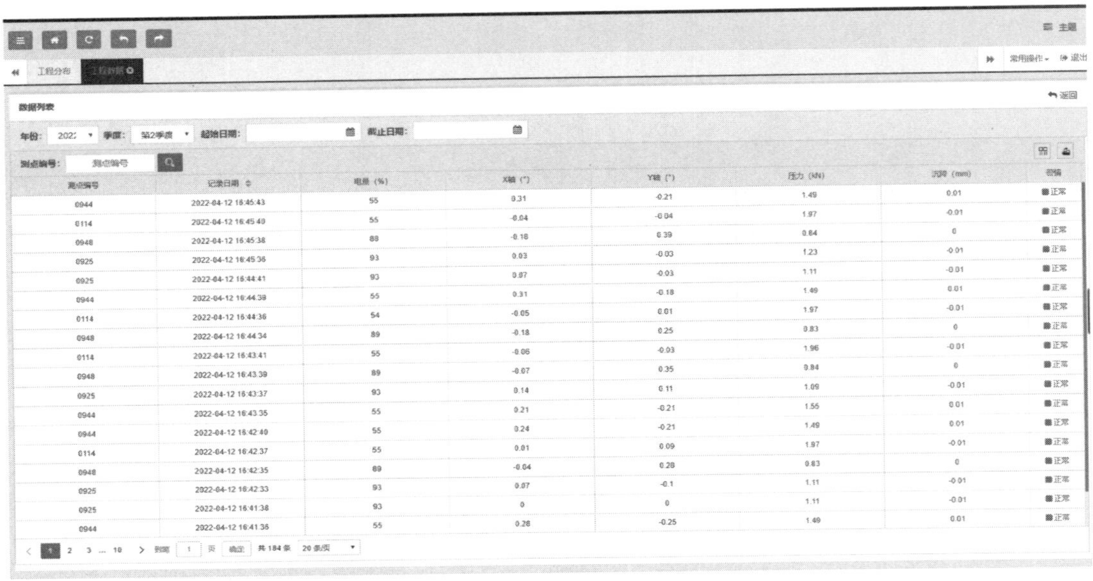

图 6.3-9　高支模监控系统

4. 适用范围

本技术适用于房建、桥梁、市政等类型工程的高支模施工。

6.3.6　边坡数字化监测技术

1. 功能原理

以维护施工期间边坡安全为目标，通过自动化监测设备实现日常数据监测分析、预警或突发事件即时响应、创新技术验证保障等手段，及时获取边坡施工变形过程信息，形成集监测、分析、响应于一体的边坡安全保障机制，提升施工安全控制水平。

2. 应用案例及实施效果

案例 1： 衢州城发交通建设发展有限公司 351 国道龙游横山至开化华埠段公路工程（开化段）项目，选取四处边坡开展自动化监测，主要监测项目主要包括地表位移监测、深部测斜监测、视频监测、深部水位监测，主要功能包括安全监测驾驶舱、监测设备管理、安全监测、预警报警、基础配置等功能。项目实现了远程自动化监测，针对主要检测项的预警报警、推送消息及时跟踪处理。如图 6.3-10 所示。

案例 2： 杭绍台高速

本项目是高速公路边坡监测项目，实现表面位移监测、深部位移监测、裂缝位移监测、雨量监测等功能。实现边坡在线实时安全监测，实现了边坡监测的数字化和网络化。

边坡监测动态监测系统，利用高精度、高可靠性的监测传感器，对边坡稳定性进行有效监控，监测数据反映导致边坡可能发生边坡失稳的因素，包括边坡表面位移、裂缝、降雨量等，确定监测预警阈值，并设计、规范提出的控制值，如变形量，变化速率。监测数据结合宏观变形破坏迹象进行综合判断，以确定边坡结构的安全性，监测支护结构的承载

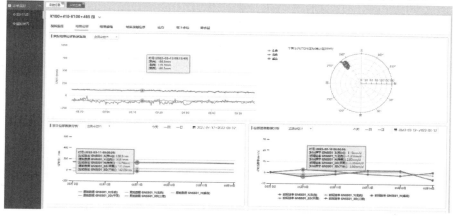

图 6.3-10 远程自动化监测

能力、运营状态和耐久性能等，以满足安全运营的要求。同时根据监测对象、目的，以需求和经济性为原则，避免浪费。现场安装图如图 6.3-11 所示。

图 6.3-11　现场安装图

监测项目及技术如下：

（1）滑坡地表裂缝、崩塌裂缝的变形监测。采用 CNSS 在线监测仪或一体式拉线地表位移监测仪或激光式地表位移监测仪完成地表变形监测数据的采发。

（2）滑坡、崩塌体深部位移监测。采用复合式深部位移监测仪完成岩土内部变形监测数据的采发，包括变形初期的小位移以及中后期的大位移变形。

（3）降雨量监测。采用翻斗式降雨量监测仪或红外雨量计完成该地区降雨量变化监测数据的采发。

3. 应用价值

边坡失稳塌滑严重危害国家财产和人民的生命安全。随着我国基础建设的大力发展，在矿山、水利、交通、建筑等各个建设领域出现大量的边坡工程，这样不可避免地涉及一系列由边坡所产生的问题。因而要全面地认识边坡，从而达到有效预防、治理边坡。其中，边坡监测是认识和治理边坡的关键，合理的监测是边坡整治的可靠技术保障，同时对减少人工测量，缩短人工工作时间，提高工作效率有显著效果。

4. 适用范围

本技术适用于房建、线性、市政、港口码头等类型工程的施工边坡数字化监测管理。

6.3.7　复杂因素下岩土边坡稳定分析技术

1. 功能原理

综合应用土工离心模拟试验波浪模拟设备及技术、足尺模型试验成套设备及技术，以及数值分析技术，对复杂因素下岩土边坡稳定性进行定量分析，给出稳定性评价。实现了可考虑动水头边界、降雨边界、横波冲刷等复杂因素下的岩土边坡稳定量化分析。

2. 应用案例及实施效果

案例： 江苏新孟河延伸拓浚工程项目，南延段为平地开河，工程区域水位变幅区及以下土层分布以壤土、砂壤土或砂土为主，其抗冲刷能力较差，影响河道岸坡稳定性。采用自主研发的离心模型试验横波发生成套设备、可设置动水头边界、降雨边界的足尺试验成套装置，结合数值模拟技术，提出了黏土包坡厚度审计参数建议值；基于河道流速分布计算成果，确定了运北河段混凝土连锁块软体排优化设计参数及不同河段的软体排厚度建议值；提出分别适用于研究区通航段和非通航段典型厚砂土层岸坡的护坡技术与建设工法，构建了土质岸坡的防护效果综合评价体系与长期稳定性评价方法，有效解决了新孟河河道厚层砂土岸坡坡面冲刷防护困难的问题。如图 6.3-12 所示。

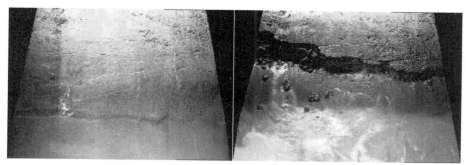

图 6.3-12　考虑横波冲刷条件下岸坡稳定性离心模型试验

图 6.3-13　复杂条件下岸坡稳定性足尺模型试验

3. 应用价值

基于试验＋数值计算方法形成的有关技术（图 6.3-13、图 6.3-14），可实现复杂条件下岩土边坡护岸的精准设计，有利于工程运行的长治久安，具有极高的推广应用价值。

4. 适用范围

本技术适用于水利、水运等工程中边坡稳定设计、校核。

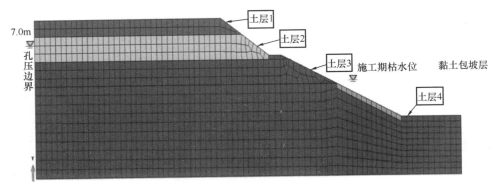

图 6.3-14　复杂条件下岸坡稳定性数值分析方法

6.3.8　临边防护监测技术

1. 功能原理

临边防护监测系统利用可移动的红外对射装置（图 6.3-15），在临建危险区域（破损护栏附近或洞口四边）放置红外对射进行防护，当有人进入防区遮断对射之间的红外光束时，立即触发报警，其基本的构造包括发射端、接收端、光束强度指示灯、光学透镜等。

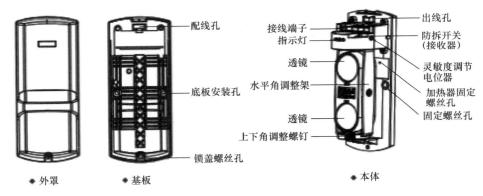

图 6.3-15　红外对射装置

2. 应用案例及实施效果

案例：G329 凤阳至蚌埠段改线工程，中铁四局承建的 01 标段，为了更好地保护施工人员的安全，国家规定施工工地基坑、临边、洞口现场必须安装护栏网，但是由于环境复杂，管理维护难等问题，导致防护网被破坏或失效层出不穷，由于一些破获或失效无法有效及时的排查，导致防护网失去作用，不能保证施工人员的安全。

临边防护网实时监测系统采用物联网技术对施工现场临边防护网状态实时监测，内置GPS定位、红外靠近探测以及双磁吸声光报警装置；当防护网遭到破坏时可实时报警，保障人员的安全。

3. 应用价值

在预防方面，一是利用可移动的红外对射装置，在临建危险区域（破损护栏附近或洞口 4 边）放置红外对射进行防护，当有人进入防区遮断对射之间的红外光束时，立即触发报警。二是在临边拐角处使用太阳能警示灯，太阳能警示灯能起到白天储能、夜间发光的作用，在夜间或弱光环境下对人员起到安全警示作用。

在报警时，立即将报警信号传输到相关的责任人，并在BIM中反映出需要整改点的精准位置信息，责任人整改后，完成进行整个流程的闭合，警报关闭。

在临边防护上，通过预警和报警相结合的方式来提高临边防护的安全性能，减少安全事故。

4. 适用范围

本技术适用于施工工地基坑、临边、洞口现场必须安装护栏网的临边防护。

6.3.9 沉井下沉数字化监测技术

1. 功能原理

沉井下沉数字化监测技术通过BIM、与感知传感器、GPS定位设备构建沉井的动态BIM模型，该模型可根据GPS定位数据、传感器参数实时动态调整沉井位置，并对超出预警姿态进行报警，同时监测数据自动上传至云服务器，方便后续查看分析。

2. 应用案例及实施效果

案例： 深圳市沙井水质净化厂三期工程设计采购施工总承包项目，沉井下沉数字化监测技术（图6.3-16）由传感器、GPS定位设备、采集设备构成，在施工过程中，平台实时采集传感器、GPS定位设备数据，实时控制BIM模型与沉井线上联动，指导施工人员实时了解沉井下沉姿态等信息。

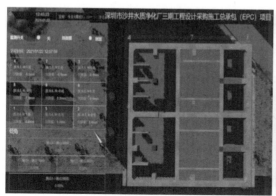

图6.3-16 沉井下沉数字化监测技术

该技术避免了人为测量沉井姿态与下沉状态存在的误差问题，并可全天候24h不间断监测，创造性地实现了BIM模型与施工环境动态相结合，并可实时预警沉井信息。

3. 应用价值

沉井下沉数字化监测技术可构建沉井BIM模型，实时监测和显示沉井下沉姿态，主要监测内容为沉井顶部水平位移及沉降、沉井各方位倾斜值，及时对超预警姿态进行报警，并指导后续的仓格挖土量及挖土顺序调整。监测数据可自动保存，方便后续查看分析。

4. 适用范围

本技术适用于线性等类型工程的沉井下沉监测。

6.3.10 施工电梯数字化监测技术

1. 功能原理

施工电梯数字化监测技术，主要是由主控制模块、显示模块、驾驶员身份识别模块及称重传感器模块组成，称重传感器模块与显示模块连接，显示模块及驾驶员身份识别模块分别与主控制模块连接，显示模块通过5G网络将监控数据发送到远程数据平台进行记录。

2. 应用案例及实施效果

案例1：中交横琴广场项目，施工电梯数字化监测技术（图6.3-17）实时检测升降机的载重、驾驶员身份识别、升降机实时高度、运行速度、门锁状态，更能通过5G模块实时将数据上传到远程监控中心，实现远程监管等功能，再结合平时升降机的日常安全检测，可避免事故的发生。

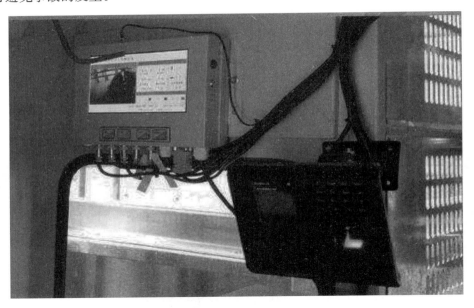

图 6.3-17 施工电梯数字化监测技术

施工电梯数字化监测技术具有楼层提示、安全监测、自动平层等功能，采用液晶显示器及语音发生器，直观反映监控数据，显示升降机运行状态，通过远程监控平台读取报警状态、实时数据，查看历史数据。

案例2：青岛绿地凤栖揽玥项目使用起重设备远程监控管理平台能实时记录、显示各工作区域内所有设备的运行状况，包含电子地图，模拟监控，统计分析报表，短信告知，图像浏览等功能。如图6.3-18所示。

3. 应用价值

施工电梯数字化监测技术解决维保时维保人员流于形式、安全员疏于监管、操作人员交底不明确等难点问题，通过在施工电梯安装传感器及智能摄像头，实时监测施工电梯的载重、人数、速度（防坠）、高度限位、门锁状态、导轨架倾斜、轨道障碍物、笼内视频

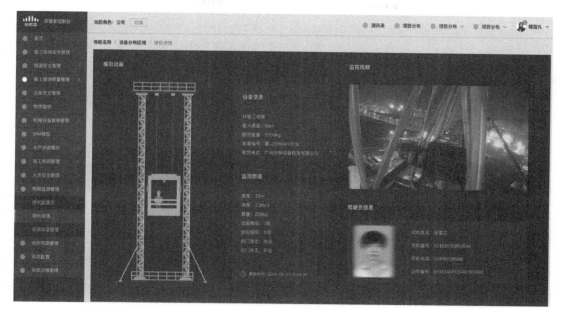

图 6.3-18　施工电梯监测系统

监控、操作人员身份管理等的运行信息，实现施工电梯运行状态、电梯司机人脸识别管理等多项功能。借助人脸识别这一成熟生物识别技术，结合传感设备预置维保关键责任人员信息、维保项目细分、维保周期智能提醒等定制程序，从监管维保源头抓起，确保升降机等起重机械安全运行。

4. 适用范围

本技术适用于房建等类型工程的施工电梯监测。

6.3.11　卸料平台数字化监测技术

1. 功能原理

在卸料平台载荷超过设计额定载重时通过声光报警提示使用人员，同时将每次载重通过 GPRS 数据通道传输至远传管理平台，相关管理人员可以通过平台实时了解卸料平台的使用情况，规范使用人员的操作行为，减少因为卸料平台的超载带来的安全隐患。

2. 应用案例及实施效果

案例：荆州开发区三板桥和连心、季家台片区棚户区改造工程项目

卸料平台监测系统（图 6.3-19），采用地磅结构，使测量误差在 10kg 范围内。载荷和拉力分别监测，数据更全面。平台记录历史数据不受时间限制，随时可查阅。

3. 应用价值

卸料平台安全监控系统基于物联网、嵌入式、数据采集、数据融合处理与远程数据通信等技术，实时监测载重数据并上传云平台，提醒操作员及时采取正确的处理措施，有效地防范和减少卸料平台安全生产事故发生。

4. 适用范围

该技术适用于房建工程。

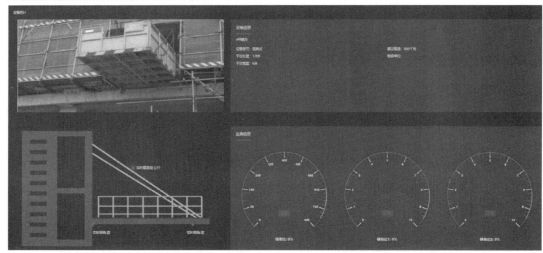

图 6.3-19　卸料平台监测系统

6.3.12　塔吊数字化监测技术

1. 功能原理

塔机监测系统是集互联网技术、传感器技术、嵌入式技术、数据采集储存技术、数据库技术等高科技应用技术为一体的综合性新型系统，实时采集、记录并上传塔机吊钩高度、小车幅度、大臂方位、吊物重量、塔机倾角、环境风速、防碰塔机位置、塔吊司机身份等信息。通过主机处理器进行计算和分析，能够对吊钩冲顶、小车前后位置超限、区域碰撞、超重吊、塔机倾翻、塔机之间碰撞、非法驾驶等安全事故提前做出精准判断，并提示塔吊司机或管理人员，做好预防或采取紧急处理措施，避免事故的发生。通过对现场或网络平台数据的查看和分析，可实现事故原因追溯。

2. 应用案例及实施效果

案例 1：海口市滨江西污水处理厂工程，共设置塔吊 4 台，属群塔作业。施工过程中，通过塔吊监测系统的应用，项目部实时掌握塔吊施工中各项监测数据，发生违规吊装、环境恶劣等情况时提供预警信息；同时通过吊钩可视化系统，摄像头自动捕捉画面，回传至驾驶舱，在出现隔山吊或塔吊达到一定高度时，起到很好的辅助作用。如图 6.3-20所示。

案例 2：临沂经开区新旧动能转换东部生态示范园区项目安置房工程。

通过对施工现场的塔吊安装数字化监测设备，有效地了解塔机工作运行阶段的各个部位的数据情况，通过对安全吊次的分析，制定奖惩制度，从而起到激励工人的作用。如图 6.3-21所示。

案例 3：中交横琴广场项目，塔吊数字化监测技术（图 6.3-22）由传感器、嵌入式采集设备、摄像头等组成，通过实时显示塔吊运行轨迹与视频障碍物实时监测防止塔吊倒塌及碰撞的发生。

通过高精度传感器采集塔机的风速、载荷、回转、幅度和高度信息，控制器根据实时

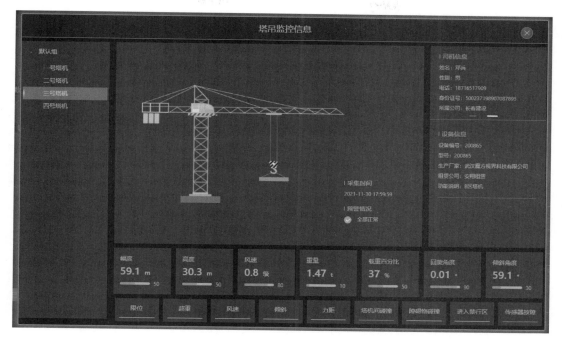

图 6.3-20 塔吊监测系统

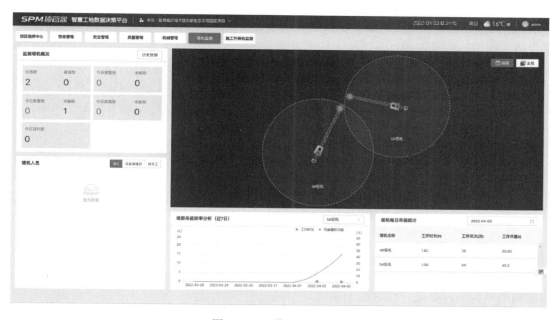

图 6.3-21 塔机监测系统

采集的信息做出安全报警和规避危险的措施,同时把相关的安全信息发送给服务器,塔机的监管部门可通过客户端查看到网络中每个塔机的运行情况。

3. 应用价值

塔吊安全监控系统从建筑施工塔吊安装到完全拆除为止的生命周期当中,通过信息化

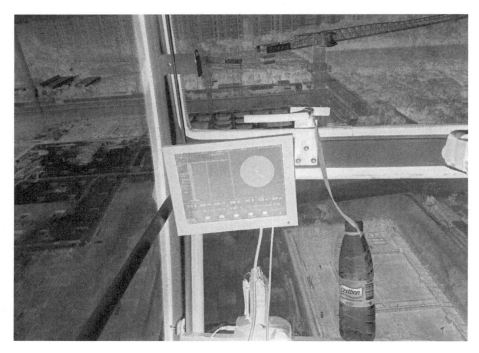

图 6.3-22　塔吊数字化监测技术

手段进行塔吊运行全过程监控记录，建筑工地塔吊监控系统可以进行塔机各传感器的数据采集，结合 GPRS 与无线通信，实时将塔机运行全过程数据传输至监控后台，能够有效预防塔式起重机超重超载、碰撞、倾覆等安全事故隐患。

塔吊安全监控系统可以让操作人员更好地了解操作情况，规避一些不必要的风险，而且实时的监控可以让人员的操作更规范，减少一些事故的发生。

4. 适用范围

本技术适用于房建、桥梁、市政等类型工程的塔吊施工。

6.3.13　光纤光栅数字化监测技术

1. 功能原理

光纤光栅传感器监测技术，基于光纤光栅的传感过程是通过外界物理参量对光纤布拉格波长的调制来获取传感信息，是一种波长调制型光纤传感器，该传感器将采集数据传输至监测云平台，速度快、精度高、延迟时间短，可监测温度、压强、应变、应力、流量、流速、电流、电压、液位、液体浓度、成分等参数。

2. 应用案例及实施效果

案例 1： 南京水利科学研究院以江苏南通某通用码头工程中板桩码头原型结构为研究对象，提出了基于分布式应变传感光纤技术的桩体受力和变形分布式监测技术并成功应用于板桩码头钢筋混凝土灌注桩原型试验研究中，基于原型桩中传感光纤的分布式监测资料，分析了港池开挖过程板桩码头桩体变形和受力，研究了板桩码头工作特性并对其安全特性进行评价。光纤布置如图 6.3-23 所示，桩体弯矩和剪力分布示意图见图 6.3-24。

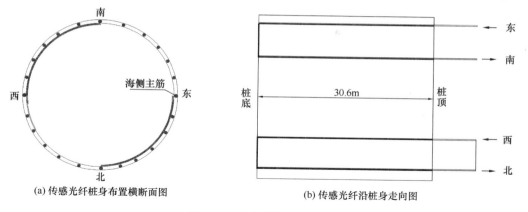

(a) 传感光纤桩身布置横断面图　　　　(b) 传感光纤沿桩身走向图

图 6.3-23　光纤布置示意图

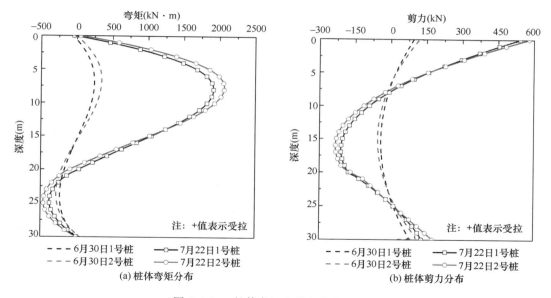

(a) 桩体弯矩分布　　　　(b) 桩体剪力分布

图 6.3-24　桩体弯矩和剪力分布示意图

案例 2：大连湾海底隧道项目，采用自研光纤光栅传感器实时采集隧道内部结构的受力参数（图 6.3-25），通过物联网设备传输至监测平台，指导施工人员了解隧道内的监测受力信息，为后续施工及维护提供指导。

该技术应用与大连湾海底隧道项目，具有抗电磁干扰、电绝缘性能好、安全可靠、耐腐蚀、化学性能稳定、体积小、重量轻，几何形状可塑、传输损耗小；可实现远距离遥控监测、传输容量大等优点。

3. 应用价值

分布式光纤光栅数字化感知技术，主要用于监测温度和应力的变化，可实现长达 20km 以上的数据传输和高密度全线测量，具有抗电磁干扰、安全可靠、耐腐蚀、测量范围广等优点。

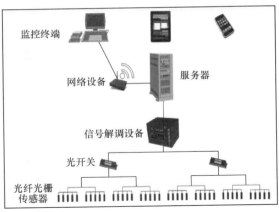

图 6.3-25　隧道内部结构的受力参数

4. 适用范围

本技术适用于公路、民航、市政等类型工程的各类受力监测。

6.3.14　隧道安全数字化监测技术

1. 功能原理

隧道安全数字化监测技术是在隧道围岩以排列方式激发弹性波，弹性波在向三维空间传播的过程中，遇到声阻抗界面，即地质岩性变化的界面、构造破碎带、岩溶和岩溶发育带等，产生弹性波反射现象，反射波被布置在隧道围岩内的检波装置接收，输入到仪器中进行信号的放大、数字采集和处理。

2. 应用案例及实施效果

案例 1： 中交一航局广西浦清高速项目（图 6.3-26），利用配套的专用软件进行处理，包括频谱分析、带通滤波、能量均衡、纵横波分离、速度分析和偏移归位、反射层提取等。处理结果可以提供在探测范围内地震反射层的 2D 或 3D 空间分布，同时还可以显示与其相对应的岩石力学参数。根据反射波的组合特征及其动力学特征、岩石物理力学参数等资料来解释和推断地质体的性质。

图 6.3-26　广西浦清高速项目

该技术是目前隧道施工地质超前预报的重要物探方法之一，在确保隧道施工安全和质量、控制工程投资和工期等方面均有优越表现。该技术预报范围从 100m 到 1000m，无需利用开挖面。该系统操作简单，对施工过程无妨碍，数据采集耗时少，处理快捷，可现场评估，能确定断层、破碎带、软弱岩带、岩溶、含水层等地质体性质及空间位置。实践表明，采用该技术，可以对隧道工作面前方围岩工程地质和水文地质情况的性质、位置和规模进行比较准确的探测和预报。

案例 2： 重庆中环建设有限公司重庆城口（陕渝界）至开州高速公路，线路全长 128.5km，概算投资 234.6 亿元，大巴山隧道是全线控制工期的关键工程，也是目前重庆在建最长隧道。隧道最大埋深 1114m，须穿过断层破碎带、含瓦斯地层、岩溶等特殊地质地段，存在突水、突泥、岩爆等安全风险。

项目通过智能硬件采集＋APP 跟踪的方式，实现了隧道形象进度的数字化管理（图 6.3-27）。由隧道工区负责人通过 APP 实时采集隧道实际进度，并通过 BIM 模型形象化展示隧道各工序实际进度；通过在开挖台车、二衬台车加装传感器，实时测量掌子面位置、二衬作业里程，自动计算开挖进尺及二衬里程；项目管理人员通过比对二者数据，分析现场人员进度跟踪是否及时，提升对进度管理的时效性和准确性，见图 6.3-28。

隧道监管

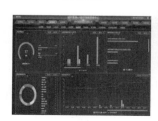
质量安全

进度管理

绿色施工

图 6.3-27　智慧管控系统

3. 应用价值

该技术可在隧道开挖排危后，立即在新露出的围岩面埋设变形监测点，采用全站仪三角高程测量原理对监测点附近的变形进行非接触式测量，获取隧道净空变形随时间发展规律，评判隧道初支结构的工作状态，为后续施工工序开展的时间节点提供参考，保障安全掘进。

4. 适用范围

本技术适用于公路、市政等类型工程的隧道施工。

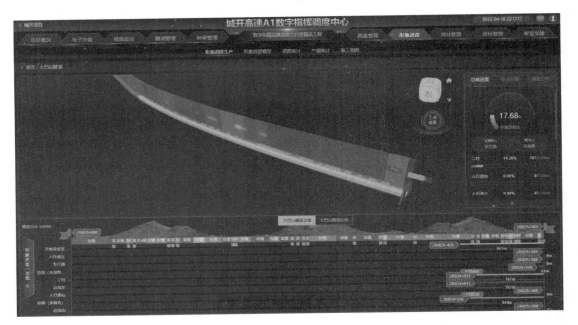

图 6.3-28　数字指挥调度中心

6.3.15　隧道超前地质预报与变形评估技术

1. 功能原理

隧道超前地质预报与隧道监控量测作为隧道施工的重要环节，可为评价施工方法的可行性、设计参数的合理性以及了解围岩及支护结构的受力和变形特性等提供准确及时的依据，它是保障隧道建设成功的关键因素，根据地质条件、风险源及其风险等级以及不同的隧道围岩分类等情况，进行超前物探。

（1）地质雷达法

地质雷达法是一种利用高频至特高频波段（空气中电磁波波长 10m 波段至分米波段）电磁波的反射无损探测方法。

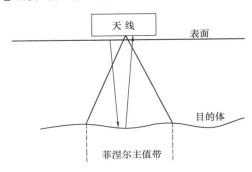

图 6.3-29　地质雷达探测原理示意图

在系统主机的控制下，发射机通过天线向围岩内定向发射电磁波（雷达波）。主机对从不同深度返回的各个反射波进行放大、采样、滤波、数字叠加等一系列处理，可在显示器上形成一种类似于地震反射时间剖面的地质雷达连续探测彩色剖面，如图 6.3-29 所示。

（2）超前地质钻孔

超前地质钻孔一般地段采用普通钻机施工，钻机能力可达到 100m，钻孔粗略探明岩性、岩石强度、岩体完整程度、溶洞、暗河及地下水发育情况等。复杂地质地段采用取芯钻，芯钻岩芯鉴定准确可靠，地层变化里程可准确确定。

（3）隧道监控量测围岩变形评估

监控量测工作原理是利用精密测量仪器对隧道拱顶沉降、周边收敛进行数据采集，并把采集后的数据采用曲线回归分析法进行整理；检测项目主要包括：地表沉降观测、洞内拱顶沉降观测等。布设位置见图 6.3-30。

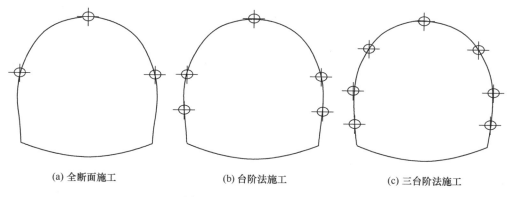

(a) 全断面施工   (b) 台阶法施工   (c) 三台阶法施工

图 6.3-30　量测点布设位置

2. 应用案例及实施效果

案例：中交一航局玉磨铁路项目，重点提出曼木树隧道及景寨隧道斜井，作为本标段的重点和难点施工项目，主要体现在隧道围岩岩性变化频繁、自稳能力差，导致施工过程中初支变形较大，造成隧道初支欠挖、拱架变形现象频繁发生。现场通过监控量测数据采集、整理、分析工作（图 6.3-31），为现场施工支护参数及动态设计变更调整提供重要依据；指导隧道围岩软弱地段及时改变支护参数，确保初支的支护能力，减少因初支变形过大返工对施工质量及进度造成的不良影响，同时通过监控测量数据分析对各隧道的开挖预留沉降量做出合理调整，避免因隧道初支欠挖造成的返工、圬工现象，节约了施工成本，加快了施工进度。

3. 应用价值

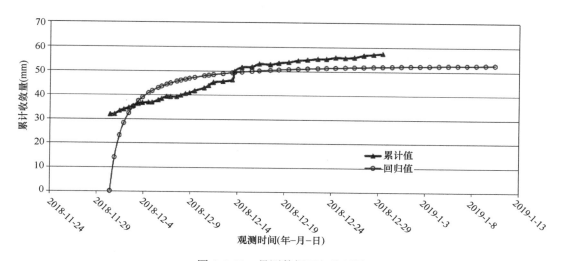

图 6.3-31　量测数据回归分析图

隧道超前地质预报与变形评估技术能够对施工方法的可行性、设计参数的合理性以及围岩及支护结构的受力和变形特性等提供准确及时的依据，在一定程度上能够保证隧道开挖施工的安全性，具有较大的应用价值。

4. 适用范围

本技术适用于铁路、公路等类型的隧道工程施工。

6.3.16　隧道施工自动化监测技术

1. 功能原理

本技术是一种针对隧道施工超欠挖信息的快速检测方法。通过一种便携式的360°全景图像采集设备获取隧道内部的多张图像及对应的空间位置信息，结合配套软件快速构建高分辨率的实体三维模型。通过实体三维模型与设计模型的比对，实现对各断面超欠挖信息的自动连续计算，根据检测结果可对掘进爆破方案进行及时调整，控制开挖精度保证施工安全，同时避免欠挖返工影响工程进度和超填混凝土带来的材料浪费，如图 6.3-32 所示。

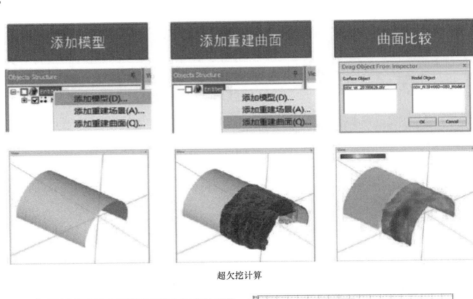

超欠挖计算

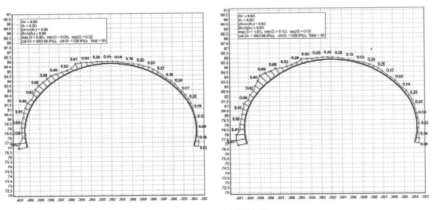

图 6.3-32　结果输出

2. 应用案例及实施效果

案例：杭州二绕湖州段长城坞隧道、英公隧道，项目组在长城坞隧道施工过程中，进行了 10d 的现场实践，对约 30m 范围的开挖掌子面进行了实景建模与超欠挖分析，累计采集了 1847 张照片，检测结果表明本项目在开挖过程中以超挖为主，最大偏差 0.93m，平均偏差 0.3m，对超欠挖控制较好。

本技术可实现对于开挖全断面的超欠挖信息检测，实现从单一断面检测到开挖全断面区域检测的转变；从图像采集、建模、超欠挖结果输出，可在 30min 内完成，检测效率高；图像采集完成后，建模、计算超欠挖信息，可由软件自动完成，自动化程度高。

3. 应用价值

隧道施工自动化监测技术可以实现隧道施工过程中各生产要素，如人员、机械、材料等方面的关键数据监测自动记录，有效控制开挖精度，避免因欠挖返工造成的人力资源及材料浪费，能提高施工效率，保证施工安全及施工质量。

4. 适用范围

本技术适用于各类隧道工程的施工超欠挖信息检测。

6.3.17 隧道施工步距监测技术

1. 功能原理

隧道施工步距监测技术可以实时监测安全步距长度信息，并将信息传送到监控中心；根据隧道围岩类型，对安全步距长度进行实时预警；通过数据统计、分析，实时展示步距历史变化趋势；支持隧道安全步距在线监测数据综合查询。

2. 应用案例及实施效果

案例：重庆中环建设有限公司重庆城口（陕渝界）至开州高速公路，线路全长 128.5 公里，概算投资 234.6 亿元，大巴山隧道是全线控制工期的关键工程，也是目前重庆在建最长隧道。隧道最大埋深 1114m，须穿过断层破碎带、含瓦斯地层、岩溶等特殊地质地段，存在突水、突泥、岩爆等安全风险。

在大巴山隧道施工中，现场建立了安全步距自动监测系统（图 6.3-33），实时监测安

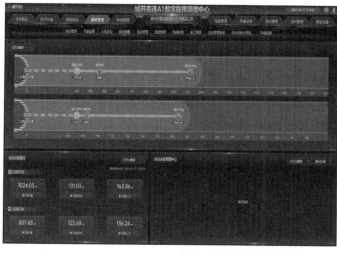

图 6.3-33 数字指挥中心

全步距的数值，后台在收集到数据后，会同步在智慧中心的大屏及云端平台上进行展示，使得现场人员和集团管理人员都可以实时了解安全步距是否合规。

3. 应用价值

实时监测安全步距长度信息，并将信息传送到监控中心，提高作业安全性和信息实时性。

4. 适用范围

本技术适用于线性工程、市政工程等类型工程的施工。

6.3.18　明挖隧道施工监测技术

1. 功能原理

通过物联感知技术，采集布设在施工现场的物联设备的监测数据，实时传回部署在云端的数字化施工监测平台，结合 BIM 技术，在相应结构物模型上标记出测点位置，分类绑定沉降、位移、轴力、水位等不同监测类型的测点数据，通过阈值及预警规则的设置，对上述监控数据进行分析与预警有效控制围堰、基坑的坍塌风险。

2. 应用案例及实施效果

案例：中铁十六局集团有限公司，341 省道无锡马山至宜兴周铁段工程，对水下明挖隧道围堰工程布设监测设备，实时监测桩顶位移、桩顶沉降、拉杆轴力、软土沉降和水位，监测点位和数据关联竺山湖隧道 BIM 模型，实现监测数据的可视化反馈和展示，通过四级报警机制，对变化量、变化速率、累计变化量等参数设定报警阈值，根据不同报警等级通知不同人员处理报警信息完成报警闭环，提前分析围堰监测数据的危险信号，提高了围堰安全系数与应急响应效率。如图 6.3-34～图 6.3-36 所示。

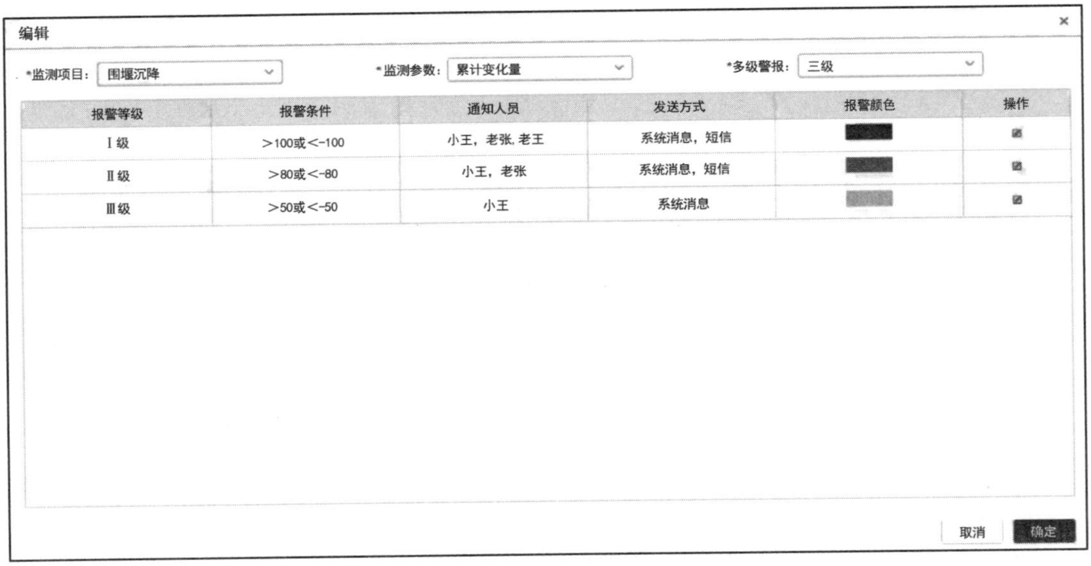

图 6.3-34　围堰监测数据报警阈值设置

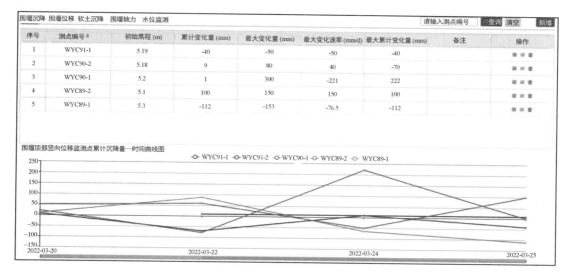

图 6.3-35 围堰监测数据分析

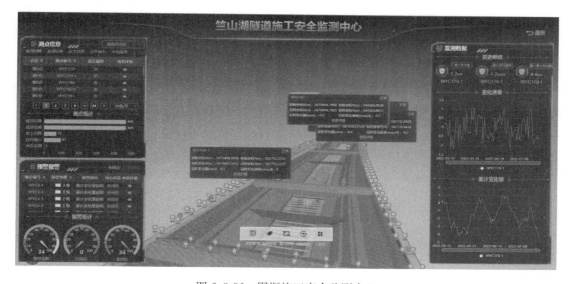

图 6.3-36 围堰施工安全监测中心

3. 应用价值

该技术对明挖隧道围堰施工全过程实时监控，通过物联设备将监测数据实时传输回云端，降低现场测量人员工作强度。监测点位和数据关联 BIM 模型后，实现监测数据的可视化反馈和展示，并通过预警报警功能提前分析围堰监测数据的危险信号推送至管理人员终端，提高了围堰安全系数与应急响应效率。

4. 适用范围

本技术适用于明挖施工隧道施工安全监测。

6.3.19 人员定位监测技术

1. 功能原理

系统通过定位基站感应到人员定位卡，通过定位基站上传到监控中心服务器，然后经过软件分析处理后，系统采用地图的形式实时显示区域内人员所处的位置情况，对区域内人员分布情况做到实时掌握，对施工人员进行实时位置跟踪管理，了解施工人员在区域内的位置轨迹。系统可实现地图实时位置显示，快速人员检索，报表管理，人员定位统计，历史数据回放，可设置危险区域和禁止区域报警等功能。对人员实时监督管理（可实时查看人员位置、数量、运动轨迹、遇突发事情求助、进入危险区域告警信息等）。

2. 应用案例及实施效果

案例 1：中国中铁四川天府新机场高速龙泉山隧道

普斯克隧道人员高精度定位采用超宽带（Ultra-Wideband，UWB）技术，不需要产生连续的高频载波，仅仅需要产生一个时间间隔极短的脉冲，因此也称作脉冲无线电（Impulse Radio，IR），便可通过天线进行发送。需要传送信息可以通过改变脉冲的幅度、时间、相位进行加载，进而实现信息传输。在隧道定位中用到的 UWB 遵循 802.15.4a 标准，在测距的时候，采用 ToF（Time of Flight）的方式，计算 A、B 两点电磁波飞行的时间，通过时间计算出两点之间的距离。如图 6.3-37、图 6.3-38 所示。

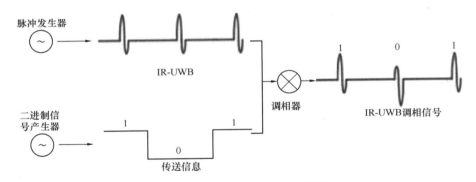

图 6.3-37　IR-UWB 调相信号圈

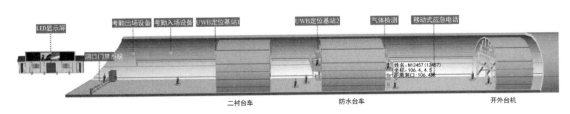

图 6.3-38　UWB 定位安装示意图

人员精确定位系统采用 UWB 技术，定位精度优于 30cm 识别速度 300 张/s。系统精度高、容量大，实时性好，无漏卡。为管理人员提供位置实时定位、历史轨迹回放、视频联动跟踪、LED 大屏实时统计、可与门禁复合开门、跟踪定位指定人员、人车定位考勤、电子围栏、行为分析、多卡判断、灾后急救、日常管理、智能巡检等功能。可以帮助管理方查找和改进薄弱环节，防范施工安全事故的发生。

案例 2：重庆中环建设有限公司重庆城口（陕渝界）至开州高速公路，线路全长 128.5km，概算投资 234.6 亿元，大巴山隧道是全线控制工期的关键工程，也是目前重庆在建最长隧道。隧道最大埋深 1114m，须穿过断层破碎带、含瓦斯地层、岩溶等特殊地质地段，存在突水、突泥、岩爆等安全风险。

在大巴山隧道中，采用了国内最高精度的 UWB 定位系统（图 6.3-39），系统对隧道全线进行覆盖，实际精度可达 50cm，确保人员一进洞，就能了解精确位置及轨迹，系统支持 SOS 双向报警，在紧急情况下，只要隧道内通信未完全中断，就能触发双向报警。

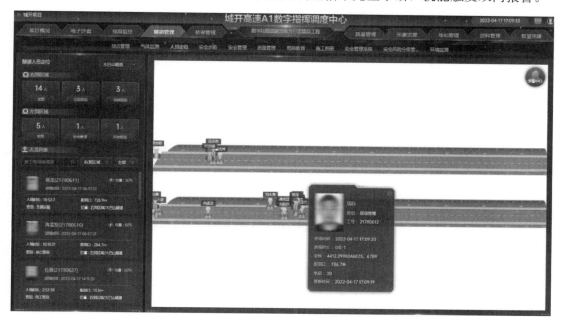

图 6.3-39　数字指挥调度中心

3. 应用价值

为调配相关人员及时解决突发情况提供依据，减轻工作人员管理的工作量，减少人力成本投入，提高工作效率。推动对人员的管理工作向制度化、规范化、实时化发展，确保人员安全稳定，为逐步实现"智能化全方位监管"奠定坚实基础。

4. 适用范围

本技术适用于房建、线性、市政、港口码头等类型工程的人员定位监测管理。

6.3.20　环境监测技术

1. 功能原理

环境监测的对象包括自然因素、人为因素和污染组分三种，使用的技术包括化学监测、物理监测、生物监测和生态监测四种。建造行业的环境监测对象主要有大气温度、大气湿度、气压、降雨量、风速、风向、太阳总辐射等气象数据，以及环境空气（颗粒物、降尘、挥发性化合物等）、废气、烟气、固体废物、水质、土壤和沉积物、环境噪声等，一般使用自动气象站系统进行气象等数据的采集、存储、传输和管理。

环境监测技术通过在施工现场搭建环境采集设备、数据传输网络和数据中心服务器，实时采集施工现场的环境监测数据，客观分析施工区域的大气温度、风速、噪声等数据，对施工现场提供数据自动采集、工程全周期数据分析、闭环报警等应用。

2. 应用案例及实施效果

案例1：某电力工程项目应用环境监控系统，由采集设备应用现场、无线数据传输、数据中心服务器和用户远程登录监控三部分组成。采集设备应用现场的各种传感器通过数据采集仪连接无线通信设备，通过无线方式实现中心服务器实时采集现场设备的数据，如风速、风向、噪声、总辐射量、PM_{10}、$PM_{2.5}$ 等，数据中心服务器对环境采集设备的数据进行判断，超出设定值则进行报警提示。一个中心服务器可以同时采集几百台设备的数据，中心服务器对采集设备历史运行数据进行保存，用户可以在远程电脑上通过浏览器登录到中心服务器，查看采集设备的运行状态和相关数据。如图 6.3-40～图 6.3-45 所示。

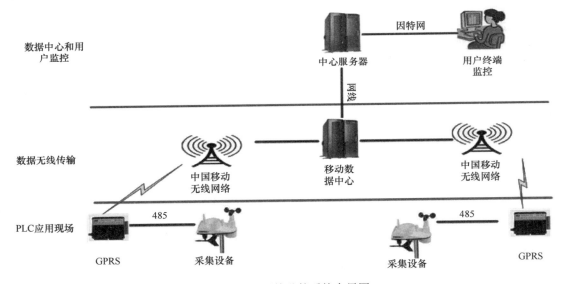

图 6.3-40　环境监控系统布局图

项目通过应用环境监控系统，健全环境监测基础设施体系，为实现有效的环境监测奠定了良好基础，同时也为后续环境保护措施的制定和实施打下基础。在系统采集到的参数值超过参数阀值时，系统自动在平台滚动示警，并且给相关责任人发报警短信，督促采取有效措施降低相关值。对于环境中所出现的问题，做到了及时发现，及时解决和改善了环境管理缺少实时监管的问题，最大限度减少了工程项目的环境污染问题。

案例2：重庆中环建设有限公司重庆城口（陕渝界）至开州高速公路，线路全长128.5km，概算投资 234.6 亿元，大巴山隧道是全线控制工期的关键工程，也是目前重庆

图 6.3-41 自动气象站系统

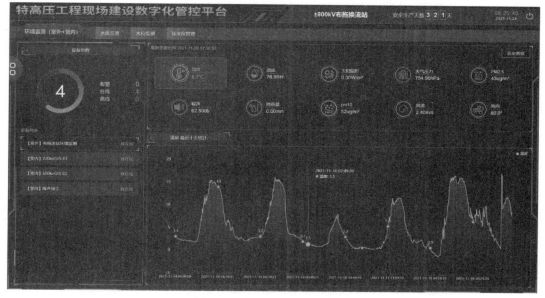

图 6.3-42 远程登录监控界面

序号	监测时间	温度(℃)	湿度(%RH)	太阳辐时(W/m²)	大气压力(hPa)	PM2.5(ug/m³)	PM10(ug/m³)	降雨量(mm)	噪音(db)	风速(m/s)	风向(°)
1	2021-09-30 17:19:45	22.9	50.9	0	759.1	11	11	0	68	1.1	180.0
2	2021-09-30 17:14:45	23.1	49.1	0	759.2	11	12	0	58.7	1.1	218.0
3	2021-09-30 17:09:46	23.4	48.6	0	759.2	12	12	0	42.7	0.9	251.0
4	2021-09-30 17:04:45	23.5	49.3	0	759.2	12	13	0	61.5	1.7	194.0
5	2021-09-30 16:59:45	23.5	49.7	0	759.2	15	17	0	45.5	1.7	237.0
6	2021-09-30 16:54:46	23.5	50.1	0	759.1	21	26	0	58.2	1	160.0
7	2021-09-30 16:49:45	23.5	50.1	0	759.1	13	14	0	54.8	1.7	201.0

图 6.3-43 历史数据查询

在建最长的隧道。隧道最大埋深1114m，须穿过断层破碎带、含瓦斯地层、岩溶等特殊地质地段，存在突水、突泥、岩爆等安全风险。

大巴山隧道属于瓦斯工区，项目高度关注瓦斯浓度的发展，在本项目中采用了多维的监控预警手段。气体监测系统由三部分组成感知部分、分析部分、报警部分，其中感知部分是由各种传感器组成的监测系统，24h对洞内气体进行监测。

智慧中心后台（图6.3-44）在获取到数据后将气体的时间、浓度等数据生成图表，同时展

图 6.3-44 智慧中心后台

示在洞口的智慧大屏及云端平台上，让相关人员能第一时间查看气体发展情况。系统在监测气体的同时，对气体进行预警，一旦气体增长趋势接近风险数值，就会以低报警和高报警的形式，分别在洞内、洞口、智慧大屏、云端平台上同步报警，提醒人员及时撤离并处理。

3. 应用价值

环境监测的目的是准确、及时、全面地反映施工环境的质量现状及发展趋势，为环境管理、污染源控制、环境规划等提供科学依据。本技术的应用为施工现场的环境监测提供决策依据，辅助企业精细化决策，辅助专家预测将来可能出现的生态环境问题，并解决现实中真实发生的环保问题，为保护人类健康、保护环境，合理使用自然资源，制订环境法规、标准、规划等提供支撑。

4. 适用范围

本技术适用于房建、线性、市政等类型工程施工的环境监测工作。

6.3.21 有害气体监测技术

1. 功能原理

瓦斯、一氧化碳、二氧化碳、温湿度、风速等传感器都为本质安全性传感器，传感器将需要监测点的数据采集后传送给无线综合参数信号处理器，信号处理器将信号发送给数据采集系统，数据采集系统将接收到的数据处理后发送给系统的网络服务器，网络服务器最后通过远程无线传输模块传输到数据基站，经过软件智能处理后设置报警阈值，实时监测并及时预警（图 6.3-45）。

CO传感器　　　　甲烷传感器　　　　HS传感器　　　　风速传感器

图 6.3-45　有害气体监测技术

2. 应用案例及实施效果

案例：中铁二十四局渝昆高铁新对歌山隧道项目，采用 485 系列总线型气体检测报警系统的 MODBUS 协议进行数据采集和传输，智能变送器节点对施工现场的气体浓度进行采集检测，主机轮巡检测各个节点，配合智能化的后台软件，实时监控现场气体浓度变化。采用了总线机制，抗干扰能力强，布局方便，接线简单，同时智能变送器节点还提供一个可控制外部设备（排气扇、电磁阀等）的开关量输出，如图 6.3-46、图 6.3-47 所示。

本系统通过各种气体传感器对隧道内有毒有害气体实时采集，并将数据上传服务器进行分析处理，浓度达到报警器设置的报警值时，报警器会发出声光报警信号，以提醒采取人员疏散、强制排风、关停设备等安全措施。气体报警器可联动相关的设备，如在隧道施工过程中发生有毒有害气体泄漏，可以在报警的同时驱动排风，切断设备电源等系统，预防事故发生，保障安全生产。仪器采用嵌入式微控技术，可靠性高；检测仪外壳采用铸铝材料，强度高，耐高温，耐腐蚀。

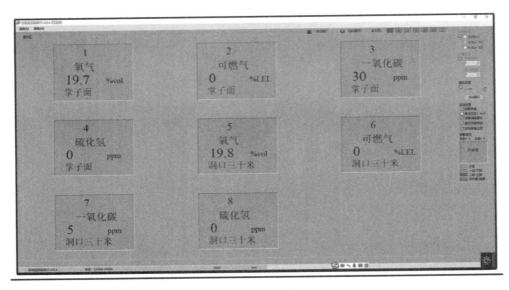

图 6.3-46　系统软件界面

图 6.3-47　安装实物图

3. 应用价值

针对监测到的数据进行统计分析，可以帮助项目了解清楚当前有毒有害气体浓度状况。监控中心平台接收到现场报警信号，能主动推送报警页面、报警声音、短信提醒等方式。告警方式在系统中可根据告警类型和告警等级进行灵活设置。

4. 适用范围

广泛应用于冶金、电厂、化工、矿井、隧道、坑道、地下管线等类型工程的地基处理施工。

6.3.22 智慧颗粒监测技术

1. 功能原理

智能颗粒（Smart Rock）由耐高温高强度材料 3D 打印而成，具有真实石料类似的形状、大小和棱角度（尺寸形状与集料类似，只有 19mm）；可以实时采集时间、温度、三轴应力、三轴加速度、欧拉角四元数等数据，蓝牙无线传输至云端服务器；分析沥青路面结构内部各层应力、应变随时间的变化情况，反算路面结构模量，并评价路用性能。

2. 应用案例及实施效果

案例：智能颗粒监测技术在苏州市 256 省道（苏沪高速至沪昆交界）路面改造工程项目、江广高速公路改扩建项目、齐鲁交通发展集团 2017—2018 年养护大中修 G15 沈海高速及 G18 荣乌高速段、南通市干线公路养护大中修 335 省道海门段进行了应用，取得了良好的应用效果（图 6.3-48）。

智能颗粒作为一种路面结构性能的实时监测评价手段，埋设完成后自动采集数据，无

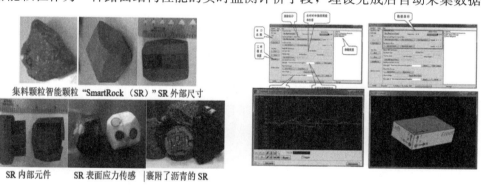

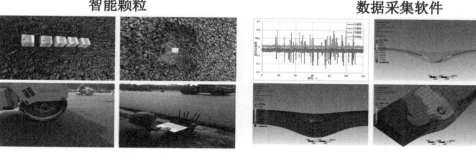

图 6.3-48 智能颗粒监测技术

需人员检测和封路，可以实时采集数据，受检测环境影响小。通过对应用工程的实施效果进行长期的跟踪观测，智能颗粒监测技术实现了对路用性能长期监测评估，为提高道路耐久性提供了参考依据。

3. 应用价值

智能颗粒监测技术应用简便，受环境影响小，适用性广，具有良好的时效性和安全性。通过实时传输的颗粒运动数据，能够实现对路面的长期性能监测评估，根据评估数据采取相应措施改善道路的长期性能，提高道路的耐久性。

4. 适用范围

本技术适用于各等级新建结构物及养护路面应力应变监测，路面结构性能预测；桥梁挠度及结构物内部指标监测；路面新结构、新材料性能评价。

6.3.23 水质数字化监测技术

1. 功能原理

水质是指在规定时间或特定时段、地点测定水的某些参数，如无机物、溶解矿物质或化学药品、溶解气体、溶解有机物、悬浮物及底部沉积物的浓度。面向建造行业的水质监测，主要是指通过理化检测方法监视和测定水体中的 pH、浊度、溶解氧（DO）、化学需氧量（COD）、氨氮、电导率、高锰酸盐指数、总氮、总磷、总有机碳（TOC）等指标值及变化趋势。

水质数字化监测技术通过将各类水质监测设备采集的数据，包括 pH 值、COD 值、溶解氧值、氨氮值、浊度等，传输到系统进行实时的监测和统一管理，当超过阈值时主动进行预警，动态监控水质信息，实现灾害的预警和预报。

2. 应用案例及实施效果

案例：某电力工程项目，搭建了水质数字化监测系统，包括全自动离子分析仪、浊度仪、溶解氧仪、COD 检测仪、分光光度计等硬件采集设备，通过 RS485 接口、GPRS 无线通信设备等方式将采集的数据传输到系统，针对不同的水质指标设定不同的采样频率、报警阀值，实现水质数据的自动化采集、数据海量存储和闭环报警（图 6.3-49～图 6.3-51）。

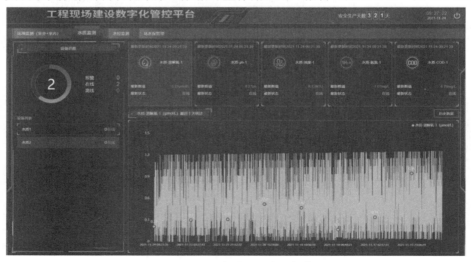

图 6.3-49 水质——溶解氧值

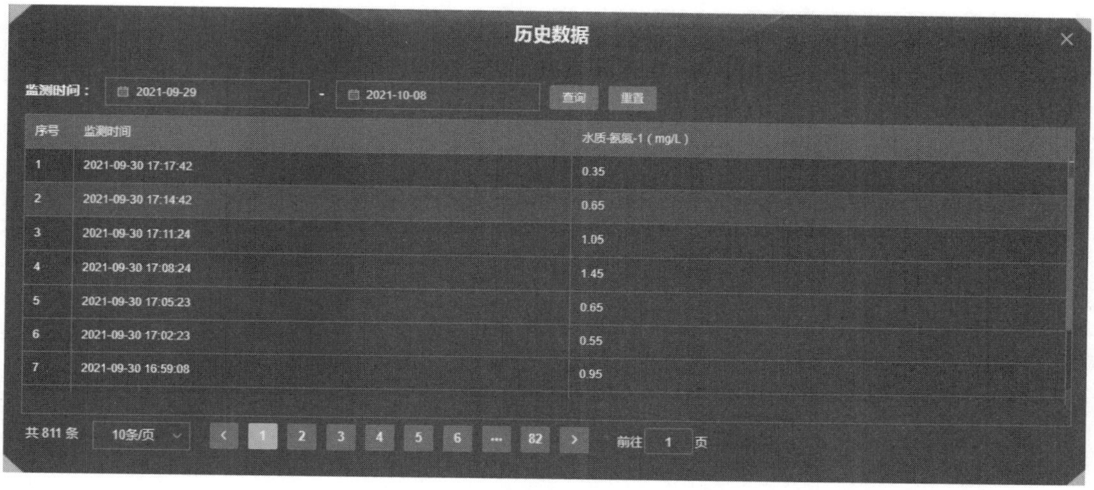

历史数据

监测时间：2021-09-29 - 2021-10-08 查询 重置

序号	监测时间	水质-氨氮-1（mg/L）
1	2021-09-30 17:17:42	0.35
2	2021-09-30 17:14:42	0.65
3	2021-09-30 17:11:24	1.05
4	2021-09-30 17:08:24	1.45
5	2021-09-30 17:05:23	0.65
6	2021-09-30 17:02:23	0.55
7	2021-09-30 16:59:08	0.95

共 811 条 10条/页 1 2 3 4 5 6 … 82 前往 1 页

图 6.3-50 水质——氨氮值

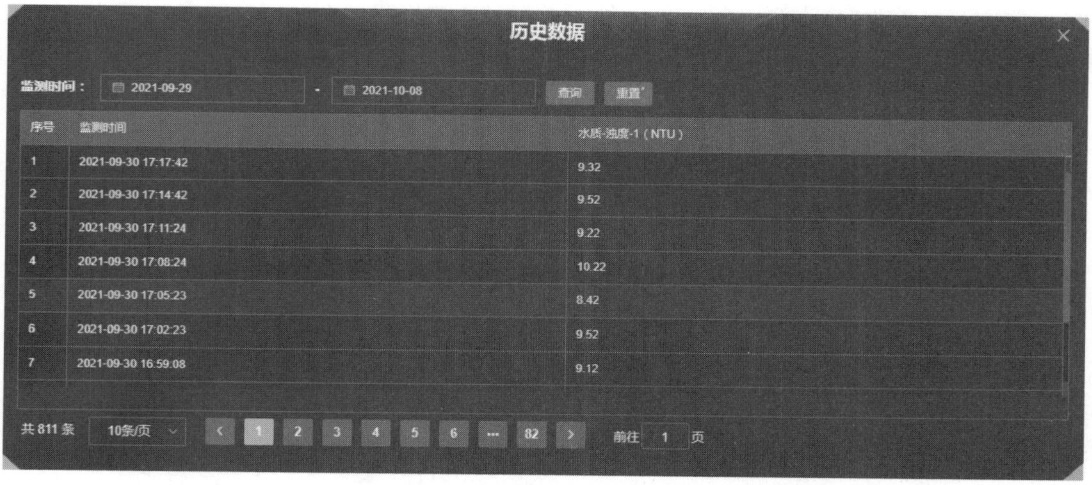

历史数据

监测时间：2021-09-29 - 2021-10-08 查询 重置

序号	监测时间	水质-浊度-1（NTU）
1	2021-09-30 17:17:42	9.32
2	2021-09-30 17:14:42	9.52
3	2021-09-30 17:11:24	9.22
4	2021-09-30 17:08:24	10.22
5	2021-09-30 17:05:23	8.42
6	2021-09-30 17:02:23	9.52
7	2021-09-30 16:59:08	9.12

共 811 条 10条/页 1 2 3 4 5 6 … 82 前往 1 页

图 6.3-51 水质——浊度值

水质数字化监测系统主要实现水质信息的监测数据展示和管理，并对上传信息进行汇总、存储，通过对信息的采集、过滤、融合汇总、分析，以各类图表形式进行展现，对站内污水 PH、COD、溶解氧、氨氮、浊度等实时监测并及时预警，解决了水质监测不及时的问题，掌握了水质环境的动态信息，实现了灾害的预警和预报。同时系统支持历史记录查询，可对监测点位进行趋势分析。系统通过自动化采集的方式，节省了大量的人力和物资，且系统易维护、易部署、易扩展、低功耗，降低了系统应用的门槛。

3. 应用价值

水质数字化监测技术，通过充分利用物联网和大数据等技术，解决了传统人工检测水质时所遇到的检测周期长、劳动强度大、数据采集速度缓慢、人工录入存在误差、检测点环境简陋等问题，实现监测点的 7×24h 不间断和按需监测，有效实现水污染事件的可防可控，帮助业主、施工和环境保护等部门及时、准确地掌握水质信息，为预警预报水质污染事故，监管污染物排放指标，以及监督总量控制等提供数据支撑。

4. 适用范围

本技术适用于房建工程、线性工程、市政工程等类型工程施工的水质监测工作。

6.3.24 沉降数字化监测技术

1. 功能原理

沉降指建（构）筑物在自身荷载或外部环境的作用下，建（构）筑物的地基、施工现场的边坡和模板等因受到压缩引起的竖向变形或下沉。沉降包括均匀沉降和不均匀沉降，其中不均匀沉降会使建（构）筑物、边坡、模板等产生附加应力，当不均匀沉降超过物体所承受的限度时，会造成墙体或边坡体开裂、整个结构严重倾斜、边坡体滑坡的危险，危及安全。沉降监测技术一般包括GPS变形监测、几何水准或液体静力水准监测，以及电磁波测距三角高程测量等。

沉降数字化监测技术，利用静力水准仪等沉降传感器技术、信号传输技术，以及无线传输技术和软件技术，从宏观、微观相结合的全方位角度，来监测影响安全的关键技术指标，通过系统记录历史和现有的数据，分析未来沉降的趋势，以便辅助施工、监测单位决策，提升安全保障水平，有效防范和遏制重特大事故发生。

2. 应用案例及实施效果

案例：某电力工程项目根据现场实际情况，设置监测基准点，并在模板上安装压差式静力水准仪（图6.3-52），进行模板沉降的实时和自动化监测，开展施工过程时间段内的变形监测，确保了监测数据的连续性、准确性。

图6.3-52　模板沉降监测设备（静力水准仪）安装

该项目通过应用沉降数字化监测技术，实时监测测点相对于基准点的升降情况（图6.3-53），快速识别监测位置、监测数据、采样时间、告警情况等，并可回看历史监测数据，实现了掌握施工现场的模板沉降情况，保障了项目施工的安全。

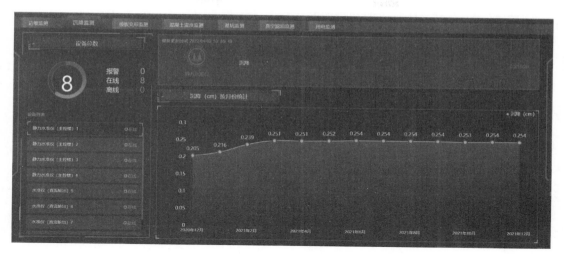

图 6.3-53　沉降监测数据

3. 应用价值

沉降数字化监测技术，对于掌握工程项目施工过程和建（构）筑物竣工后的沉降情况提供了技术支撑，能够及时发现不利的下沉现象，提前采取必要的措施，保证施工安全和建（构）筑物的正常使用。

4. 适用范围

本技术适用于房建工程、线性工程、市政工程等类型工程在施工过程以及竣工后的沉降监测工作。

6.3.25　钢支撑轴力监测

1. 功能原理

钢支撑轴力监测系统主要由主控台和钢支撑伺服单元组成（图 6.3-54）。钢支撑伺服

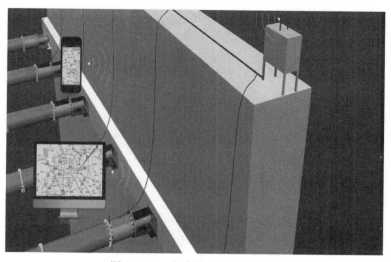

图 6.3-54　钢支撑轴力监测系统

单元内集成液压泵站、千斤顶及智能控制系统，与传统钢支撑通过法兰连接成一个整体，随钢支撑置于基坑内部，主控台位于基坑外部，主控台通过无线信号与钢支撑伺服单元进行通信，实现无线智能监测。

2. 应用案例及实施效果

案例： G329 凤阳至蚌埠段改线工程，中铁四局承建的 01 标段，考虑到深基坑开挖施工伴随着极强的环境效应，若不进行严格的变形控制，将会影响邻近基坑的建（构）筑物的正常使用，严重时甚至引发事故，造成的经济损失和社会影响不可估量。

基坑在开挖时一般对其侧壁进行支护，来防止基坑变形所带来的周边环境的影响，尤其是防止邻近建筑物地下构件破坏。基坑支护多采用内支撑方式，常用的支撑分为混凝土支撑和钢支撑两类，混凝土支撑由于施工工期长，拆除工作量大，且不环保等原因目前逐步被钢支撑所代替。因此，钢支撑安全监测为现场作业提供了有力帮助。

3. 应用价值

钢支撑轴力监测系统使工程管理人员能随时随地掌握基坑位移、轴力变化，一旦有异常自动报警、补偿，大大减轻了施工及管理人员的工作强度。基坑钢支撑轴力伺服系统的推广使用，对提高安全预警准确性，降低安全事故发生率，保护人民生命、财产安全等方面发挥越来越大的作用。

4. 适用范围

本技术适用于基坑在开挖时一般对其侧壁进行支护，来防止基坑变形所带来的周边环境的影响，尤其是防止邻近建筑物地下构成部件破坏的钢支撑监测。

6.3.26 拉索监测

1. 功能原理

通过采集拉索在人工激励或者环境激励下的振动信号，经频谱分析处理得到索的自振频率，后由频率与索力之间的关系求得拉索的索力值，在实际的索力测量过程中，会受到拉索的边界约束、拉索垂度、抗弯刚度等因素的影响（图 6.3-55）。监测系统主要由 3 个

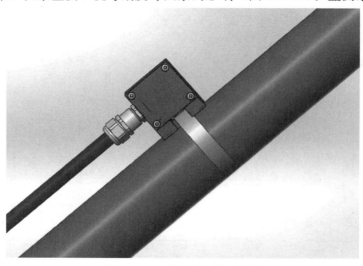

图 6.3-55 索力计安装示意图

部分组成，分别为采集终端、网关和云服务器端。采集终端部署于桥梁各个拉索之上，负责采集拉索振动信息；网关与采集终端通过 Lora 技术星型组网，按照设定的时序将终端数据有序地推送云服务器；云服务器解析、计算、存储并显示最终有效数据，当索力值超出设定的阈值时，系统可在线做出预警。

2. 应用案例及实施效果

案例： 南通东沙大桥位于江苏省南通市通州滨江新区，全长 1898m，主跨 510m，监测设备布置在主跨上（图 6.3-56）。南通东沙大桥的养护管理采用"结构健康安全监测及综合管理系统"。

图 6.3-56 索力计现场安装图

通过各类传感器数据的获取，分析结构潜在的损伤。该项目通过索力监测数据得出反映结构整体内力变化状态的重要参数。在桥梁运营过程中，由于塔顶偏位、主梁下挠、基础沉降等因素造成结构内力状态改变，进而引起索力重分布。因此在桥梁运营阶段尤其要关注索力的评估，以掌握结构的安全性能。

3. 应用价值

桥梁拉索断裂造成桥梁垮塌的严重事故时有发生。如斜拉索上端裸露的钢丝用脆性的水泥砂浆防腐，且该处水泥砂浆多年后未凝结，拉索高强钢丝长期裸露，最终导致高强钢丝腐蚀性断裂，造成重大生命财产损失。通过桥梁拉索应力监测进行损伤趋势监测，能有效预防事故发生。因此，桥梁拉索应力监测系统监测设备十分必要。

4. 适用范围

本技术适用于斜拉桥、悬索桥、系杆拱桥和施工中的缆索等索的基频、索力的测量与长期监测。

6.3.27 混凝土数字温控监测技术

1. 功能原理

近年来，基建建设的施工技术不断成熟，工程规模不断增大，大体积混凝土结构在工程中的应用愈发频繁。大体积混凝土的特点，除了体积较大外，更主要是由于混凝土的胶凝材料水化热不易散发，在内外约束作用下，极易产生温度裂缝。

温度裂缝产生的最主要原因是混凝土内外的各种约束及温差产生的温度应力大于同一时期混凝土自身的抗拉能力。传统的大体积混凝土温度应力手工估算，工作量大且与现场施工结合性差，需要技术人员具有丰富的工程实践经验。为了节约成本，提高工程质量，降低大体积混凝土温控避裂难度，需要建立一套系统的智能的实时的大体积混凝土仿真分析温控检测方法。

有限元仿真分析是使用数学近似的方法来模拟真实的物理系统（几何和载荷工况）。通过简单且相互作用的元素（即单元），可以使用有限数量的未知数去逼近无限的未知真实的系统。随着有限元仿真分析系统的发展，近年来也运用到了大体积混凝土水化热分析领域。

大体积混凝土浇筑工程进行施工前的理论计算，仿真分析及施工现场足尺验证监控三者相结合的数字温控检测技术。采用预埋式应变计对混凝土的整个施工养护过程进行实时监控，对混凝土内部的温度、应变进行实时监控及数据采集，将数据上传云端统合分析，做到现场数据及时反馈技术人员，对混凝土温度进行实时的调节控制，仿真分析结果进行验证和不断优化，使之愈加符合实际工程情况。

2. 应用案例及实施效果

案例 1：中交一航局大连湾海底隧道项目，大体积混凝土温度应力场计算主要应用于现场混凝土浇筑质量管控。以大体积混凝土定时测温记录仪云服务（TG 版）系统为例。本系统由：用 TR－TF－USB 版"现场定时自动测温记录仪"、无线数据终端、数据及电源传输线、传感器等组成（图 6.3-57）。

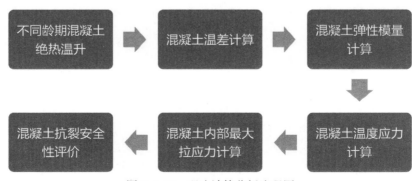

图 6.3-57　理论计算分析流程图

数据采集器可以记录 31d（每半个小时间隔）的温度数据，每隔半个小时自动测量一次数据并保存到电子硬盘内，以确保数据的安全可靠。

数据采集器采集各个温度传感器的温度数据，定时记录仪的数据可以同时实时传输到云服务器上，用户用手机、平板或电脑，可以随时随地查看数据和修改参数。

根据实际情况，进行仿真分析正确模拟混凝土的水化热产生的温度应力场，其结果与现场实时监测的结果吻合较好。能在施工前模拟各类施工状况并得出最优施工方案，可以很好地预防因现场施工技术人员的经验不足而产生的混凝土后期发生的裂缝、处理裂缝、拖延工期甚至影响工程质量等诸多问题。

由于受到施工工艺和进度的影响，温度场的变化是不确定的，但温升大致趋势具有一定的规律。现场监控得到的数据表最符合实际温度变化情况。现场数据对大体积混凝土温度应力场和裂缝的分析，起到修正验证的作用。现场数据的实时反馈，可以使技术人员及时采取混凝土养护和防护措施的实施，防止有害裂缝的出现。

案例 2：中交一航局深中通道项目，大体积混凝土智能温控数字化监测技术（图 6.3-58），主要应用于现场混凝土浇筑质量管控，能够实现温度数据自动采集、温度信息实时显示、温控技术措施提示、冷却循环水智能控制。其主要功能是：3D 直观显示温度变化，冷却水循环智能控制，实时分析浇筑质量。

图 6.3-58 混凝土数字化温控监测技术

该技术在深中通道西人工岛大体积混凝土施工中应用，冷却水控制准确，控裂效果明显，温度控制效率提升了 90%。

案例 3：钦州港智慧工地项目，主要使用采集器、专用测温传感器、传感线、传感延长线、充电器、无线测温中继模块、中继转接盒等硬件设备。

主要使用采集器、专用测温传感器、传感线、传感延长线、充电器、无线测温中继模块、中继转接盒等硬件设备。

本项目采用设备的特点如下：

（1）大屏幕液晶显示功能，随时查看温度数据；

（2）单台采集器可测 8 通道温度；

（3）可组合扩展更多采集器；

（4）GSM 网络模块上传数据，无距离限制；

（5）433M 无线传输空旷环境下，传输距离 1000m；

（6）全数字调校，可对零点误差，满度误差进行修正；

（7）在线测量，实时监测，性能稳定可靠；

（8）低功耗设计，自动休眠功能；

（9）传感器可互换，性能稳定，误差小；

（10）时间显示和自动校准；

（11）测温数据自动存储，可随时查询数据；

（12）多种工作模式，可满足不同工况下的测温；

（13）超长待机，充满电可连续工作两个月以上；

（14）集成数据查看、曲线显示等多项功能，查看温度数据、曲线等。

网络拓扑图如图 6.3-59 所示，温度对比曲线如图 6.3-60 所示。

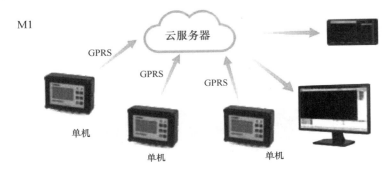

图 6.3-59　网络拓扑图

序号	峰值时间	测位名称	中下	中部	中上	表层	环境	表里温差	环里温差
1	2016-05-05 10:07	1-01	32.4	32.1	29.3	30.7	33.6	1.7	1.2
2	2016-05-05 10:07	1-02	32.4	32.1	29.3	30.7	33.6	1.7	1.2
3	2016-05-13 18:19	1-03	51.4	53.6	53.8	54.0	64.0	0.2	10.2
4	2016-05-25 15:04	1-04	27.7	--	--	27.7			
5	--	55	--	--	--	--	--	--	--

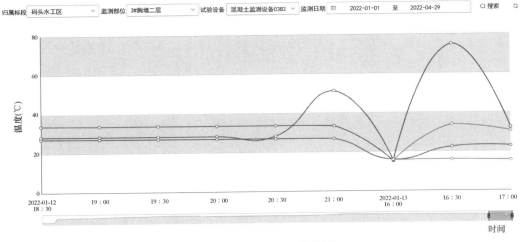

图 6.3-60　温度对比曲线图

3. 应用价值

大体积混凝土结构截面大，水泥水化热总量大，而混凝土是热的不良导体，造成混凝土内部温度较高，由此使混凝土内外产生较大的温度差，当形成的温度应力大于混凝土抗拉强度时，在受到基岩和硬化混凝土垫层约束的情况下，就易使混凝土产生裂缝。施工时，水化热引起混凝土内部最高温度与外界温度之差不宜超过 25℃。当温度差较大时，应采取必要的措施降低温度差。

通过编制温度预警及温控技术措施提示程序模块，并预先设定温度控制指标，对云服务器中混凝土各温度监测点温度数据进行检索、分析、判断，对于超出温控指标的温度监测点发出预警信息，并提示应采取的温度控制技术措施。

温度的监测在灵敏性、稳定性上有较严格要求，采集的温度将为管理和养护人员提供及时有效的数据参考。

4. 适用范围

本技术适用于公路、民航、市政工程等类型工程的混凝土浇筑物辅助施工。

6.3.28 栈桥受力变形监测

1. 功能原理

基于物联网应用的栈桥监测系统所实现的目标是：运用 NB-IoT 物联网技术，对栈桥的实时状态变量数据通过相应的传感器采集后通过无线传输到后台数据库，再通过系统应用服务器对数据进行分析判断，从而实现栈桥的实时在线监测，以满足施工现场对栈桥垂直沉降以及受力应变的监测预警，实现信息自动化的施工安全管理。

2. 应用案例及实施效果

案例：G329 凤阳至蚌埠段改线工程，中铁四局承建的 01 标段合同起讫里程为 K14+660～K17+069，其中 K15+545～K16+179 为上海局代建（不在本次招标范围内），标段实际长度为 1780km。从南往北依次划分为 884m 路基段、890m 桥梁段，其中桥梁段分为 360m 预应力混凝土简支引桥、530m 跨淮河双塔斜拉主桥。跨淮河斜拉主桥跨径布设为（60+60+290+60+60）m，塔高 141.7m，梁面最大宽度 39.8m，主跨 290m 为淮河流域最大跨径结构。软件系统界面如图 6.3-61 所示。

图 6.3-61　软件系统界面

本项目基于物联网应用的栈桥监测系统实现栈桥垂直沉降、受力应变、水平位移的在线监测（图6.3-62），通过数据的实时展示、项目管理、测点管理、告警信息管理及人员权限管理等功能；栈桥远程监测APP面向所有用户提供实时数据查看、测点历史数据分析、告警信息查看、项目信息查看等功能。

图 6.3-62　栈桥沉降仪现场安装

3. 应用价值

能够实现栈桥沉降及轴力等数据的实时展示、项目管理、测点管理、告警信息管理及人员权限管理等功能；栈桥远程监测APP面向所有用户提供实时数据查看、测点历史数据分析、告警信息查看、项目信息查看等功能。

4. 适用范围

本技术适用于施工需要搭设临时栈桥，人工搭建临时施工平台的安全监测。

6.3.29　模板变形数字化监测技术

1. 功能原理

建筑模板及支撑系统在其本身自重、施工荷载、混凝土压重以及浇捣时会产生侧向压力等作用力，使模板的承载能力、刚度和稳定性受到影响。模板变形监测主要包括监测施工过程中模板的立杆轴力、水平位移、沉降、倾斜、挠度、裂缝监测等。

模板变形数字化监测技术，通过利用倾斜监测、立杆轴力监测、水平位移监测、沉降监测等传感器技术和数据传输及软件技术，合理设置模板监测点，从宏观、微观相结合的全方位角度，来监测模板变形的关键技术指标，通过系统记录历史和现有的变形数据，设置阈值进行模板变形的预警和报警，实现工程安全管理的目标。

2. 应用案例及实施效果

案例：某电力工程项目根据项目现场实际情况，在高支模上安装布设立杆轴力监测设备、立杆倾斜监测设备和无线采集终端，对高支模的立杆轴力、倾斜角度进行自动化监测

（图 6.3-63），确保监测数据的连续性、准确性，并设置监测报警值实现模板的危险报警应用。

图 6.3-63　立杆轴力监测和倾斜监测设备安装

模板变形数字化监测技术实现了本项目高大支模的立杆轴力和倾斜值的实时动态监控（图 6.3-64），解决了传统监测手段主要依靠人工现场监测，且监测数据的准确性和及时性较低，不能集中管理，尤其在恶劣的环境下人员工作效率低，监测效果差的问题。

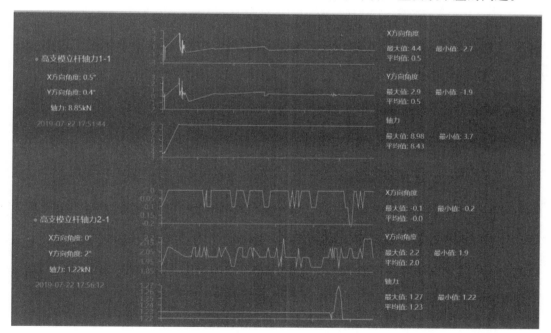

图 6.3-64　模板变形数字化监测展示

3. 应用价值

模板变形数字化监测通过对模板变形进行沉降、倾斜、水平位移等的变形监测，监测各种工程建筑物及其地质结构的稳定性，及时发现异常变化，并通过大数据分析等信息技术的应用，对其稳定性和安全性做出判断，以便采取措施处理，防止发生安全事故。

4. 适用范围

本技术适用于房建工程、线性工程、市政工程等类型工程在施工过程中的模板变形监测工作。

6.3.30 网架提升数字化监测技术

1. 功能原理

网架提升是利用安装在柱内钢筋上的滑模用液压千斤顶，一面提升网架一面滑升模板浇筑混凝土。网架提升数字化监测技术，通过前端传感器对网架提升位置等进行实时监测，获取位置指标，实时显示数据，使施工人员能够及时了解网架的提升位置，当运行指标超出阈值时，发出告警信息。

2. 应用案例及实施效果

案例： 某电力工程项目，通过在顶升液压装置上安装数据传输设备，利用系统实时监测数据以及进行实时数据查询和分析等功能应用。

本项目通过使用网架提升数字化监测技术，对提升过程中受力较大的架构杆件、临时提升杆件和提升架等进行应力监测，并就网架提升的高度等位移数据进行分析（图 6.3-65 和 6.3-66），通过高效、实时的监测应用，极大提高了测量效率、缩短了反馈时间，整体提升了作业的安全水平，实现了实时反馈和预警应用的目标。

图 6.3-65　网架提升作业现场

3. 应用价值

网架提升数字化监测技术实现了网架位置的自动化采集、大数据分析和智能化预警等功能，为实时监控施工现场提供技术支撑，并为安全作业提供保障。

4. 适用范围

本技术适用于房建工程、线性工程、市政工程等类型工程在施工过程中的网架提升工作。

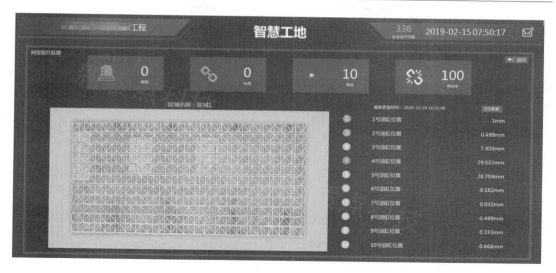

图 6.3-66　网架提升数字化监测

6.3.31　船舶吃水线监测技术

1. 功能原理

基于 GIS 地图设置挖泥区、运输区、抛泥区电子围栏，利用北斗定位、超声波水位监测等智能设备，在疏浚船舶安装超声波水位监测传感装置，船舶在航行时，实时监测船舶水位情况；船舶正常航行未偷排时，船舶的水位值在合理区间活动，当发生船舶中途部分偷卸时或到指定区域内进行抛泥作业时，水位监测值发生变化，超过阈值后通过大数据算法计算出水位变化、抛泥位置，进行精确预警，以短信或者系统后台提示的方式推送到管理单位。对于施工船舶超出驶离电子围栏范围及偷排、漏排异常情况向平台发出预警。根据耙吸式挖泥船和绞吸式挖泥船等施工船舶的船舶轨迹，如果船舶发生偏航，超出 GIS 围栏，也会进行偏航预警（图 6.3.67）。

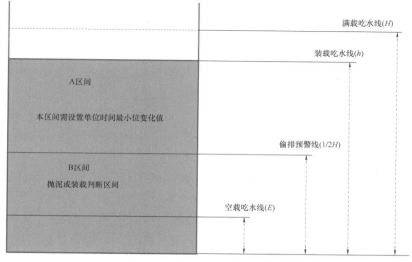

图 6.3-67　船舶吃水线监测技术

2. 应用案例及实施效果

案例：本技术在广州崖门出海航道二期工程进行了应用，项目以"云平台＋子系统"创建模式对工程现场的航道疏浚、清礁工程、水工建筑物工程等控制各关键要素进行统一调配和管理，依托 BIM＋GIS，将疏浚施工、清礁施工、水工建筑物施工、物联网监控、预测预警、移动终端等"智慧设施"进行集成和拓展（图 6.3-68）。

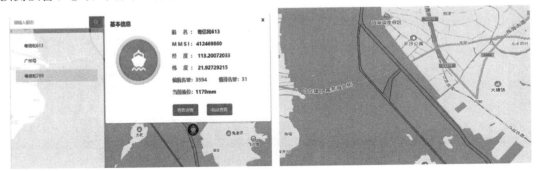

| (a) 基本信息图 | (b) GIS围栏图像 |

序号	船舶名称	经度	纬度	当前水位时间	当前水位(mm)	上次水位时间	上次水位(mm)	水位差(mm)	监理处理结果	建设单位处理结果	操作
1	仕泰999	113.107357752	22.13932659	2023-01-11 07:59:51	524	2023-01-11 07:58:45	4237	3713	待审核	待审核	详情
2	粤新合信8260	113.079473724	22.268520637	2023-01-11 03:41:09	1803	2023-01-11 03:40:02	14925	13122	待审核	待审核	详情
3	粤广海货9883	113.089439766	22.226379822	2023-01-10 14:42:26	1187	2023-01-10 14:41:20	5784	4597	待审核	待审核	详情
4	粤广海货9883	113.10264493	22.153398236	2023-01-10 13:53:20	1197	2023-01-10 13:52:14	5765	4568	待审核	待审核	详情
5	仕泰999	113.101111361	22.1341089	2023-01-10 11:24:11	462	2023-01-10 11:23:05	8602	8140	待审核	待审核	详情
6	粤广海货9883	113.072794668	22.324951562	2023-01-10 10:26:53	1570	2023-01-10 10:25:47	5751	4181	待审核	待审核	详情
7	仕泰996	113.101335535	22.131609357	2023-01-10 10:05:15	2597	2023-01-10 10:04:09	3782	1185	待审核	待审核	详情
8	仕泰999	113.10068199	22.129606282	2023-01-10 05:33:46	578	2023-01-10 05:32:35	1862	1284	待审核	待审核	详情
9	华铨浪3	113.146945847	21.995965951	2023-01-10 04:31:22	1932	2023-01-10 04:30:15	4573	2641	拆除报警	待审核	详情 审核
10	浙蓝工002	113.101746067	22.110194482	2023-01-10 03:02:31	7382	2023-01-10 03:01:20	10189	2807	拆除报警	待审核	详情 审核

(c) 船舶抛泥预警图表

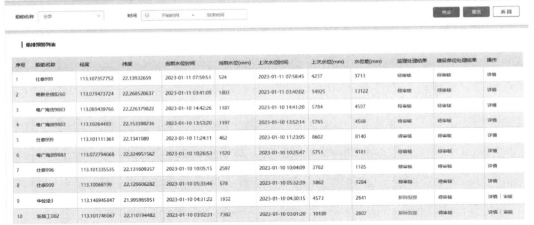

序号	船舶名称	经度	纬度	预警时间	操作
1	粤信晖178	113.072972202	22.330421015	2023-01-11 10:59:51	预警记录位置 历史轨迹查询
2	仕泰996	113.072156249	22.332739315	2023-01-11 10:58:39	预警记录位置 历史轨迹查询
3	华铨828	113.109788119	22.026798578	2023-01-11 10:57:18	预警记录位置 历史轨迹查询
4	粤信晖178	113.072011772	22.330864438	2023-01-11 10:56:40	预警记录位置 历史轨迹查询
5	华铨818	113.199357888	21.887343592	2023-01-11 10:56:34	预警记录位置 历史轨迹查询
6	粤新合信8147	113.085511428	22.243195131	2023-01-11 10:56:32	预警记录位置 历史轨迹查询
7	仕泰996	113.072156045	22.332680027	2023-01-11 10:55:39	预警记录位置 历史轨迹查询
8	华铨828	113.109788479	22.026797908	2023-01-11 10:54:18	预警记录位置 历史轨迹查询
9	金开达388	113.094603069	22.072512005	2023-01-11 10:53:15	预警记录位置 历史轨迹查询
10	粤信晖178	113.071809691	22.33064126	2023-01-11 10:53:15	预警记录位置 历史轨迹查询

(d) 船舶偏航预警图表

图 6.3-68 相关展示图

通过本项目"云平台＋子系统"技术模式，将本工程投入使用的若干个子系统进行智慧化建设，实现在建工程各环节管理控制信息化、快速化、一体化，解决工程建设中数据不集中、信息分散、质量问题追溯困难等管理短板。

3. 应用价值

本技术重点加强对疏浚弃土的抛卸实施全过程、全方位的监管管理，全面提升物联网数据的统计、分析及预警能力，实现了工程建设与工程管理的标准化、可视化、数字化、智能化。

4. 适用范围

本技术适用于驳泥船吃水监测。

6.3.32 船舶清淤智能监测技术

1. 功能原理

综合应用物联网数字技术、互联网＋技术、云存储技术等，对淤积区域进行智能探测，准确把握淤积特性，结合动态感知、模型模拟，构建智慧化防淤系统平台，最终确定最大清淤高程、清淤量、清淤区域等关键参数，并将清淤数据实时上传至多端服务器，实现远程智能监测功能。

2. 应用案例及实施效果

案例：启东中远海工坞高桩码头项目

高桩码头清淤智能监测系统主要由无人船、传感器、自动测站等组成的智能感知系统采集的水动力、泥沙、地形等资料的主动传输、自动分析，再根据方案指导防淤设备的启停。全天候无人值守安全监测系统由监测仪器、数据采集与处理系统、数据传输系统和网络发布系统4个子系统构成。各子系统均可独立运行，以单链的方式协同工作。监测数据采集系统由分布在现场的监测仪器（传感器）、测控装置（MCU）、监控主机、电源、通信等部分组成。监控主机是分布式监测自动化系统的中央节点，数据采集软件安装在监控主机上，对现场所有设备进行统一控制和管理（图6.3-69）。

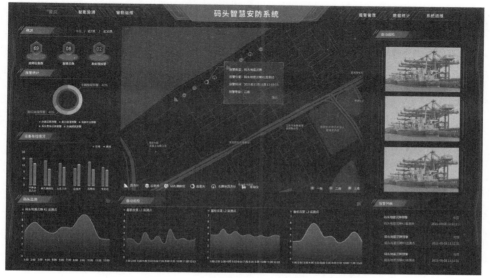

图6.3-69 高桩码头清淤智能监测系统主机界面

本项目应用船舶清淤智能监测技术相比于传统清淤方式，极大地减少了清淤费用及相关风险，提高了实际的清淤效率。本项目中采用智能监测、实时分析、物联网等多种技术融合，使"气动冲沙"防淤设备实现智能化控制，降低后期运行维护的难度与成本。

3. 应用价值

长江沿线分布着大量的高桩码头，而对码头后方及下方进行清淤是困扰众多码头的重要问题；项目中建立的高桩码头智能减淤防淤及安全保障平台可广泛用于类似的码头桩群、码头前沿及航道等现有实际工程中，为降低码头运行成本，提高码头利用率，保障码头的安全运行；配合清淤过程中码头桩基受力变形、码头沿线流速等情况，结合大数据、智能感知以及机器学习，实现淤积情况—气动冲沙清淤—桩基安全实时监测和预警预报。

4. 适用范围

本技术适用于水利工程、水运工程、交通工程等码头航道工程的清淤监测。

6.3.33 船机燃油消耗智能监测技术

1. 功能原理

综合应用超低功耗物联网技术、大数据技术、人工智能技术等，对船机油箱内油量的增减过程进行实时监测，通过不接线、不打孔的智能硬件采集液位压力、油箱横截面面积等数据，经过边缘计算、云端算法处理后，将船机油量油耗数据可视化地呈现在电脑端和手机端页面，自动生成和导出报表，实现船机燃油消耗的远程管控和船机管理的智慧决策。

2. 应用案例及实施效果

案例 1： 某省级施工企业下属航道疏浚公司

该公司施工船舶类型主要有绞吸船、生活船、锚艇、拖船等共计 10 艘，均安装应用了船机燃油消耗智能监测系统，本系统的软硬件优势在于安装简单，对船体无任何损坏，数据准确，易于操作（图 6.3-70）。

图 6.3-70 采取粘贴式、投放式安装方法的无线智能硬件

　　船舶设备由于长期行驶在水面上，不依靠数字化技术难以实现精细化管理，船舶油箱容量较大，动辄成千上万升油，涉及成本高昂，传统管理模式下成本核算要做到精准也十分困难。而极简安装的智能硬件，是解决数字化技术在船舶应用场景中落地问题的关键，既可以避免人工登记数据的差错，又可以避免接线打孔解决方案对船身的损坏，实现了数据的自动采集。

案例2：中交某局跨海通道项目

　　该项目施工船舶主要包括运输船和锚艇等，通过应用船机燃油消耗智能监测系统实现了船舶位置、动态、加油及耗油的精确管控（图6.3-71）。

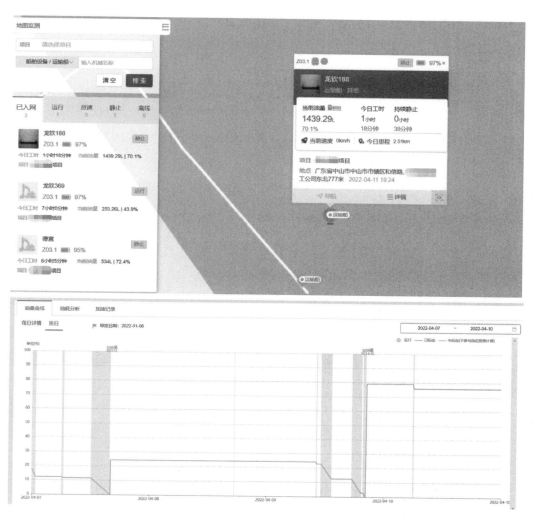

图6.3-71　船舶动态及油量曲线监测的系统页面

　　油量曲线直线上升时表示加油，匀速下降表示用油，陡然下降表示可能存在跑冒滴漏等异常损耗。一旦发生异常，系统将通过电话、短信、公众号和小程序等多种形式发出警示（图6.3-72），管理人员第一时间向现场核实情况，有助于减少不必要的燃油损失。

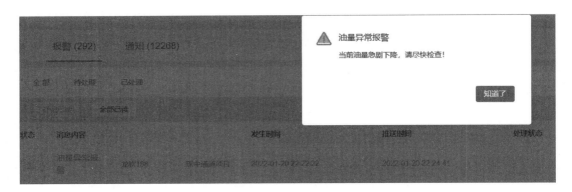

图 6.3-72　油量异常报警

案例 3：某钢厂运输船

该公司的运输船有储油柜和日用油柜两个单元，仅通过管道连接，无其他放油路径。对这类运输船的智能化管理，主要是在储油柜内智能硬件安装油位监测仪，结合智能终端，采集船舶的位置、工时、进油、出油等数据，实现船机燃油消耗的管控（图 6.3-73～图 6.3-75）。

图 6.3-73　船机燃油管理单元示意

序号	机械类型	机械数量	累消消耗总量	工时合计	里程	平均工作油耗	有效工作油耗
1	运输船	2	12177.37升	时长: 300.54小时 运行: 300.54小时 故障: 0	2357.30km	40.52升/小时 516.58升/百公里	40.52升/小时

图 6.3-74　船机油耗分析页面

通过每日、每周、每月的统计分析，掌握船舶的加油规律和用油规律，可对系统自动采集的加油量和燃油供应商线下提供的加油数据进行比对，为公司船舶使用费用的核算提供客观依据。

机械名称	机械类型	品牌	型号	项目	加油时间	系统加油量	采集值	校正值	手工登记值	费用	加油方式	加油员	手工登记人	手工登记时间
	运输船	其他			2022-03-28 07:28:29	1163.29	1163.29							
	运输船	其他			2022-03-21 02:39:23	1060.65	1060.65							
	运输船	其他			2022-03-20 04:23:23	453.34	453.34							
	运输船	其他			2022-03-17 15:56:45	1220.17	1220.17							
	运输船	其他			2022-02-21 07:50:11	496.11	496.11							
	运输船	其他			2022-02-20 12:37:39	1129.08	1129.08							
	运输船	其他			2022-02-10 09:48:46	1111.97	1111.97							
	运输船	其他			2022-02-08 14:43:31	1094.86	1094.86							
	运输船	其他			2022-01-13 14:00:00	1206.06	1206.06							
	运输船	其他			2022-01-08 09:14:38	521.77	521.77							
	运输船	其他			2022-01-02 06:52:49	1163.29	1163.29							

图 6.3-75　船机加油统计报表

3. 应用价值

船机燃油消耗智能监测的应用可以实现加油、用油、异常损耗的全过程实时监控，如出现燃油泄露等异常情况，可及时发现问题并解决问题，减轻船上作业人员的工作压力，提高船舶精细化管理水平，减少不必要的成本损失，促进企业效率和效益的双提升。

4. 适用范围

本技术适用于监管所有消耗柴油的工程机械、运输车辆以及船舶等。

6.3.34　围堰受力变形监测

1. 功能原理

基于物联网应用的围堰监测系统所实现的目标是：运用 NB-IoT 物联网技术，对钢围堰的实时状态变量数据通过相应的传感器采集变送后无线传输到后台数据库，再通过系统应用服务器对数据进行分析判断，从而实现钢围堰的实时在线监测，以满足施工工地对钢围堰内外部水位、平面位移、支撑轴力、挠度以及垂直度的监测预警，实现信息自动化的施工安全管理。

2. 应用案例及实施效果

案例：G329 凤阳至蚌埠段改线工程，中铁四局城建的 01 标段，在施工的每个阶段，为了防止水和土进入建筑，建造了围堰临时维护结构，但是在施工过程中，围堰钢管桩在静水压力，自重，施工荷载，动水压力和土压力的共同作用下容易发生变形。变形和压力相互对应。为了保证施工安全，在施工过程中需要密切关心结构的变形。根据钢管桩应力理论计算和实测应力，就能够有效发挥结构安全预警的作用。

随着工程进度的深入，在每一个工况都及时安装对应传感器，过程中对钢围堰的实时状态变量数据通过相应的传感器采集变送后通过无线传输到后台数据库，再通过系统应用服务器对数据进行分析判断，从而实现钢围堰的实时在线监测，以满足施工工地对钢围堰平面位移以及垂直度、应力应变监测预警，实现数字化的施工安全管理（图 6.3-76）。

3. 应用价值

使用钢围堰监测系统，能够实时监测围堰平面位置、受力情况、内外部水位和垂直度等内容，时刻把控钢围堰安全状况，确保钢围堰安全状态可控，为承台及主塔施工提供先决条件。

4. 适用范围

本技术适用于深基坑开挖施工过程中有可能影响邻近基坑的建筑物及构筑物的正常使用，尤其是防止邻近建筑物地下构成部件破坏。

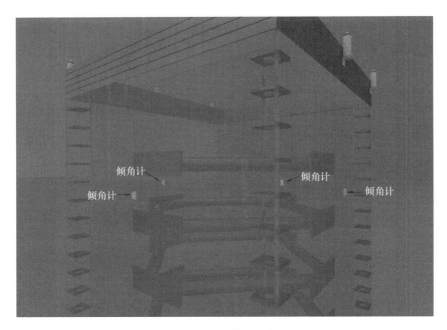

图 6.3-76　围堰垂直度安装监测示意图

6.3.35　爬模受力变形监测

1. 功能原理

爬模上安装相应的传感器，对其进行受力和变形的实时监测，通过统计分析数据验证爬模的设计计算结果，双重验证爬模的安全性，为爬模体系优化提供数据支撑。同时实时监测爬模超载情况，及时告警，防止人员或物资设备超载堆积造成爬模偏载倾覆。

2. 应用案例及实施效果

案例：金茂大厦项目位于梅溪湖国际新城核心区城市发展轴带的桥头堡位置，建成后将成为梅溪湖的新引擎、新地标，长沙的新名片。金茂梅溪大厦总投资约 35 亿元，占地面积 1.85 万 m^2，总建筑面积约 21 万 m^2，其中地下建筑面积约 6 万 m^2，地上建筑面积约 15 万 m^2。规划建设一栋 63 层 318m 高的超甲级写字楼和 4 层的商业裙楼，由中建五局三公司承建。

3. 应用价值

该系统包括应力量获取及传输模块和在线监控终端；所述应力量获取及传输模块，安装在爬模系统的各个爬模机上（图 6.3-77），包括：应力传感器，用于检测安装位置处的应变量；无线数传模块，用于将所述应变量传输至所述在线监控终端。采用在线监控终端对应变量进行实时监控，采用无线数传模块将所述应变量传输至在线监控终端上，相对于传统的采用有线传输的方式，由于没有采用传输线路，因此避免了传输线路对施工造成影响。同时恶劣的施工环境也不会影响到应变量数据的传输，从而提高了应变量数据传输的稳定性。

4. 适用范围

本技术适用于液压爬模在施工过程中存在体积庞大、结构复杂、安装过程繁复的问

图 6.3-77　金茂大厦爬模监测现场安装图片

题，在很大程度上增加了使用环节和脱模、调位、安装操作风险的安全监测项目。

6.3.36　挂篮受力变形监测

1. 功能原理

通过精密仪器，在挂篮后端锚杆、前吊带、后吊带、顶端主桁架安装应力传感器，在挂篮顶端安装风速传感器和倾角传感器，实时监测构件应力、风速和倾斜角度。

2. 应用案例及实施效果

案例： 铁道部大桥工程局第一桥梁工程处宁波大榭岛跨海公铁两用桥采用斜拉挂篮对称悬浇施工。在施工中通过精密仪器，在挂篮后端锚杆、前吊带、后吊带、顶端主桁架安装应力传感器，在挂篮顶端安装风速传感器和倾角传感器，实时监测构件应力、风速和倾斜角度，为施工安全保驾护航。

3. 应用价值

挂篮作为主要承重构件，高强度施工易导致挂篮损伤，在挂篮的使用过程中，如果不能对挂篮结构的病害损伤情况及其发展变化趋势进行长期的实时监测，则难以及时查明发生病害损伤的原因，更难以及时发现并消除挂篮结构存在的安全隐患。因此施工过程中，应对挂篮进行实时动态安全监测，出现故障及时报警，能够保证施工安全。

4. 适用范围

本技术适用于在高强度施工过程中对挂篮结构的病害损伤情况及其发展变化趋势进行长期的实时监测的项目。

6.3.37 架桥机安全监测

1. 功能原理

通过在桥面架桥机机架结构、吊点调整机构、起升系统、锚固系统、走形系统、顶升系统加装相应的监测传感器以及视频监控，实时监控桥面架桥机的运行状态。

2. 应用案例及实施效果

案例：中交二公局渝湘复线项目，通过架桥机监测实现运行状态测试、显示及记录，倾斜监控，风速监测，远程安全监控等功能（图 6.3-78）。

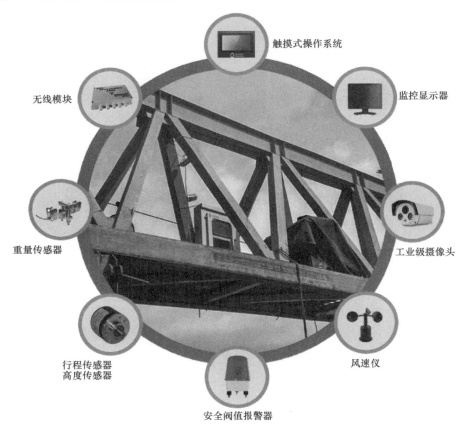

图 6.3-78　主航道防碰撞监测

（1）架桥机运行状态测试、显示及记录功能，包括有架桥机的天车纵向行程、高度、天车横向行程、重量、风速、水平度、支脚垂直度、整体纵向行程、整体横向行程数据，对门式起重机安全监测系统和架桥机运行过程中的数据可以记录在本地监控仪（大于45d）中，同时也可以存储在远端的服务器中，满足架桥机安全事故分析及港机运行效率分析的要求。

（2）架桥机倾斜监控功能，通过测量架桥机的纵向倾斜和立柱的倾斜角来分析架桥机的安全状态，当架桥机的倾斜达到临界状态时予以报警，提醒司机谨慎操作。

（3）架桥机风速监测功能，对架桥机运行过程中的环境风速进行实时监测，提醒司机进行安全操作。

（4）架桥机远程安全监控功能，能够实现对架桥机运行状态的远程实时监控，满足架桥机远程管理的需求。

（5）监控参数及监控状态如图 6.3-79 所示。

序号	监控参数
1	起重量
2	起升高度/下降深度
3	运行行程
4	水平度
5	风速
6	同一轨道/不同轨道运行机构安全距离
7	操作指令
8	工作时间
9	累计工作时间
10	每次工作循环
11	支腿垂直度

序号	监控状态
1	起升机构制动器状态
2	联锁保护-机构间联锁
3	过孔状态
4	视频系统-过孔状态
5	视频系统-架梁状态
6	视频系统-运梁车同步状态

图 6.3-79　监控参数及监控状态

3. 应用价值

（1）实现了对架桥机天车纵向行程、高度、天车横向行程、重量、风速、水平度、支脚垂直度、整体纵向行程、整体横向行程等八种不同参量的测量、记录，从而能够有效避免港机运转过程中存在的结构自身危险（超重、风速、倾斜危险）等。

（2）系统能够实现架桥机司机、远程管理者（建设公司、生产公司）等两层次的管理需求，有效提升了架桥机的安全性能和信息化管理效率。

（3）辅助视频监控系统既可以扩展司机的操作视野，也可以提升远程监管力度。

（4）总体技术参数国内领先，如系统监控参量最多、系统刷新速度最快、系统自组网时间最短、性能最稳定。

4. 适用范围

本技术适用于桥梁工程的施工。

6.3.38　桥梁顶推施工监控技术

1. 功能原理

结合物联感知、BIM 技术，在数字化管理平台内嵌顶推监测数据及重点监控点位，通过物联实时采集现场顶推工况下钢构件产生的应变、偏位以及顶推距离等数据，通过阈值及预警规则的设置，对监控数据进行分析与预警，有效控制顶推质量。

2. 应用案例及实施效果

案例： 沪杭甬高速公路杭州市区段改建工程，主桥钢桁梁引入数字化技术，对钢桁梁顶推过程进行施工监控，通过数字化管理平台与现场监测设备最数据结构对接，实时接入物联监测数据。通过算法对数据进行分析并推送分析结果，实现顶推应变可视化与预警、顶推距离可视化与预警、顶推偏位可视化与预警，有效控制施工质量及降低安全风险因素。

钱塘江大桥顶推过程中，通过预警设置的提醒，共产生 468 条预警数据，项目管理人员根据预警信息，及时调整顶推设备等相关设置，为品质工程建设奠定了基础（图 6.3-80 和图 6.3-81）。

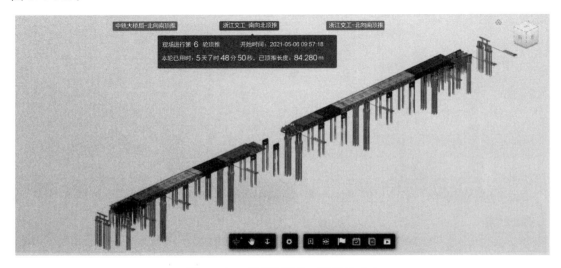

图 6.3-80　桥梁顶推施工监控技术 1

状态	等级	点位名称	传感器编号	数据时间	数值	截面	项目名称	创建时间
已处理	1级下限预警			2020-12-09 14:36:01	-2449.57568		沪杭甬杭州钱塘江新…	2020-12-09 14:44:51
已处理	1级上限预警			2020-12-09 14:36:01	1861.647		沪杭甬杭州钱塘江新…	2020-12-09 14:44:51
已处理	1级上限预警			2020-12-09 14:36:01	1591.50793		沪杭甬杭州钱塘江新…	2020-12-09 14:44:51
已处理	1级下限预警			2020-12-09 14:36:01	-1743.89917		沪杭甬杭州钱塘江新…	2020-12-09 14:44:51
已处理	1级上限预警			2020-12-09 14:36:01	273853.438		沪杭甬杭州钱塘江新…	2020-12-09 14:44:51
已处理	1级下限预警			2020-12-09 14:36:01	-1073.36035		沪杭甬杭州钱塘江新…	2020-12-09 14:44:51
已处理	1级下限预警			2020-09-24 23:29:01	-1421.32007		沪杭甬杭州钱塘江新…	2020-12-09 13:15:37
已处理	1级上限预警			2020-12-09 12:59:01	1932.24976		沪杭甬杭州钱塘江新…	2020-12-09 13:07:57
已处理	1级上限预警			2020-12-08 23:58:01	1588.081		沪杭甬杭州钱塘江新…	2020-12-09 00:06:34
已处理	1级下限预警			2020-12-08 23:58:01	-2450.14038		沪杭甬杭州钱塘江新…	2020-12-09 00:06:33
已处理	1级上限预警			2020-12-08 23:58:01	990256.8		沪杭甬杭州钱塘江新…	2020-12-09 00:06:33
已处理	1级下限预警			2020-12-08 23:58:01	-1717.31543		沪杭甬杭州钱塘江新…	2020-12-09 00:06:33

共468条　20条/页　<　1　2　3　4　5　6　…　24

图 6.3-81　桥梁顶推施工监控技术 2

3. 应用价值

该技术在顶推过程中 24h 不间断监测，保障数据连续性、及时性。并通过阈值的设定，对实时监测数据进行相关的预警提醒，减少现场一线人员的时间及人力成本支出，通过数字化改革，实现数据的结构化展示，通过数据的分析，提炼总结，让顶推过程数据监测更有效，优化顶推过程监测及方案，进一步提高了顶推施工质量及安全管控。

4. 适用范围

本技术适用于大跨度钢结构桥梁工程的顶推施工监测。

6.3.39 连续梁转体数字监控技术

1. 功能原理

连续梁转体监控技术由前台和后台两部分组成，前台软件用于数据结果、报表曲线、预警、BIM 模型联动、影像显示等结果性信息显示。后台软件用于传感器参数配置、通信协议配置、数据采集、坐标系转换计算等数据采集及数据处理功能的实现。

2. 应用案例及实施效果

案例：鲁南高铁项目中以桥梁 BIM 模型为原型的三维模型与现场桥梁联动，实时地展示施工中的桥梁本体及其转动情况，由 35° 的角度实时转动成 0°，即完成桥梁转体。一个高空摄像头全程监控转体状态，两个地面摄像头定向摄录两个转轴墩的细节信息。监测数据显示区直观展示现场传感器所测量的数据并对这些监测数据设置阈值报警。监测数据包括：风力监测、温度监测、梁体对接关键接点的相对位置监测、梁体旋转实时线位移量监测、旋转角度监测、梁体中墩垂直度监测、梁体实时转动速度监测、千斤顶控制力监测，其中为了更清晰地观察转体平衡性及转体速度，对中墩垂直度、转动速度、千斤顶控制力这三类数据绘制了动态曲线（图 6.3-82）。

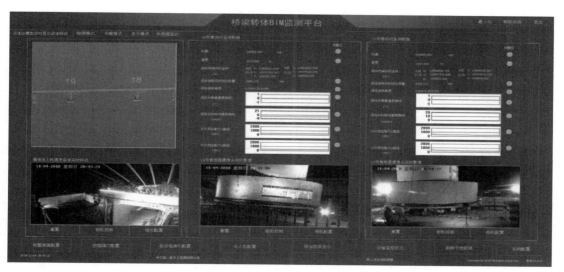

图 6.3-82 连续梁转体数字监测

该技术可通过网页实现远程且长期地监测构筑物的各类监测数据及自动预警，有效全面地保障工程安全。

3. 应用价值

首次创新性地利用监测数据实时驱动三维 BIM 模型，拓展了 BIM 技术的应用领域，实现了平台虚拟模型的"所见"即实体工程的"所得"，在鲁南高铁 T 形梁转体施工结构安全监测中，其创新性获各方好评。

4. 适用范围

本技术适用于桥梁工程等类型工程的 T 形梁转体施工安全监测。

6.3.40 盾构施工安全预警技术

1. 功能原理

综合利用三维建模技术、模型计算技术、IT 技术和精确测量技术以及数字孪生技术，实现盾构施工场景内盾构机三维位置、周边土质状况、施工安全风险信息的有效集成和三维展示，一旦发现安全风险超过预设门限，将提醒一线人员予以关注，帮助一线人员操作盾构机进行隧道的安全平稳施工。

2. 应用案例及实施效果

案例： 北京东六环右线隧道施工工程。本工程采用运河号盾构机进行隧道掘进，为保障盾构机在穿越重大风险源过程中的施工安全，搭建了东六环盾构施工安全预警系统。集成隧道开挖线路的三维信息（含埋深、走向以及水位线等信息）、沿线的地质勘察数据、施工沿线的重大风险源数据和施工沿线的地面沉降观测数据，对盾构机刀盘周边范围的土质结构进行建模，并根据建模结果计算盾构机刀盘周边土质构成情况，随后以盾构机刀盘位置为中心，以数字孪生技术呈现了盾构机的工作参数，同步显示盾构机施工前方的风险源详细信息，如地面重要构筑物的空间距离、地面埋藏的重要管线的空间距离，以及施工地面的累计沉降和当日沉降等关键数据。以上各类数据均通过数字孪生方式直观呈现给盾构机操作人员，可引导操作人员调整盾构机工作参数，保障隧道盾构施工的安全。图 6.3-83 是盾构施工安全预警平台显示界面。

图 6.3-83　盾构施工安全预警平台显示界面

3. 应用价值

盾构机作为城市建成区范围内隧道开挖的不二之选，其安全施工涉及众多因素，盾构施工安全预警技术通过集成各类安全因素信息，以数字孪生技术直观呈现给盾构机操作人员，使其可直观掌握盾构机施工的周边安全风险情况，并据此精确调整盾构机的工作参数，确保盾构施工安全。

4. 适用范围

本技术适用于城市隧道盾构施工场景下的安全预警。

6.3.41 无人船应急监测技术

1. 功能原理

该方案使用无人船搭载水质仪和侧扫，可实现对水质的移动监测和水下物体的扫描。结合船控、遥控器实现无人船的控制。配合网络摄像头还可以对水面的环境情况进行实时监控。

2. 应用案例及实施效果

案例： 四川甘孜泸定泥石流灾害应急救援，采用华微 6 号无人船搭载 hn-400 iWBMS 多波束与 iLiDAR 激光雷达进行作业。在演练现场，基于实时图传数据判断出大致的隐患点位置及区域，由指挥部下达命令，使用无人船多波束进行现场扫描，基于声呐点云数据及处理成果更快地准确计算堰塞体体积，堰塞湖方量（图 6.3-84 和图 6.3-85）。

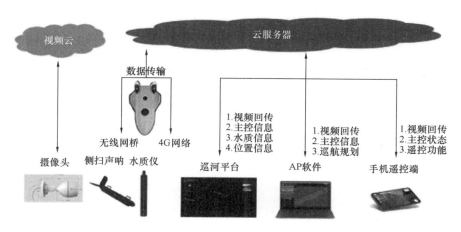

图 6.3-84 系统示意图

本项目应用该技术相比于传统技术，工作效率提升显著，并且有效降低了外业人员劳动强度。水下环境成图快速、精准、全面。

3. 应用价值

无人水上水下一体化作业具有以下优势：无人化现场作业，避免次生危害，人员不用靠近灾害现场，确保人员安全；设备轻便易携带，单车托运，轻松便捷；多源数据融合，让测量作业更加全面。

4. 适用范围

本技术适用于自然灾害监测、应急救援环境监测、水文环境监测类型的水下环境测量。

图 6.3-85　现场操作图

6.3.42　沉管隧道监控管理系统

1. 功能原理

基于智慧高速"云-网-节-端"体系结构，针对隧道"保安全"的要求，根据隧道环境和交通组织较为封闭、特殊的情况，针对沉管隧道的设计阶段、施工阶段以及运维阶段，打造出对沉管隧道健康进行全方位实时监测的在线监测平台，实现沉管隧道监测的信息化、实时化、三维化、网格化，整合事件、报警、设备运行、视频、环境监测等各类数据进行全局数据展示。

在设计阶段，该平台基于监测数据为优化构件提供技术支撑，并为后续沉管对接、沉管段隧道后续结构浇筑及施工预抬量的调整提供可靠的数据依据。

在施工阶段，对施工工具、施工对象的运动状态进行实时监测，掌握监测对象应力、倾斜等内力变化及姿态情况，及时发现、确定异常部位，必要时进行施工预警。浮运期间对沉管端封门的受力及变形进行监测；沉管沉放后，对沉管在沉放后管节接头、管节首尾等关键部位进行监测，可实现施工期间沉管的差异沉降、接头张合量、剪力键受力、沉降趋势、线形变化和渗水安全状况等关键指标的实时评估，为沉管隧道施工过程的安全状态提供技术支撑，为必要的施工措施决策提供基础数据。数据处理与监控系统的融合，通过智能技术实现对施工过程中关键数据实时采集、分析、评价、预警，弥补了传统工程质量管理的不足。

在运维阶段，以实时监控信息作为指挥依据，以交通设备远程控制作为手段，合理地组织交通并诱导隧道的车、人迅速疏散，提升路段综合应急处置能力。并进一步地形成前端智能感知、系统自动分析智能预警、跨板块一体化智能指挥及公众信息服务等全闭环智慧化综合监控体系，基本实现路段监控"可视、可测、可控、可服务"。

2. 应用案例及实施效果

案例 1：中交一航局大连湾海底隧道项目，建设涵盖施工期和运营期的沉管隧道监控管理系统，采用边缘计算、云计算及分布式数据运算处理技术，实现高效化实时监测海底隧道的结构健康状态，通过 BIM 可视化技术，结合沉管隧道的 BIM 模型，准确标注、醒目表示相关物理测量数值的直观位置和物理意义，形成三维结构构件图形的动态实时可视化，方便监控人员分析监测状态和存在问题，结合大数据核心算法，实现健康趋势智能预测和预警提醒，为大连湾海底隧道工程沉管隧道施工和运营期的安全状态提供技术支撑，为必要的施工和运营措施决策提供基础数据（图 6.8-36）。

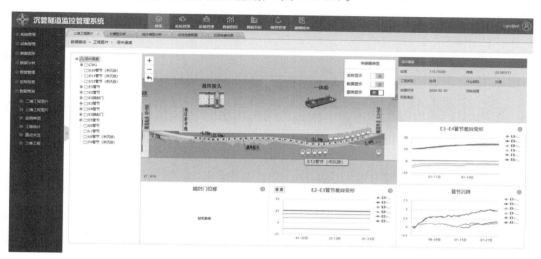

图 6.3-86　三维展示界面

案例 2：深中通道 S09 合同段项目采用沉管隧道监控云平台管理系统，实现数据实时网络传输，同时具备项目管理、设备配置、传感器配置、数据在线展示、在线预警等功能；数据处理与监控管理系统的融合，实现数据的在线统计，在线结果计算，图表分析，趋势分析，预警提示等功能；沉管隧道监控的 BIM 可视化展示，结合沉管隧道的 BIM 成果，形成静态或动态的三维结构构件图形，准确标注、醒目表示相关物理测量数值的直观位置和物理意义，方便监控人员分析监测状态和存在问题（图 6.3-87）。

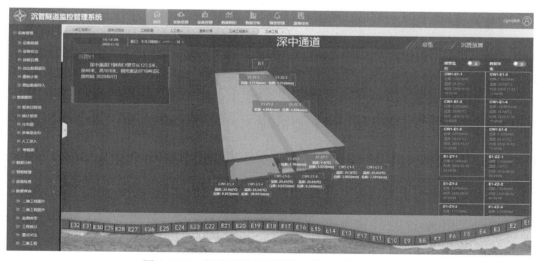

图 6.3-87　深中通道项目管节三维监测信息展示

3. 应用价值

本平台的应用实现了沉管隧道监测的智能化、信息化应用，通过对沉管健康状况的实时监测及三级预警功能，能够及时发现和指导施工期及运维期现场中存在的问题，为业主、监理、设计和施工单位各方提供全过程的沉管信息。实现对沉管隧道建设、运营过程的高效率、高质量监测及管理；为沉管隧道管控提供全新的管理方式和理念；结合 BIM 可视化技术，从传统的事后把关转向事前控制、过程监管，达到了预防为主，全程管控的效果。

4. 适用范围

本技术适用于公路、桥梁、隧道等工程的施工、综合监控、运维管理。

6.4 数字建造在工程运维方面的应用及价值

工程运维数字化是对工程交付实体运行维护的数字化提升。

6.4.1 高速公路综合监控平台

1. 功能原理

高速公路综合监控平台是高速公路安全有序运营的重要保障。该系统要采集汇聚高速公路基础信息、高速公路车流运行数据以及高速公路上的事件、环境信息，以及高速公路的路政养护和救援等资源信息，一方面通过高速公路运行数据分析，形成能够反映高速公路运行情况的各等级度量指标；通过监测指标数值及其发展趋势，发现和预警高速公路运行的潜在异常情况；一旦出现影响道路或路网通行的交通事故、恶劣天气等异常情况，则参考事件处置预案，以情报板、互联网 APP 和车载终端、交通广播等渠道进行近端车辆管控、远端车流疏导，来帮助缓解异常情况带来的高速公路或路网运行问题；或者开启准全天候通行管控系统，允许车辆以安全车速继续在高速公路上行驶。

2. 应用案例及实施效果

案例 1：中交一航局贵隆高速项目综合监控平台包括外场监控、视频监控、视频事件分析、隧道监控、电力监控、防雷监测、统计分析和系统管理等功能模块（图 6.4-1）。

图 6.4-1　可变情报板显示界面

实现了各监控子系统的统一集成与数据管理，实现了统一控制联动的设计目标，提高了监控人员工作效率及日常监控管理水平。

　　本项目应用综合监控平台每班只需 2 人即可完成对高速公路全线的监控，相比于传统的各监控子系统单独管理，一方面提高了监控人员的事件响应效率，另一方面则降低了监控中心人员配置的人工成本（图 6.4-2）。

图 6.4-2　视频预览界面

　　案例 2：京雄智慧高速监控中心，显示界面见图 6.4-3。京雄高速是雄安新区到北京的重要交通干线，京雄智慧高速监控中心采用数字孪生技术建设，实现了路网监测、应急调度、设备运维、协同服务、收费运营、车路协同、数据管理以及四维仿真功能。系统以京雄高速孪生体作为背景，呈现高速公路的基础信息、设备故障情况、路网速度、路网流量、路网环境、路网事件和事件协同处置的有关情况，以及京雄高速在恶劣天气情况的准全天候通行条件的准备情况。

图 6.4-3　京雄智慧高速监控中心显示界面

　　通过预警和及时干预交通流、协同处置异常情况，系统建成可有效提升京雄高速的运行效率，减少乃至消除京雄高速的管制和封路时间。

3. 应用价值

高速公路综合监控平台集运行监测、应急处置、协同服务、四维仿真服务于一体，将成为一条高速公路或整个高速公路网的"中枢大脑"，在综合汇聚路网基础信息和运行信息的基础上，可以宏观掌控路网的运行情况、预警路网的潜在风险，并精细分析其诱因，以便提前采取合理措施予以干预，以此来保障高速公路、高速公路路网安全畅通运行和智慧可靠服务。

4. 适用范围

本技术适用于公路工程、市政工程等类型工程的综合监控管理。

6.4.2 城市综合管廊管理平台

1. 功能原理

基于 BIM 与 GIS 城市综合管廊管理平台是以满足城市综合管廊工程运维运营管理监控为目的，利用 BIM 技术将地下综合管廊内的视频系统、门禁系统、动力监测、环境监测、火灾自动报警等多个子系统进行数据对接与数据整合，实现虚拟空间环境下的一体化管理。同时结合地下综合管廊具体所处位置特征通过 GIS 技术进行地形、地貌数据的获取，将 BIM 模型数据和 GIS 地理数据进行数据分析及整合，处理形成城市整个地下综合管廊的三维模拟仿真模型，使监控及管理人员快速定位设备，全方位了解设备环境及状态，形成快速高效的管理和决策方案。

2. 应用案例及实施效果

案例 1：中交一航局玉林项目综合管理平台包括 BIM 巡检、GIS 定位、设备监控、运维管理、运营管理、应急管理和系统管理等模块。该平台集合 BIM 与 GIS 城市综合管廊管理监控平台集中 BIM 和 GIS 技术的优势，应用于城市综合管廊的管理系统，结合综合管廊的设备监测和管廊的运维管理，基于 BIM 与 GIS 城市综合管廊管理监控平台，融虚拟巡检、定位跟踪、设备监控、生产管理及知识管理于一体，实现管廊智慧管理的目标（图 6.4-4）。

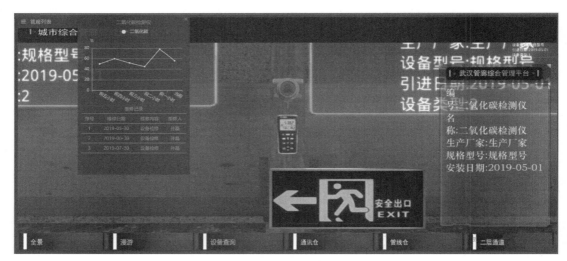

图 6.4-4 BIM 巡检界面

案例2：中交二航局把该平台成功应用于昆明市飞虎大道、春城路延长线及官渡主5路地下综合管廊项目，基于BIM、GIS技术实现综合管廊的三维可视化管理（图6.4-5），将综合管廊的资产等基础数据实现数字化管理，通过IoT物联网技术打通各系统壁垒，实现互联互通，利用大数据技术，通过分析积累的监测传感数据、运维数据、安全数据、收费数据、能耗数据等，大幅减少人力资源投入，降低能耗，增强安全管控能力，提升收费运营效益，辅助管理者进行决策和对管廊进行高效的管理和运营，为基础设施数字化、"新基建""智慧城市"等方面的应用落地及推广发挥基础作用。

图6.4-5 昆明巫家坝城市综合管廊管理平台

本项目通过对管廊内设备设施进行数字化集中运维管理，相对于传统方式可以有效提升运营人员的工作效率，推测每10km的运营养护人员可以从原来的37人缩减至23人；同时故障平均响应时长从原来的4h缩减至10s；故障平均定位时长从1h降低至5min；应急事件响应效率也从原来的30min降低至3s。同时通过对管廊内设备的自动化控制，基于采集到的能耗数据进行分析优化，制定相应的能耗管理策略，推测可以降低10%～15%的能耗。在运维管理方面，可高效地形成准确运维报表，减少手动统计时浪费的人力，管廊管理人员可通过平台随时了解当前管廊的运维状况，控制成本的投入。

3. 应用价值

本平台的应用可减少运维巡检人员数量，提高工作质量，节约人力成本和时间成本，提高管廊运维运营的安全系数。该平台的应用，推动了运维管理在城市综合管廊领域的科技化进展。

4. 适用范围

本技术适用于市政管廊工程等类型工程的综合监控、运维管理。

6.4.3 码头结构安全监测平台

1. 功能原理

通过对码头结构的物理力学性能进行无损监测，实时监控结构的整体行为，以及港口工程结构水工构造物结构的力学特性；采用传感器物联网等先进技术，对港口工程结构水工构造物的受力状态、动力性能及环境等外界影响因素进行全面实时监测、预警及评估；建立港口工程结构健康数据库，对结构的服役情况、可靠性、安全性和承载能力进行评估，为结构在突发事件下或使用状况严重异常时触发预警信号，为结构的维修、养护与管理决策提供依据和指导。

2. 应用案例及实施效果

案例：南京港新生圩港区一期工程

本码头结构安全监测系统主要由码头结构深层变形、码头基桩深层及岸坡挡土墙内侧土压力、码头基桩深层及岸坡挡土墙水位、基桩应变、地面沉降、码头整体位移等监测功能组成，采用多维监测技术手段，融合内外部信息，实现施工现场安全管理的实时监控和自动预警（图 6.4-6）。良好自适应网络接口及传输方案的实现，动态弹缩虚拟化云环境资源等，为平台总体构建提供了强大基础运行环境支撑和数据接口稳定传输通道。平台支持数据中心统一可视化运维管理，包括但不限于设备运行状态实时监控、实时报警、智能巡检、智能运维等综合集成可视化应用管理。

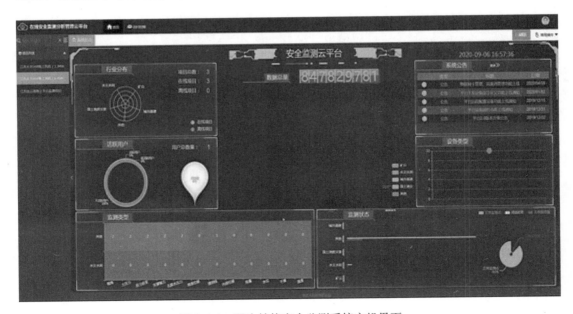

图 6.4-6 码头结构安全监测系统主机界面

3. 应用价值

随着船舶大型化，不少码头通过"一船一议"的方式停靠超设计船型，以提高码头的生产效益，而这种方法耗时，且码头长期停靠超设计船舶，如不及时掌握其受力变形情况，损伤一旦积累到一定程度势必会对码头的耐久性、适用性和安全性产生重大影响，通过有效的监控手段，通过感知设备采集多种数据（后方土压力监测数据、码头靠泊力数据、结构受力变形数据、视频监控数据、定期检测数据等），利用网络将感知的各种信息进行实时可靠传送，并对各类数据信息进行综合加工，通过智能分析、辅助统计、预测、仿真等手段，实现对码头海量数据的分析，并对异常情况进行实时报警，实现码头全寿命周期的综合监控监测，指导码头安全靠泊作业，为码头靠泊能力的挖潜提供依据和参考。

4. 适用范围

该技术适用于水利工程、水运工程、交通工程等码头工程的结构安全监测。

6.4.4 海洋工程构筑物腐蚀与防护监测平台

1. 功能原理

海洋工程构筑物腐蚀与防护监测平台的核心是腐蚀与防护监测系统，该系统主要由现场传感器、现场测试仪器、数据传输系统、监控计算机和辅助支持系统五部分组成。整套腐蚀与防护监测系统工作时，现场监测仪器会定时向传感器发射信号，并采集响应信号，然后利用无线网络将信号传输至监测中心，接着通过监控评估软件便可评估钢筋的腐蚀状况。

2. 应用案例及实施效果

案例： 港珠澳大桥构筑物防护与监测项目，海洋工程构筑物腐蚀与防护监测技术基于传感器、物联网、大数据等技术，实现港珠澳大桥钢筋混凝土结构和钢结构腐蚀状况的在线监测及评估，方便维护人员及时进行维护（图 6.4-7）。

图 6.4-7 海洋工程构筑物腐蚀与防护监测平台

该技术已在天津港、曹妃甸港、黄骅港等的多个码头及港珠澳大桥、莆田海上风电、大连湾海底隧道得到应用，并得到了业主单位的高度认可。

3. 应用价值

该技术可实现钢筋混凝土结构和钢结构腐蚀状况的在线监测及评估，为及时发现腐蚀破坏及早采取预防措施提供支持，而且监测过程不易受外界因素影响，大大节省了人力物力，提高了腐蚀与防护监测的效率和效果，以及在时间上的连续性，对于延长结构使用寿命和降低后期维护费用有着重要意义。此外，本技术配有专用软件，并可大范围布控，便于全程、大范围地管理自动化。

4. 适用范围

本技术主要用于海洋工程构筑物（如码头、跨海大桥、海底隧道、海上风电等）的腐蚀与防护监测，同时可供其他需进行腐蚀与防护监测的设施（如民用建筑、大坝、地铁隧道等）使用，并可为结构可靠度评估、耐久性评定、剩余使用寿命预测、维护管理策略制定和及时加固维修等提供重要依据。

6.4.5　海底隧道数字监控平台

1. 功能原理

基于智慧高速"云-网-节-端"体系结构，针对隧道"保安全"的要求，根据隧道环境和交通组织较为封闭、特殊的情况，重点打造隧道的日常运行和应急救援场景数字化孪生，整合事件、报警、设备运行、视频、环境监测等各类数据进行全局数据展示。支持在异常情况发生时，以实时监控信息作为指挥依据，以交通设备远程控制作为手段，合理地组织交通并诱导隧道内人、车迅速疏散，提升路段综合应急处置能力。并进一步形成前端智能感知、系统自动分析智能预警、跨板块一体化智能指挥及公众信息服务等全闭环智慧化综合监控体系，基本实现路段监控"可视、可测、可控、可服务"。

2. 应用案例及实施效果

案例： 中交一航局大连湾海底隧道项目为保证隧道安全通行，提高隧道防灾、消灾能力，融合工程数据中心，建立数字化综合监控平台。功能包含隧道实时监控系统、大数据交通诱导、大数据节能管理、大数据运维管理、结构主体健康检测、应急指挥调度、仿真应急演练、BIM巡检等，实现了隧道集中监控和智能化管理（图6.4-8）。

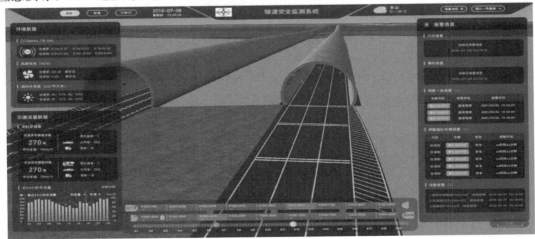

图 6.4-8　三维展示界面

3. 应用价值

本平台的应用可减少运维巡检人员数量，提高工作质量，节约人力成本和时间成本，提高海底隧道运维运营的安全系数。本平台的应用推动了运维管理在海底隧道领域的科技化进展。

4. 适用范围

本技术适用于公路、隧道等类型工程的综合监控和运维管理。

6.4.6　桥隧坡动态监测技术

1. 功能原理

桥隧坡动态监测技术综合运用物联网、云计算、结构仿真分析系统集成等先进技术手段，建立针对桥梁、隧道、边坡结构的安全评估模型，通过将传感器设备布设在桥隧坡结构的重要部位，采用分布式传输技术将结构数据实时传输至云计算平台，提取桥梁、隧道、边坡结构关键信息的损伤识别指标并进行分析和评估，结合移动巡检养护等移动互联网技术，构建了桥隧坡区域一体化安全动态监测和数字化监测平台（图 6.4-9）。管理者利用该平台能够随时掌握该路段运营状况并尽快做出管理决策，从而最大限度地确保运营安全。

图 6.4-9　桥隧坡动态监测

2. 应用案例及实施效果

案例：中交一航局广西浦清高速项目，桥隧坡动态监测技术由物联网设备，传感器设备、采集仪等硬件设备及软件构成，通过传感器，24h 对构造物进行监控，并实时采集桥隧坡结构关键信息并上传至云服务器进行评估，指导维护人员及时进行维护。

该系统投用前，对于桥梁、隧道以及边坡的结构数据主要依靠定期检测和人工巡检的方式获取。以前桥隧坡是否存在安全隐患，只能通过监测人员肉眼分辨。该系统的投用，使桥隧坡的安全监测更准确、更高效。

3. 应用价值

桥隧坡动态监测技术，结合互联网＋通信平台，加强对桥隧坡的监测和预警，对于保障交通通行，减少直接经济损失和人员伤亡具有重要实际应用价值。平台实时分析监测数据，对监测异常数据实时预警，从而可以全天候对构造物进行"监护"，排查可能引起安全隐患的构筑物。

4. 适用范围

本技术适用于公路、民航、市政工程等类型工程的桥隧坡安全监测。

6.4.7 港口资源监测监管技术

1. 功能原理

对遥感影像的某个波段使用边缘提取算法。该算法使用一个特定的边缘滤波器，从原始影像中创建两个独立的边缘影像，一个亮边缘影像和一个暗边缘影像。把生成的两个边缘影像融入多尺度分割算法中，与遥感影像一起参与多尺度分割，生成影像对象。利用光谱特征、边缘影像强度值等特征以及泊位空间矢量边界、港界等，分类出水域、陆域和泊位等地物。利用光谱特征、空间几何形状特征、范围特征等特征信息，提取泊位类别中的装卸设备等类别，陆域类别中的油品及液体化工品堆场、煤炭堆场、矿石堆场、集装箱堆场、围填海等类别。根据全国港口基础设施空间数据库，对利用遥感影像规则集提取出来的变化情况，再次进行空间属性信息匹配分析，进一步甄别变化类别。

2. 应用案例及实施效果

案例 1：将港口资源遥感影像解译技术应用于港口规划实施评估。

针对港界范围内的地物，把边缘提取算法与面向对象的多尺度分割算法相结合，并分析提取地物在遥感影像中的典型特征，利用这些特征组合开发出提取规则集，把港口变化的目标快速、准确地提取出来，与港口规划方案相叠加匹配，对规划港口的水域、陆域资源开发情况进行合规性空间分析，从而判断规划的量化实施效果（图 6.4-10）。

图 6.4-10 港口矿石码头和堆场规划实施效果评估

案例2：研发基于遥感、GIS和三维虚拟场景技术的港口规划方案辅助设计技术。

（1）基于GIS和遥感的港口规划方案辅助设计（图6.4-11）

基于遥感和GIS技术，进行港区水域、陆域总平面方案布置、集疏运规划等港口规划方案设计，首次提出港口规划方案制图标准，实现对涉海相关规划的"多规合一"，极大地提升了规划编制的科学性及可视化分析手段。

图6.4-11　基于GIS和遥感的港口规划方案辅助设计图

（2）基于三维虚拟场景辅助港口规划方案设计（图6.4-12）

图6.4-12　基于三维虚拟场景辅助港口规划方案设计图

采用地理信息、卫星遥感、倾斜摄影、LiDAR 拍摄、虚拟现实等技术。通过对重点港区的规划方案进行三维建模，实现了对港口规划方案的仿真可视化展示。建立的港口规划三维模型能够形象、客观地反映港口资源的空间位置和分布格局，辅助港口规划方案设计。

案例 3：首次基于遥感影像解译分析，开展全国港口深水岸线资源普查，建立港口基础设施动态跟踪机制。

港口资源监测管理系统 2015 年 7 月正式验收后，为准确掌握全国港口深水岸线资源开发利用及储备等情况，逐步建立港口深水岸线动态监测管理体系（图 6.4-13 和图 6.4-14），提高港口岸线管理水平，交通运输部决定依托该系统，对全国港口深水岸线资源进行普查。本次普查工作，采用港口资源监测系统，普查时间由过去的 4 年缩短至 1 年半，极大地提升了普查效率和普查成果的准确性，为建立港口资源动态跟踪机制打下了良好的基础。

图 6.4-13 港口岸线资源普查图

3. 应用价值

基于遥感和 GIS 的港口资源监测管理平台，研发遥感影像解译分析技术，利用面向对象的影像分析方法生成港口地物提取的规则集，利用这些特征组合开发出提取规则集，把港口变化情况与批复港口规划、港口建设项目工程可行性评估、初步设计方案进行对比，判断新建港口码头、防波堤、陆域堆场是否符合港口规划和项目批复建设方案，为监测港口资源利用情况提供客观、全面的监管手段。

通过研发港口资源监测管理系统，建成了包括全球尺度 GIS 平台，以及包含全国地理信息图、沿海及沿江区域多分辨率卫星遥感影像、港口规划图、港口专题图、建设项目平面图、涉海相关规划图等在内的"港口一张图"。同时，基于现有系统的平台架构和技术方案，进一步将港口一张图扩展至交通一张图，构建覆盖全国陆域、水域及各种运输方

图 6.4-14 港口码头泊位普查图

式，以公路、水路为突破口的"综合交通一张图"，通过更新遥感影像数据及解译分析，可实现对各类交通规划、计划实施全过程的进度评估及动态监管，为综合交通规划、建设、运营、管理提供决策支持。

4. 适用范围

本技术适用于交通、国土、环保等行业空间规划编制，以及国内外沿海、内河港口、航道规划及设计，岸线资源普查等领域。

6.5 数字建造与建筑信息模型（BIM）的综合应用及价值

6.5.1 工程建模碰撞验算

1. 功能原理

工程建模作为 BIM 技术应用的核心，是以 3D 数字化技术为基础，集成了建筑工程项目中各种相关信息的工程数据模型。BIM 模型是工程信息集成的重要载体，包括模型构件的几何信息属性和非几何信息属性，几何信息属性表达的是构件的几何形状特性以及空间位置特性；非几何信息属性表达的是构件除几何信息属性以外的其他信息和属性，包括构件的性能、成本、材质等。

结合 BIM 模型的优化性、可协调性及可视化特点，通过快速查找各专业间碰撞并输出成果报告文件，及时开展机电管线优化，将碰撞检查优化后的 BIM 模型对现场施工管理人员、施工人员进行三维可视化的技术交底，更加直观展现构件的冲突位置及优化方案等。

2. 应用案例及实施效果

案例 1：湖北金控大厦超高层项目，BIM 模型创建工作具有完整地工作集（图 6.5-1），由项目负责人创建项目样板文件，规定模型的基本信息及要求，将具体建模工作按照结构、建筑、机电、幕墙等多专业进行分解并同步实施，由各专业模型人员基于此样板建立中心文件，开展同步建模。

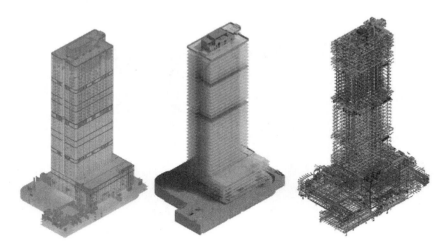

图 6.5-1　金控大厦多专业 BIM 模型

基于多专业工程 BIM 模型，将不同专业的 BIM 模型进行有效的整合，对两个专业间冲突的构件进行自动分析与查找，碰撞检查一般在设计阶段后的深化过程中进行，通过软件自动生成的碰撞检查报告，能够反复进行碰撞检查、深化设计、更新模型等相关工作。

本项目在施工阶段开展管线综合优化，从整体到局部，再从局部到细节，运用 BIM 正向设计的理念，二维图纸与三维模型的结合，最终完成了净高优化的目的，发现并解决碰撞问题 1.2 万余条，合理安排综合支吊架布置（图 6.5-2），有效提高施工效率 30％，节约施工成本 400 余万元。

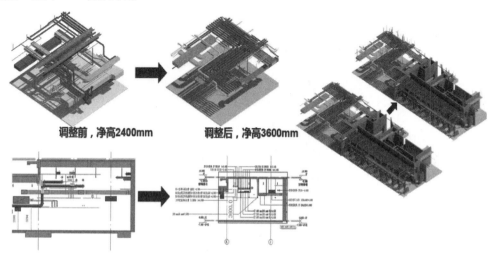

调整前，净高2400mm　　　调整后，净高3600mm

图 6.5-2　机电管线碰撞与优化

案例 2：中交三公局宝坻管廊项目通过 BIM 建模，实时发现冲突部位，并将冲突部位与设计单位进行沟通修改重新出版（图 6.5-3 和图 6.5-4），有效避免了安装过程中可能导致的停工现象，将施工过程中的返工扼杀于摇篮之中。

图 6.5-3　可视化碰撞验算

冲突报告

冲突报告项目文件：E:\工作\2016.08宝坻管廊模型\2016.08宝坻管廊一期二标工程-碰撞报告.rvt
创建时间：2016年12月26日 11:26:59
上次更新时间：

	A	B
1	楼板：楼板：DB-400mm:ID 483491	常规模型：钢梯：钢梯：ID 536427
2	楼板：楼板：DB-400mm:ID 483491	常规模型：钢梯：钢梯：ID 536429
3	楼板：楼板：DB-400mm:ID 483491	常规模型：钢梯：钢梯：ID 551733
4	楼板：楼板：DB-400mm:ID 483491	常规模型：钢梯：钢梯：ID 551734
5	楼板：楼板：DB-400mm:ID 483491	常规模型：钢梯：钢梯：ID 553507
6	楼板：楼板：DB-400mm:ID 483491	常规模型：钢梯：钢梯：ID 563510
7	楼板：楼板：DB-400mm:ID 483491	常规模型：钢梯：钢梯：ID 564460
8	楼板：楼板：DB-400mm:ID 483491	常规模型：钢梯：钢梯：ID 564463

图 6.5-4　冲突报告

案例 3：大连湾海底隧道建设工程干坞子项工程，在完成施工图搭建后通过碰撞验算分别检查了构件间的冲突和主体与周边环境、管线间的冲突，通过高精度模型搭建发现了图纸中存在的错、漏、碰、缺等问题，形成问题汇总并及时与设计单位进行了沟通解决，针对碰撞验算中有争议的设计方案进行了方案研讨与比选，在坞口西侧结构调整方案优化中（图 6.5-5），原方案为双沉箱结构，考虑到实际施工中开挖放坡对坞口西侧的华能热电厂形成了安全隐患，且施工作业面相对狭小，不满足施工要求。利用 BIM 技术可视化的优势直观展示现场实际环境，快速确定修改意见，准确完成后续设计变更和演算。

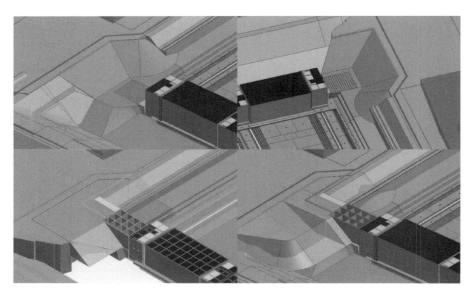

图 6.5-5　西坞口施工碰撞优化方案

案例 4:中交水规院海通(太仓)汽车码头物流港区堆场项目,项目 BIM 技术应用范围是 91.83 万 m² 的物流港区内堆场管网,主要包括管网及相关的设施包括雨水排放、污水排放、生活给水、消防、供电照明、信息通信、控制等。根据技术特点建立堆场管网 BIM 模型,包括给水排水、供电照明、通信等专业。应用模型进行各专业内部与专业之间碰撞检查工作(图 6.5-6),快速定位发现设计问题(图 6.5-7),优化施工图设计,以避免空间冲突与碰撞,防止设计错误传递到施工阶段或造成安装工程的返工,提高设计质量。

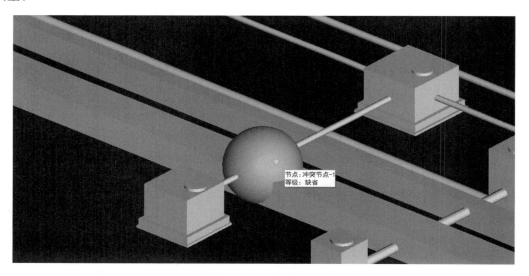

图 6.5-6　碰撞点图示

项目运用 OpenRoads Designer 设计软件的 SUDA 模块完成管网综合检测,碰撞节点数量共计 682 处,以碰撞报告为依托,与用户、各专业人员进行沟通后,确定 446 处为可

G24　Microstation 元素

	A	B	C	D	E	F	G
1	Label	urrent Statu	X (m)	Y (m)	Recommended Resolution	特征 A	特征 B
2	冲突节点-1	创建时间	518929.24	3502820.33	施工前重定位	Microstation 元素	Microstation 元素
3	冲突节点-2	创建时间	518782.74	3502938.64	施工前重定位	Microstation 元素	Microstation 元素
4	冲突节点-3	创建时间	518783.79	3502939.93	施工前重定位	Microstation 元素	Microstation 元素
5	冲突节点-4	创建时间	518590.72	3503106.89	施工前重定位	Microstation 元素	Microstation 元素
6	冲突节点-5	创建时间	518556.6	3503127.89	施工前重定位	Microstation 元素	Microstation 元素
7	冲突节点-6	创建时间	518731.95	3503280.22	施工前重定位	Microstation 元素	Microstation 元素
8	冲突节点-7	创建时间	519150.36	3502938.83	施工前重定位	Microstation 元素	Microstation 元素
9	冲突节点-8	创建时间	519191.81	3502989.71	施工前重定位	Microstation 元素	Microstation 元素
10	冲突节点-9	创建时间	518857.92	3503091.68	施工前重定位	Microstation 元素	Microstation 元素
11	冲突节点-10	创建时间	518977.98	3503631.96	施工前重定位	Microstation 元素	Microstation 元素
12	冲突节点-11	创建时间	518868.53	3503497.65	施工前重定位	Microstation 元素	Microstation 元素
13	冲突节点-12	创建时间	518769.26	3503375.81	施工前重定位	Microstation 元素	Microstation 元素

图 6.5-7　节点冲突数据表

接受间隙碰撞，剩余碰撞节点硬碰撞需要严格修改，间隙碰撞则要结合相应规范予以适当调整。本项目通过碰撞检测技术提前发现设计中的冲突问题，并及时采取改进措施实现模型优化，减少变更及返工次数，降低工程成本5%左右。

案例5：中交一航局泰兴经济开发区污水处理及生态环境提升PPP项目，该项目的工业污水处理厂管网包含污水、雨水、除臭等多个子系统，地上地下管网错综复杂，因此碰撞检测是整个管线综合布置的核心。首先需要做的是利用Revit软件将二维图纸转化为三维模型：这不单是简单的翻模过程，更是对图纸的校正、检查漏缺的过程。碰撞检查则是消除变更与返工的过程：利用Revit自带的碰撞检查功能对污水处理厂厂内管道进行碰撞检测，自动筛查出模型中各专业之间的碰撞点，形成的冲突报告如图6.5-8所示。

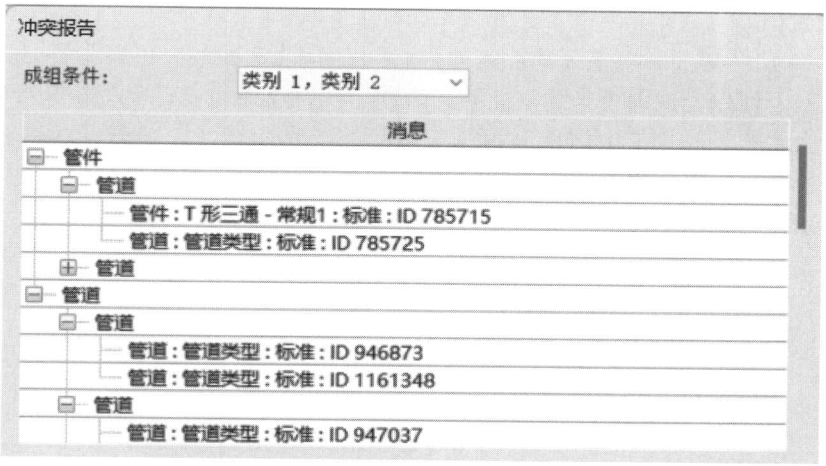

图 6.5-8　Revit 自动生成碰撞冲突报告

经过碰撞检测，共发现50多处碰撞点，将施工图纸与冲突报告相结合生成管线碰撞报告及优化方案，并与相关专业设计人员对接，解决碰撞点。管线碰撞报告及优化建议如图6.5-9所示。

污水处理厂管线碰撞报告及优化建议

涉及专业	工艺
位置描述	生化池西北角
问题描述及建议	问题描述：生化池西北角D250生产管与De400雨水管标高碰撞 修改意见：加一个φ1000砌筑雨水井
问题图纸截图	
问题模型截图	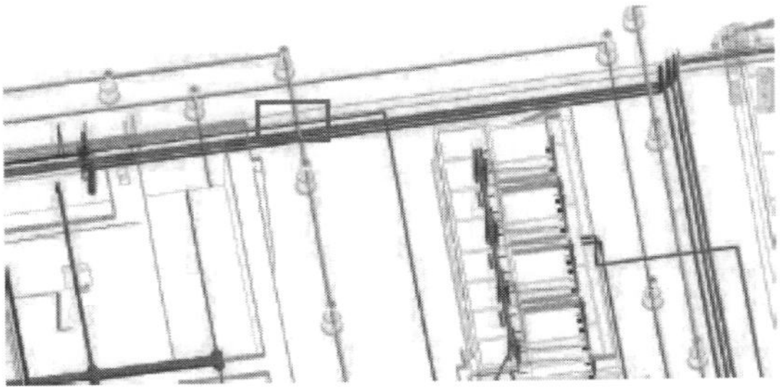

图 6.5-9 污水处理厂碰撞报告及优化建议

3. 应用价值

利用 BIM 软件平台碰撞检测功能，通过科学、有效地检测，可以为各子系统的排布提供可靠依据，预先发现图纸管线碰撞冲突问题，及时反馈给设计单位，进行施工方案优化等，减少由此产生的变更申请单。相对于传统的二维图纸，BIM 建模检测可以更加直观地展现项目成品，提前预防因施工图问题导致的其他问题，避免结构物的空间冲突和后期施工因图纸问题带来的停工以及返工，不仅能提高施工质量，确保施工工期，而且能节约大量的施工和管理成本。

4. 适用范围

本技术适用于各类型工程的管线综合设计及施工。

6.5.2 工程量计算

1. 功能原理

建筑工程的工程量（清单工程量、定额工程量、实物工程量）是确定工程造价的重要依据，也是施工企业和建设单位进行生产经营管理的重要依据。通过 BIM 技术将工程图纸的二维设计成果转化为三维模型成果，可大幅度提高工程信息的集成度，提高计量效率和准确率，并能够通过其可视化、协调性、模拟性、优化性、可出图性等特点配合模型提取工程量。BIM 计量主要通过软件或插件内置计算规则、图集做法等，结合工作人员所设置的清单以及具体的定额工程量计算原则，通过对模型进行分析，开展工程量计算工作。目前利用 BIM 技术进行工程量统计主要有三种方式：（1）应用程序接口（RevitAPI）；（2）开放数据库互联（Open Data base Connectivity，ODBC）；（3）BIM 设计软件直接输出构件工程量。

2. 应用案例及实施效果

案例 1：大连湾海底隧道建设工程隧道主线土层自上而下为淤泥层、淤泥质土层、含砾石粉质黏土，砾石层不均匀分布；岩层以白云岩和板岩为主，局部夹杂灰绿岩，管节基础以岩基为主。沉管段隧道地基较为复杂，借助 Civil 3D 这一软件创建曲面功能来生成三维地形曲面，将相邻地质层曲面合围生成三维地质层实体，通过部件编辑器创建参数化的基槽断面装配生成沉管基槽开挖模型（图 6.5-10）。

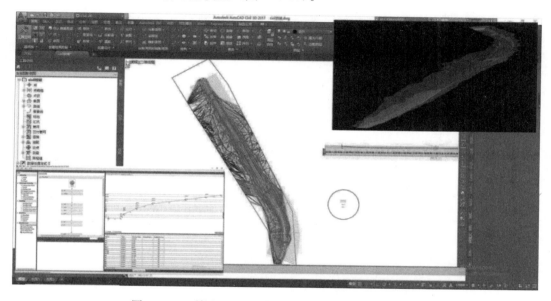

图 6.5-10　利用 Civil 3D 创建的海底隧道基槽结构模型

由于不同地质层的基槽开挖、爆破对应不同的单价，在实际计算中，应用传统算量方法计算工作量较大，本项目应用 Civil 3D 软件，按照不同地质层建立三维模型，实现了工程量的分层计算与统计，通过对比分析发现，本项目在隧道主线爆破开挖工程量计算相比于传统方法，工作效率提升 10 倍。

案例 2：华能上海石洞口第二电厂二期工程项目基于 BIM 技术，运用广联达 BIM 土建计量平台 GTJ 软件结合项目工程 BIM 模型实现清单、主要材料等数据的快速导入及复用，平台支持全国清单定额，内置国家标准设计图集规范，可以实现快速导出模型构件工程量及清单工程量，定额工程量，实物工程量等，满足施工进度及材料供应安排等的需要和计价需要（图 6.5-11 和图 6.5-12）。

项目采用 BIM 技术进行工程量计算，土建计量效率提升 10%，为工程造价提供更为可靠的依据，降低因材料过多或过少给施工现场管理带来的难度，并且设计模型经过格式转换等调整方式可以用于工程造价行业算量和计价进而实现一模多用，从而打破设计、施工、造价各专业之间的知识壁垒，避免重复建模，极大地提高了工作效率。

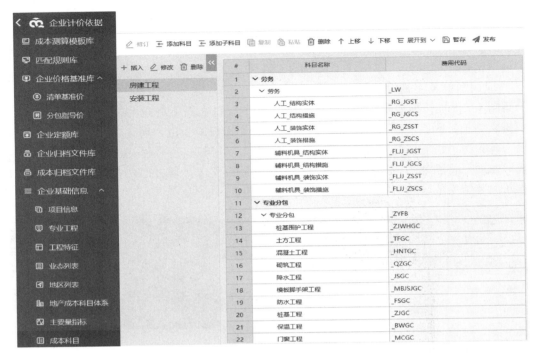

图 6.5-11 成本科目

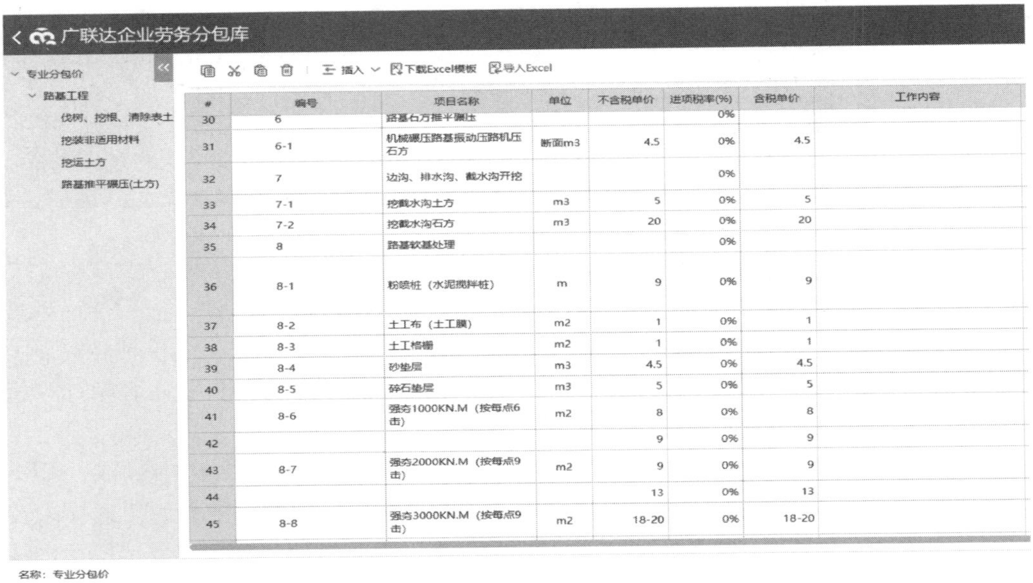

图 6.5-12 计价依据库

案例 3：中交水规院巴基斯坦卡拉奇项目，地处中巴经济走廊沿线，是巴基斯坦第一个自动化集装箱堆场项目。项目选用 Microstation 软件，通过建立港口工程参数化构件库以及软件二次开发，解决 BIM 应用过程中标准化程度高、重复性大、耗费时间长的建模问题，提高协同设计效率。通过 BIM 一体化应用，基于 BIM 软件快速计算工程量功能，实现 BIM 模型工程量一键输出，改变传统算量手段，减少因工程量计算不准确所产生的变更次数，降低建设成本（图 6.5-13 和图 6.5-14）。

图 6.5-13 陆域 BIM 整体模型

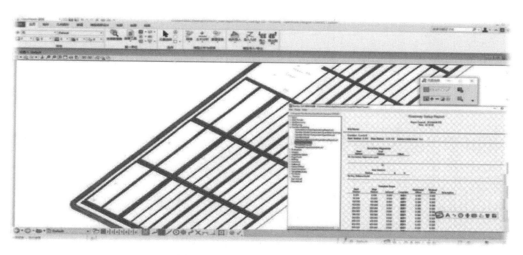

图 6.5-14 堆场道路工程量输出

基于 BIM 技术进行协同设计与快速算量，项目设计效率提升 20% 左右。BIM 技术在本项目的应用为高质量建设巴基斯坦第一个自动化集装箱码头提供了不可或缺的技术支撑。

案例 4：青岛市市民中心健身体育馆项目通过收集施工、验收等信息包括验收人员、施工人员、验收证明资料等随着施工进程添加进模型，做到"处处留痕"（图 6.5-15 和图 6.5-16）。方便随时提取，在遇到安全、质量等突发事件时，为查找证明材料、时间、责任人等方面提供便利；也为分析事件原因，探讨解决办法提供依据。

案例 5：中铁十六局集团有限公司负责的杭湾金融港综合开发配套基础设施一期工程项目引入 BIM 技术，通过建立 BIM 建模标准、模型应用指南，明确了 BIM 模型工程量计算以零号清单复核为应用目的。首先基于建模标准开发了一套建模工具并快速完

<管道明细表>

A	B	C
系统类型	直径	长度
NH（采暖回水）	150.0mm	8440
NH（采暖回水）	150.0mm	7510
NH（采暖回水）	150.0mm	8580
NH（采暖回水）	150.0mm	10800
NH（采暖回水）	150.0mm	15180
NH（采暖回水）	150.0mm	6600
NH（采暖回水）	150.0mm	24060
NH（采暖回水）	150.0mm	5910
NH（采暖回水）	150.0mm	2280
NH（采暖回水）	150.0mm	2650
NG（采暖供水）	150.0mm	7930
NG（采暖供水）	150.0mm	8990
NG（采暖供水）	150.0mm	10100
NG（采暖供水）	150.0mm	14700
NG（采暖供水）	150.0mm	6650
NG（采暖供水）	150.0mm	24170
NG（采暖供水）	150.0mm	5810
NG（采暖供水）	150.0mm	2280
NG（采暖供水）	150.0mm	2350
ZP（自喷主管）	150.0mm	1880
ZP（自喷主管）	150.0mm	6460
ZP（自喷主管）	150.0mm	6710
ZP（自喷主管）	150.0mm	21380
ZP（自喷主管）	150.0mm	16440
ZP（自喷主管）	150.0mm	3780
ZP（自喷主管）	150.0mm	12940

<风管明细表>

A	B	C
族与类型	尺寸	长度
矩形风管：镀锌钢板-法兰	1000mm×400mm	4610
矩形风管：镀锌钢板-法兰	800mm×320mm	9330
矩形风管：镀锌钢板-法兰	1000mm×400mm	5920
矩形风管：镀锌钢板-法兰	800mm×320mm	8380
矩形风管：镀锌钢板-法兰	1000mm×1000mm	1460
矩形风管：镀锌钢板-法兰	1000mm×1000mm	980
矩形风管：镀锌钢板-法兰	1000mm×1000mm	1460
矩形风管：镀锌钢板-法兰	1000mm×1000mm	1680
矩形风管：镀锌钢板-法兰	2200mm×400mm	2660
矩形风管：镀锌钢板-法兰	2200mm×400mm	1720
矩形风管：镀锌钢板-法兰	1250mm×400mm	5050
矩形风管：镀锌钢板-法兰	1000mm×400mm	9870
矩形风管：镀锌钢板-法兰	800mm×320mm	3000
矩形风管：镀锌钢板-法兰	800mm×320mm	3210
矩形风管：镀锌钢板-法兰	800mm×320mm	1960
矩形风管：镀锌钢板-法兰	800mm×320mm	6400
矩形风管：镀锌钢板-法兰	800mm×320mm	5360
矩形风管：镀锌钢板-法兰	2200mm×400mm	2990
矩形风管：镀锌钢板-法兰	1000mm×400mm	8900
矩形风管：镀锌钢板-法兰	800mm×320mm	11500
矩形风管：镀锌钢板-法兰	1400mm×400mm	3530
矩形风管：镀锌钢板-法兰	800mm×320mm	8150
矩形风管：镀锌钢板-法兰	1000mm×400mm	9950
矩形风管：镀锌钢板-法兰	800mm×320mm	8350
矩形风管：镀锌钢板-法兰	800mm×320mm	3200

图 6.5-15 材料工程量提取

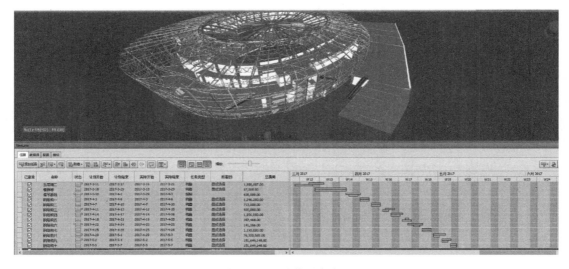

图 6.5-16 造价平台应用

成了模型的创建，有效保证了模型的统一和规范，节省了基础建模环节的大量工作量，为保障工程量清单复核应用的提前介入提供了充足保障。其次通过工程量清单编制系统定义符合项目要求的工程量计量规则，明确每一类构件工程量的计算范围、参数、单位和精度。最后依据计量规则提取模型工程量计算的必要信息，自动计算工程量，按工程量清单格式要求自动汇总统计数据，形成零号清单，并与中标清单各子目工程量进行对比分析。

通过 BIM 模型编制工程量清单显著降低了工程量清单复核的工作量（图 6.5-17），提升了工程量数据的精度，实现了各级工程量清单基于 BIM 模型的可视化联动、数据追溯，为项目管理人员对工程量清单的变更、维护提供了极大便利。

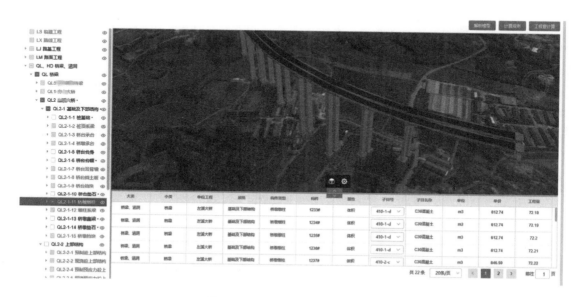

图 6.5-17　工程量清单编制系统

3. 应用价值

与以往不同的是，数字化工程算量可以区分不同的材料，并附加进场材料属性，记录项目现有的材料数量、检测情况、未来需求量等，实现不同维度的数据统计分析。

BIM 技术将工程各专业共同所需要的专业对象建立在统一的属性数据库基础上，建立在统一的 BIM 技术上，实现工程信息在全生命周期内的有效利用与管理，是谋求根本改变传统设计、消除"信息孤岛"的重要手段之一。这种基于 BIM 的工程量计算，改变了以通用的几何实体表示专业对象的事实，从根本上解决了建筑工程中设计与概、预算过程相脱节的问题，降低了人工成本和时间成本。

通过三维模型，能快速提取阶段性工程量，与实际完成量进行对比，能及时发现工程量偏差并进行纠偏。采用 5D 施工模拟，比选投资方案，为建设单位在投资控制方面提供服务。

在施工过程中，将材料构配件的名称、型号、所属检验批次、施工时间、工程量等信息添加到模型中后，可以根据不同的需求直接生成各类材料明细表，并计算出工程量，便于对工程量及造价进行整体管控。

4. 适用范围

本技术适用于房建工程、水运工程、市政工程等类型工程的工程量计算。

6.5.3 工艺模拟

1. 功能原理

工艺模拟是指通过 BIM 模型的创建和动画编辑，形成动态视频，直观模拟施工现场条件、施工顺序以及重难点解决方案等。工艺推演在日常技术管理过程中，利用 BIM 对重点、难点工艺进行模拟推演，可解决复杂工艺工序难以说清的问题，同时也能起到对工艺工序进行校核的作用。提前预演施工过程中可能会遇到的问题和困难，查找工艺工序问题，为项目施工控制提供有效帮助，节约成本，复验方案合理性，辅助技术决策。

2. 应用案例及实施效果

案例 1：汕头中砂大桥项目，通过 BIM 数据库得到准确的工程基础数据，对钢箱梁、叠合箱梁、锁扣钢管桩等重点施工工艺进行深化，使各专业协同工作，及时发现问题并调整设计。

在引桥施工中，利用 BIM 模拟叠合梁钢梁的顶推行程及钢梁顶推的完整步骤（图 6.5-18），量化全桥构件数量，优化叠合梁顶推次数 4 次，节省 10d 工期，减少了顶推支架及步履机的数量，节约成本 50 万元。

图 6.5-18　叠合梁顶推 BIM 工艺模拟

在桥梁上部结构施工中，基于 BIM 工艺模拟单塔钢塔、钢梁安装步骤，通过参数化模型优化钢塔分节长度，实现 Z2 \ F2 钢塔卧运、翻身安装工艺，达到施工工艺优化的效果（图 6.5-19）。通过工艺推演论证方案，确定选择 660t 大型起重船，减少钢塔现场吊装次数 4 次，有效节约工期 15d，节约成本 70 万元。

图 6.5-19　主桥钢结构梁段吊装 BIM 工艺模拟

案例 2： 大连湾海底隧道工程沉管安装工程，BIM 工艺模拟在施工前的桌面推演中发挥重要作用，针对海底隧道施工难点，对沉管绞移出坞的过程进行模拟（图 6.5-20），推演沉管移动、缆绳变化、各结构物位置关系变化等，清晰准确地掌握沉管绞移出坞中各部位相对运动关键点，辅助制定绞移出坞路径，对现场施工控制具有重要的指导意义，共缩短了工期 9d，节省各项成本 33 万元。

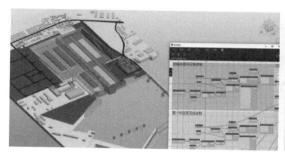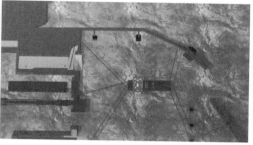

图 6.5-20　工序换缆、管节带缆状态 BIM 工艺模拟

项目全过程施工中，基于 BIM 技术开展碎石基床整平、浮运安装、最终接头及各类试验工艺模拟（图 6.5-21），验证方案可行性，实现工艺优化和现场演练等技术突破，通过优化相应资源配置，规避施工中存在的风险点，节约成本 500 余万元。

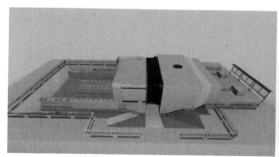

图 6.5-21　顶进节段法、闸门拆除沉箱排水工艺模拟

案例 3： 中交一航局三公司大连地铁 4 号线项目制作咬合桩施工工艺模拟，在制作前，技术部门提供工艺模拟的视频交底，标明需要工艺演示的重点部位，针对交底中的内容，对其中的细节进行反复调整，形成终稿。制作过程中，通过在视频中添加文字、图例的方式，使单一的动画演示内容更加丰富与直观；咬合桩工艺模拟通过利用后期剪辑软件剪辑视频（图 6.5-22），减少了渲染时间，提高了内容修改的灵活性，150s 的咬合桩工艺模拟动画累计消耗一周制作完成，建模、动画、渲染、后期、剪辑出片等工作均由本项目技术人员独立完成。

案例 4： 中交一公局容东 BC 社区 3 标。本项目中地下空间构筑物相互交叉、形式多样，施工方案首先要考虑地下空间划分与施工顺序，按施工先后顺序将标准段共构管廊划分为 10 道工序：基坑开挖及防护、基底桩施工、垫层及底板防水施工、管廊浇筑、防护拆除、管廊回填及雨水管道施工、夹层空间浇筑、夹层回填及污水管道施工、下层路浇筑、下层路回填及管道施工。根据已经建立的模型和施工方案进行复杂节点施工工艺模拟

图 6.5-22　咬合桩工艺模拟

制作（图 6.5-23～图 6.5-25），检查方案可行性，提前做好安全技术交底。通过工艺模拟应用，共优化改进十余处施工问题，为项目节约费用 80 万，节约工期 20d。

图 6.5-23　综合管廊及市政道路工艺分解

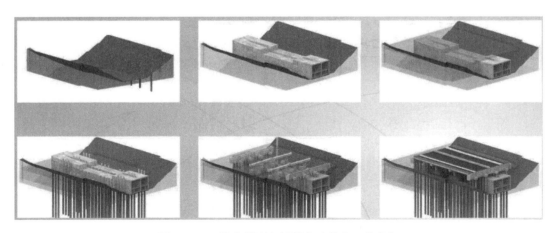

图 6.5-24　综合管廊与桥梁交叉节点工艺分解

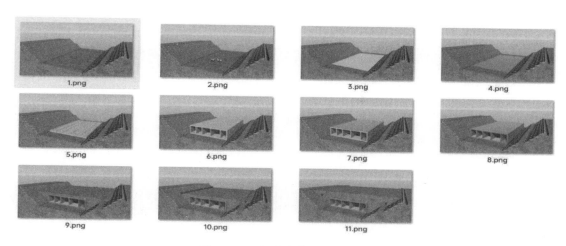

图 6.5-25　标准段管廊工艺分解

案例 5：中交一公局重庆万州环线项目。运用 BIM 模型技术，根据初步设计图纸对新田长江大桥建模，结合三维地形图与卫星影像，发现北岸主塔承台、桩基涉水施工，需要搭建水上平台进行。通过 BIM 模型技术设计了四边形承台和八边形两大类共 12 种承台施工方案，通过比选最终确定四边形承台后移 9.5m 为最佳方案（图 6.5-26 和图 6.5-27）。四边形后移 9.5m 承台方案，南北岸主塔承台均无涉水施工，避免对长江水体污染，同时节约水上平台搭建费用约 300 万，节约工期 30d。

(a) 初步设计方案

(b) 优化后最终方案

图 6.5-26　设计方案

图 6.5-27　现场承台位置

案例 6：中交水规院巴基斯坦 SAPT 集装堆场与房建二期项目，海外项目面临依据英标体系建设标准不同，实施人员素质参差不齐，多语言环境交流障碍突出，工期控制严格等困难。建设期采用 BIM 技术进行工艺模拟应用，针对陆上道路堆场区域施工，建立管网施工、道路施工、轨道梁预制、设备安装施工等陆域施工工艺库，以三维动画展示并配以多语言讲解说明，直观表达施工过程各种细节（图 6.5-28～图 6.5-31），验证施工工序和施工方案的可行性。通过组织实施人员观看工艺模拟，可直观了解施工细节，快速理解施工重点、难点、危险点等。

图 6.5-28　管网施工

图 6.5-29　设备吊装

本项目应用 BIM 技术进行工艺模拟，为业主和咨询人员高效展示设计方案，节省沟通时间约 35%，设计成果质量高，施工标准化程度高，减少设计施工质量问题发生约

图 6.5-30　路面铺装

图 6.5-31　轨道梁施工

60%，将施工期问题前置，减少返工问题，总体工期缩短约 2%，节省建设成本约 1.5%。实际加快了海外项目设计报批时间，并指导现场施工，克服海外项目跨文化交流障碍，提前排除安全隐患，充分做好防患措施，提前做好防患预案，降低施工安全风险，标准化的施工工艺确保施工质量的稳定，基本实现了总体预期目标。

案例 7： 中交水规院钦州港大榄坪作业区 1～3 号泊位工程，在工程建设项目全生命期使用 BIM 技术，针对项目重、难点工艺工法和关键节点进行工艺模拟，建立圆筒标准化预制、圆筒气囊斜坡出运、圆筒半潜驳运输安装等码头施工工艺库，以配有详细配音讲解的三维动画展示说明码头整体施工部署。从圆筒翻模分层预制过程，预制场内按照出运顺序，合理调配翻模施工的排序。圆筒利用气囊及卷扬机滑轮组搬运至出运码头前沿，半潜驳靠泊装载圆筒。船机拖航至施工现场，半潜驳在指定下潜区定位下潜，方驳牵引圆筒进行浮游安装全过程（图 6.5-32～图 6.5-34）。组织实施人员观看工艺模拟，可快速理解施工重点、难点、危险点等，合理组织施工过程，调配足够的并有备用的船机设备，合理规划水上施工流水作业。

图 6.5-32　圆筒标准化预制

图 6.5-33　圆筒气囊斜坡出运

本项目应用 BIM 技术进行工艺模拟，针对大型码头构件的预制、出运、安装的重点、难点问题，充分考虑环境因素，进行危险源辨识及难点、要点分析与把握。节省沟通时间约 30%，减少施工质量问题发生约 15%，合理安排施工流水作业工期缩短约 1.5%，合

图 6.5-34　圆筒半潜驳运输安装

理调度船舶施工节省租用成本约 2%。对施工方案的不断优化，明显提高了项目安全管理水平，提高了项目建设质量及水运工程建设品质。

案例 8：对于泰兴经济开发区污水处理及生态环境提升 PPP 项目的在建的污水处理厂而言，污水处理工艺是整个污水处理工程的核心，而设备、管线是污水处理流程最直观的体现。BIM 技术工艺模拟具有可视化的天然优越性，在 BIM 平台中借助已搭建好的模型以及对模型显隐、闪烁、漫游等功能，直观地展示了管道的走向及排布、各单体内部结构层次、各设备对污水处理的作用和各个污水处理工艺阶段水质的处理情况等，如图 6.5-35 所示。

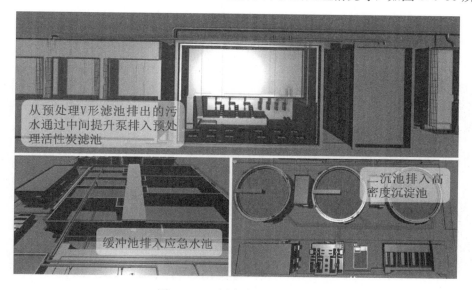

图 6.5-35　污水处理工艺模拟

3. 应用价值

传统方法下相关技术人员只能借助平立剖三视图，结合文字图片来表现设备的空间关系和作业联系，表达不够形象具体。而运用各类 BIM 软件，结合场地条件、周边环境、建筑物的空间关系、场地布置、机械设备等，将不同专业 BIM 模型整合，通过工艺工序模拟，得出现场施工中可能遇到的问题及设计不合理之处，根据模拟结果优化施工，规避方案不合理的问题，有效减少返工，节约成本和时间。工艺模拟成果可为现场施工人员直观地展示施工构件的空间形状及位置，同时能够轻松完成工程量审核、设计错误判断等工作，也可以确保施工方案的安全性，科学指导现场施工，提高沟通效率；最终保存完整工艺资料，为同类项目实施做好技术储备。

4. 适用范围

本技术适用于各类工程中的关键工艺工序模拟。

6.5.4 可视化交底

1. 功能原理

传统的施工技术交底是专业技术人员通过二维图纸将工程特点、施工方法及措施层级交代给施工管理人员和施工作业人员，存在交底不直观、难以精确表达复杂搭接关系、交底内容理解有偏差等问题。BIM 可视化交底首先可以将施工 BIM 三维模型分解，并按照施工工序将施工模拟演示展示在交流屏幕上，还可以将施工数据与技术交底进行结合，与相关技术人员进行信息交互；最后，施工人员通过技术交底进行意见反馈。利用模型信息便捷传递质量管控要点，更好地进行工程实体检查，并利用扫描监测，提高工程质量管理能力。同时，可视化交底还可以让施工班组很快理解设计方案和施工方案，将重要工序、质量检查重要部位进行模型交底和动画模拟，直观讨论和确定质量保证的相关措施，实现交底内容的无缝传递，从而保证施工目标顺利实现。

2. 应用案例及实施效果

案例 1：中交一公局集团东六环盾构项目，每一项施工工艺可视化交底成果为 15min 左右的三维动画视频，动画内容主要介绍工艺概况、施工重点技术参数、工艺设备设施详解、工艺流程三维动作可视化分解等内容组成（图 6.5-36）。通过可视化交底三维动画成

第四步：盾构分节下井组装调试

图 6.5-36 盾构机出发过程可视化交底截图

果介绍了盾构机的下放工艺、刀盘安装、洞门破除、双液注浆技术等工艺。

相比于传统文案技术交底方式，可视化交底技术不过度依赖专业人员讲解，日常技术交底可直接由工艺可视化交底三维视频来替代，每次交底均可节省 1 人次专业人员参与。通过对可视化交底素材的标准化制作，每项成果还可在类似项目重复利用，降低企业整体制作成本投入，同时给新进场项目技术人员提供便捷的工艺交底教程支撑。

案例 2：在泰兴经济开发区污水处理及生态环境提升 PPP 项目的实际操作中，可视化技术交底形象直观地展示了骑马井结构及梁板架设各个施工参数数据（如开挖深度、井深度、架桥机每阶段移动距离）和重难点施工工艺（如骑马井逆作法施工和梁板架设等），如图 6.5-37 和图 6.5-38 所示。可视化技术交底高效地与技术管理人员和现场施工人员进行了信息的交互，不仅提高了交底内容的直观性和精确度，也让施工工艺的执行变得更加彻底。

图 6.5-37　骑马井施工可视化交底

图 6.5-38　架桥机施工可视化交底

案例3: 中交水规院深圳至中山跨江通道项目，采用可视化设计交底对人工岛岛体结构、岛壁结构、救援码头结构、陆域地基处理等设计细节方案进行展示（图 6.5-39 和图 6.5-40），直观表达各专业设计方案，详细展示钢圆筒基坑止水技术方案、阶梯挡浪墙配筋技术方案，加快各参与方理解方案，提高沟通效率，提高协同设计效率，提高设计质量。

图 6.5-39　设计方案可视化交底

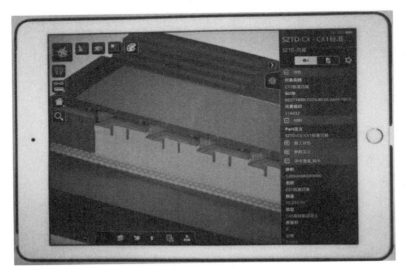

图 6.5-40　移动端可视化交底

本项目应用 BIM 技术，针对复杂结构的空间特征及重点、难点设计方案进行可视化交底，节省沟通时间约 35%，协同设计工作效率提升约 20%，设计质量问题减少约 60%。

案例 4：中交四航院地中海沿岸某高桩梁板式码头项目，依托 BIM 平台进行可视化施工交底，充分展示二维图纸无法清晰表达的三维模型的结构交界面，加深技术人员对设计图纸的理解。并通过施工模拟动画预览的方式清晰直观地展示总体施工步骤及进度计划安排（图 6.5-41）。以桩间抛石为例：共有 4 层，包括 1 层堤心石、2 层护面块石以及 1 层混凝土护面块体，通过 BIM 模型清晰地展现每层石料及混凝土护面块体的抛填或摆放次序，以及每层之间的标高边界，有助于保证现场按照施工方案及进度计划实施。

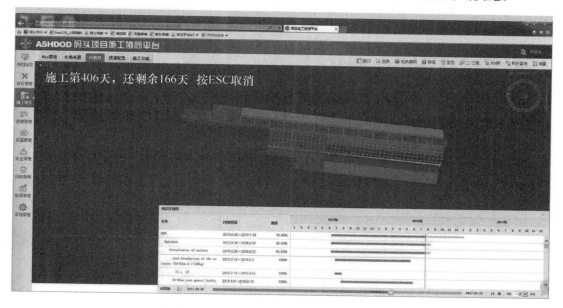

图 6.5-41　可视化施工步骤及计划安排交底

本项目施工可视化交底，通过可视化的施工进度模拟直观、清晰地展示设计模型及工序安排，并预测实际越冬防护时主体结构的施工状态，有助于现场施工的有序开展、工序搭接的协调以及防护方案的设计，节省沟通时间约 30%，施工质量问题减少约 15%。

案例 5：中交一航局大连湾海底隧道主线北岸防护结构包括沉箱及胸墙，因涉及用海调整，故为透空式结构，结合使用功能和施工难度影响，优化为装配式防护结构，装配式沉箱施工为北岸工程阶段性重点工艺，采用可视化方式，对工艺流程进行施工推演。

该交底采用 Revit 建模后，导入 Fuzor 进行动画制作的方式进行视频制作（图 6.5-42），因制作过程中，其精轧螺纹安装等工艺调整频繁，可视化交底动画先后调整 5 次，但因采用 Fuzor 进行动画前期制作，调整较为方便，一人先后用时 2 周完成制作到调整所有工作。在实际应用中，交底效果良好。

3. 应用价值

可视化交底是基于 BIM 技术的一种综合施工应用，通过 BIM 施工模拟的手段，可以实现企业工艺工法传承，项目级、工点以及具体工艺的技术交底和培训，降低技术交底难度，提升技术交底效率。可视化交底成果的标准化制作和分享还有利于改进工程施工质

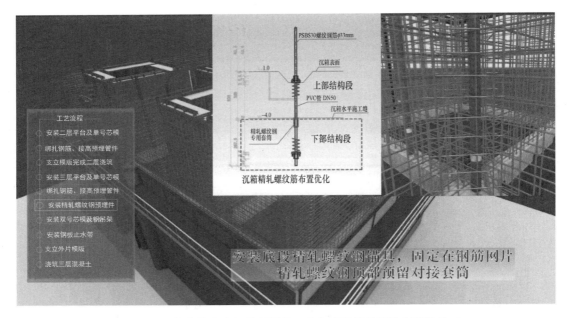

图 6.5-42　北岸装配式沉箱可视化工艺与现场精轧螺纹钢绑扎施工

量，减少质量管理中消缺投入。可视化交底成果可用于工艺培训，可有效减少工艺交底成果的制作成本，降低施工企业的工艺培训的综合成本，服务于施工企业改善工程质量，提升安全施工水平。

4. 适用范围

本技术适用于各专业施工工程的工艺工法交底工作。

6.5.5　数据管理平台

1. 功能原理

BIM 的核心是数据，最重要的就是数据的传递和流转。BIM 模型中包含大量无法体现在图纸上的信息，必须通过基于信息技术的数据交换来实现完整信息的传递。BIM 数据管理平台则为基于 BIM 三维信息模型通过计算机进行储存管理形成的管理平台，包含工程项目建设生命周期中大量重要的信息数据。将模型通过云平台上传到数据管理平台，可以辅助现场施工人员在施工过程中随时查看。

2. 应用案例及实施效果

案例 1：在泰兴经济开发区污水处理及生态环境提升 PPP 项目中，借助中交一航局自主开发的 BIM 数据管理平台，可以将 BIM 模型在不损失真实性的前提下在 Web 和移动端轻量化地展示，如图 6.5-43 所示；同时，可实现 BIM 模型与数据、文件资料的线上归集和整理，为 BIM 协同管理、数据物联奠定基础。最终，BIM 管理平台数据将用于最终交付运营管理。

案例 2：青岛理工大学人才公寓与青岛市公共卫生应急备用医院项目均在引入 BIM 技术的同时配备了相关的数据管理平台，将三维模型与相关数据信息上传到管理平台之上（图 6.5-44），可供建设方与参建各方进行讨论与交流。

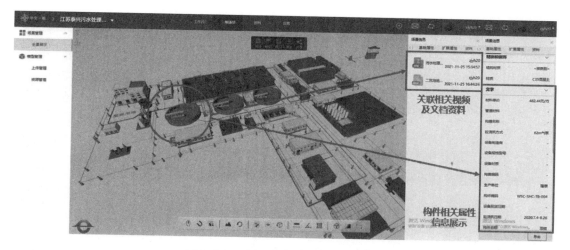

图 6.5-43　BIM 轻量化数据管理平台

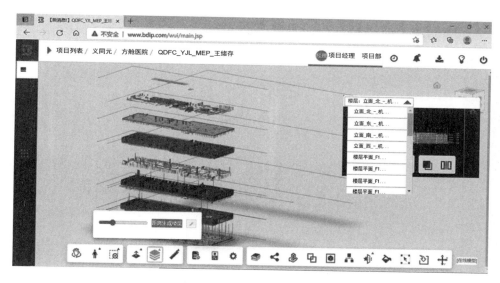

图 6.5-44　BIM 协同平台

案例 3：中交三公局承建的金山隧道线上平台，将 BIM 模型形象化，参数化的展示在平台上，作为一个共享的视觉窗口，展示和记录着隧道的工程进展（图 6.5-45 和图 6.5-46）。

3. 应用价值

在项目建设的全过程中，通过运用 BIM 技术，将所有专业模型集成在专业的 BIM 数据管理平台之上，通过平台完成动态施工模拟、流水段合理化分析、Revit 模型量清单关联、进度跟踪与校核、质量安全协同管理、成本管理，数据信息的动态变化可以及时准确地呈现在平台中，数据信息可以从平台内随时调用，进而加快项目决策的进度，提高项目的建设质量。同时，可采用数据管理平台手机端、PC 端、网页端三大端口达到互联网共享，搭建可共享的信息数据库平台。

图 6.5-45　数据管理平台首页

图 6.5-46　数据管理平台中的工程量表

4. 适用范围

数据管理平台适用于所有工程建设项目管理工作中。

6.5.6　BIM 族库平台

1. 功能原理

BIM 族库也是参数化构件库，是不同专业参数化族构件的集合。族库的建立是建筑工程信息快速建模的重要步骤，它将标准族构件按不同专业、品牌、专题等进行详细归类，在同一项目或是类似专业的其他工程建设中，对于信息模型的创建只需要根据工程结构实际需求修改族库内的参数或者在原有的族库模型基础上进行简单编辑，即可实现模型的变换。其中,模型族参数是实现族库平台意义的核心。众所周知,CAD 中的标注仅仅代表着结构的尺寸,且只能在一个二维平面内表示;BIM 的参数化虽然类似 CAD 中的标注,但它却是在三维实物中的各个立面、平面内进行标注,不仅标明了结构尺寸、材质信息等属性,还可通过参数的修改驱动模型尺寸和材料的变化,即参数驱动模型的改变。

2. 应用案例及实施效果

案例1: 泰兴经济开发区污水处理及生态环境提升 PPP 项目中的工业污水处理厂内存在多种污水处理设备,如水泵、曝气一体机等(图 6.5-47),对这些设备结构创建参数化族模型,并形成项目族库储备。同时,族库的应用也应从项目级向企业级转变,因此中交一航局创建了自己的企业族库平台,面向各级单位、各类专业收集和储备族模型,如图 6.5-48所示。其中,每个族模型包含 Revit 版本、专业分类、提供者单位等信息,便于建模员快速寻找到合适的族模型,也可方便各单位在 BIM 建模技术上的交流。

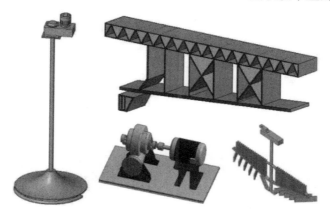

图 6.5-47　设备组模型的创建

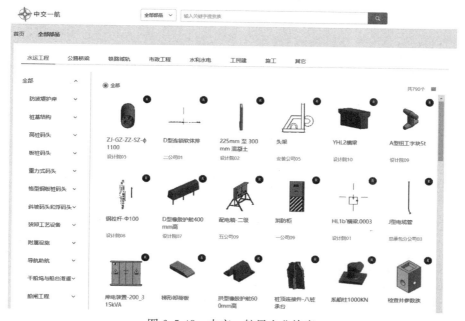

图 6.5-48　中交一航局企业族库

案例2：青岛市公共卫生应急备用医院项目有着众多的医疗分区，如污染区、清洁区、医护人员专区等。对其内部的通风换气系统有着较高的要求，在BIM建模过程当中根据相关图纸所建的族进行收集与整理，形成独有的BIM族库，可应用于医院的后期运维阶段。医院类的建筑具有特殊性，相关的族也可用于后期的同类型建筑当中。

3. 应用价值

参数化构件族库的应用价值主要体现在如下两个方面：

（1）快速建模。现通过族库，可实现直接调取所需的构件搭建整体项目模型，不仅节约建模人员数量，也可将BIM工程师从繁杂的建模工作中解放出来，投入更多的精力于BIM的管理工作中，更高效地服务于现场生产。同时，设计方也会逐步将基于模型的正向设计取代传统的二维平面设计，从而加快设计周期。

（2）族库内模型一般都是根据行业标准及经验形成，因此，族库的调用能够提高设计的规范程度，减少设计中出现的不必要的错误。

4. 适用范围

BIM族库平台适用于所有工程建设项目管理工作中。

6.5.7 钢筋建模翻样及用料优化

1. 功能原理

BIM钢筋翻样采取集中协同的实施模式，并随时与施工现场和钢筋加工场沟通来指导调整钢筋模型。集中式模式相对于分散式模式的主要优点是整体项目的BIM实施最高效，BIM的价值能发挥到最大。钢筋建模翻样及用料优化是基于BIM技术对钢筋加工的整体解决方案，主要包括基于Revit和Dynamo的钢筋翻模、钢筋切割优化等一系列操作软件和配套钢筋加工管理方法等。钢筋以特定的规则布置于结构物之中，通过二维施工图进行展示，并随着结构物的尺寸不同，钢筋长度也不尽相同。在完成BIM模型后，模型中拥有了所有的钢筋型号及尺寸，通过对相同型号、不同长度的钢筋进行匹配，从而优化钢筋下料组合，避免浪费。

2. 应用案例及实施效果

案例1：在泰兴经济开发区污水处理及生态环境提升PPP项目中，利用操作软件实现了钢筋建模、钢筋接头处理、钢筋料单的制作与加工。在钢筋建模过程中，可根据图纸需求设置结构的保护层厚度；随后，根据钢筋图对不同形状、长度、大小的钢筋按照现场实际情况进行批量布置。钢筋模型绘制完后，根据现场施工工艺、施工顺序对钢筋模型添加接头。无论是大体积混凝土构件底板还是分层浇筑，都需要经过接头处理的钢筋模型与施工现场完全匹配。处理好接头的钢筋模型是用模型生成钢筋下料单的数据基础，如图6.5-49所示。

模型搭建完成后对数据进行优化计算。利用软件内置算法计算钢筋最优的原材切割配比，在钢筋加工的切割工序中使得同一批次钢筋切割的"剩余端头"最少，并将钢筋翻样信息直接转化成最优的钢筋切割方案，并生成优化后的电子切割料单，如图6.5-50所示。本项目将BIM技术运用到钢筋加工系统当中，不仅实现了快速精准的建模和接头处理，还可"一键"生成更准确的钢筋翻样料单，从而提升钢筋加工作业效率，钢筋的使用率最高可达98%，减少原材损耗，节约了工程成本。

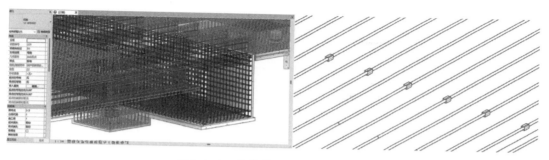

图 6.5-49 钢筋模型绘制及接头处理

表格：钢筋加工清单—剪切I / 钢筋加工清单—核对清单

图 6.5-50 钢筋电子切割料单

案例 2：青岛理工大学人才公寓项目通过 BIM 钢筋集中翻样的模式能够降低沟通难度并且解决传统钢筋翻样方式的诸多问题。BIM 技术摒弃了传统平面结构图的许多局限性，并且清晰地呈现了钢筋图，简单直观（图 6.5-51 和图 6.5-52）。

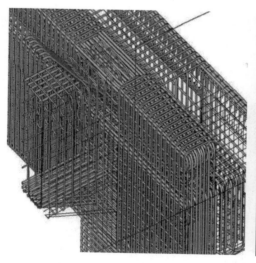
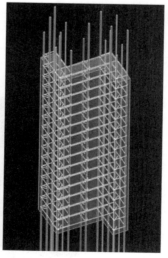

图 6.5-51 钢筋建模翻样

<钢筋明细表3>			
A	B	C	D
钢筋直径	钢筋长度	钢筋体积	合计
6mm	830962mm	82479.95cm³	1515
8mm	2579813mm	405188.52cm³	1116
10mm	218010mm	24097.38cm³	69
12mm	2893562mm	327254.10cm³	1027
14mm	1141038mm	175649.18cm³	386
16mm	117218mm	23568.13cm³	35
18mm	410334mm	104417.18cm³	137
20mm	156628mm	49206.10cm³	49
22mm	104423mm	39694.57cm³	30
总计	8451987mm	1231555.11cm³	4364

图 6.5-52　钢筋用料明细表

案例 3：通过建立白沟河特大桥 BIM 模型进行设计图纸中的结构构件自身的冲突碰撞关系的检查，特别适用于进行钢混结合段、钢筋冲突、钢筋与预应力之间的冲突检查，通过碰撞检查找到冲突位置和具体情况，进行优化和合理布置（图 6.5-53～图 6.5-55）。

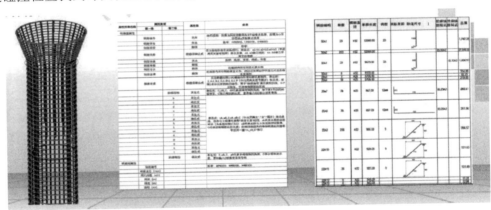

图 6.5-53　墩柱钢筋翻样

图 6.5-54　钢混结合段冲突

3. 应用价值

钢筋工程的特点是量大、面广、占比大，是建设工程项目中重要的环节。传统钢筋翻样大多基于 CAD 生成的施工图纸，将钢筋图展示在二维平面图纸上开展作业。然而，构件内的复杂钢筋结构并不能通过二维图纸展示其实际现场的真实布置情况，有限的手段难以解决复杂的问题；基本依靠纯人工完成，工作量大且过程繁琐，不仅钢筋翻样的质量和效率有限，相关从业人员的精力损耗也大。同时，常规的钢筋加工质量、加工精度难以管控，钢筋原材料损耗大，容易造成资源的浪费。

基于 BIM 的可视化、信息化和协同性，一是可以通过钢筋三维模型清晰地表达复杂的空间结构，减少二维图纸交代不清楚的地点，解决空间碰撞及复杂节点的交底问题；二是钢筋模型储存的数据信息可以解决钢筋计量及加工数据准确性的问题；三是钢筋协同性能够解决建模翻样及环节沟通问题，打破传统束缚，提高工作效率。

4. 适用范围

钢筋建模翻样及用料优化适用于包含钢筋工程的所有工程建设项目的钢筋管理工作。

6.5.8 进度推演

1. 功能原理

基于 BIM 虚拟建造技术的进度推演是在 BIM 信息模型的基础上附加以时间维度，构成 4D 模拟动画，并通过此模型借助于各种可视化设备对项目进行虚拟描述。利用反复的施工过程模拟，在虚拟的环境下发现施工过程中可能存在的问题和风险，并针对问题对模型和计划进行调整和修改，制定应对措施，使进度计划和施工方案最优，再用来指导实际的项目施工，从而保证项目施工的顺利完成。根据施工组织设计和进度计划对深化设计模型进行完善，在模型中关联进度信息，形成满足进度管理需要的进度管理模型，利用 BIM 数据集成与管理平台进行进度信息上报、分析和预警管理，实现进度管理的可视化、精细化、便捷化。

2. 应用案例及实施效果

案例 1： 中交水规院京津中关村科技城市政基础设施一期及其配套工程，项目管理平台施工进度模拟模块通过 BIM 虚拟建造，可以检查进度计划的时间参数是否合理，即各工作的持续时间是否合理，工作之间的逻辑关系是否准确等，从而对项目的进度计划进行检查和优化。还间接地生成与施工进度计划相关联的材料和资金供应计划，并在施工阶段开始之前与业主和供货商进行沟通，从而保证施工过程中资金和材料的充分供应，避免因资金和材料的不到位对施工进度产生影响，京津中关村科技城市政基础设施一期及其配套工程 EPC 项目的可视化进度管理，为项目建设增加亮点（图 6.5-56）。

本项目应用施工管控平台节约工期 64d，相比于传统的施工方式节约工期 5%，节约材料价值 660 万元；相比于传统的施工方式节约材料费用 0.5%，节约建造费用 4000 万～6000 万元；相比于传统的施工方式节约材料费用 2%～3%。在施工进度管理方面，通过本管控平台中计划进度与实际进度的对比，在 BIM 模型上区分展示进度超前、滞后情况，通过资源配置调整来实现进度管理，管理人员通过进度模块的展示信息随时了解施工进度、质量和成本投入。

案例 2： 中交水规院广西钦州港大榄坪港区泊位工程项目基于 BIM 模型进行项目总

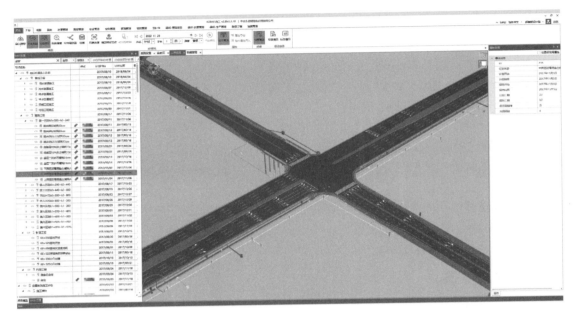

图 6.5-55 BIM进度管控平台操控界面

体进度的推演模拟。主要包含进度展示和进度填报两部分功能。通过选择相应的计划类型（周计划、月计划、年计划）和需要进行模拟的工程模型构件，在 BIM 模型上实现基于时间轴的进度展示、对比、模拟。该模块通过不同颜色来显示相应构件的进度情况（图 6.5-56和图 6.5-57），同时模型本身也是信息的载体会集成显示对应的属性信息，从而帮助相关参与方直观掌握工程进度情况。

图 6.5-56 进度对比

本项目基于 BIM 模型进行进度模拟推演，相比于传统的施工方式节约工期 3%，节约材料及建造费用约 1200 万元。优化进度管理后既为工程施工组织设计和宏观决策提供

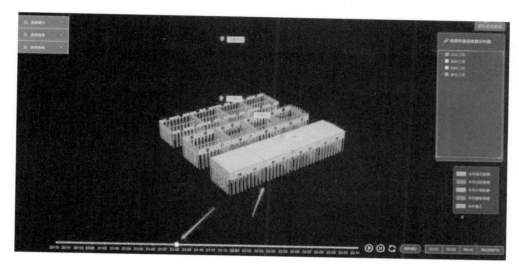

图 6.5-57　粮仓区域的进度模拟

数据支持、分析手段，又可以提前制定应对措施，用来指导施工进度管理工作，从而确保整个工程施工的顺利完成。

案例 3： 中交一航局大连湾海底隧道主线北岸工程施工工艺复杂，对重难点工程进行了细化到日的施工进度推演，并在推演中模拟了主要船机设备的施工路线，驻位位置，通过精细地推演，提前理顺施工组织思路，强化施工进度管理，切实体现施工"预建造"。

北岸暗埋段工程面临工期紧，交叉作业多，节点工期多次调整的重重困难，为保证整个工程有序开展，对其进行了较为精确的进度推演，不单进行工序进度模拟，同时也对现场作业面进行了直观的模拟。通过模拟发现工期计划不合理，工序先后存在问题，现场作业面无法满足模版组拼等多项问题，及时调整进度计划，快速形成新的推演，经过反复推演验证，各项问题均得到有效解决。

3. 应用价值

基于 BIM 虚拟建造技术的进度推演弥补了传统管理方式的缺陷，充分利用 BIM 模型的可视化、模拟性特点，结合地理信息系统，直观地向管理者展示实际进度与计划进度的关系。通过进度超前滞后分析来调整项目上的资源配置，有效地控制了工期。利用进度推演制定合理的施工计划，以动态的形式精确掌握施工进度，优化使用施工资源以及科学地进行场地布置，对整个工程的施工进度、资源和质量进行统一管理和控制，达到缩短工期、降低成本、提高质量的目的。

4. 适用范围

本技术适用于建筑工程、市政工程、公路工程、大型基础设施工程等多种类型多个领域工程的 4D 模拟进度管理。

6.5.9　三维深化设计

1. 功能原理

基于 BIM 的三维深化设计主要是对图纸进行优化及协同。通过收集设计方提供的图纸及相关信息数据创建 BIM 模型，在模型基础上检查各专业之间的碰撞、不合理、错误等问题。随后基于 BIM 可视化、可出图性的特点，形成修改建议反馈给设计单位。设计方根据提出的问题更新相关专业设计图纸，BIM 技术再根据更新过的图纸信息将修改结果反馈至 BIM 模型上，从而进行协同验证，使各个参与方各专业的信息数据在 BIM 模型得以统一。

2. 应用案例及实施效果

案例 1: 在泰兴经济开发区污水处理及生态环境提升 PPP 项目中，其在建的工业污水处理厂厂内管网设计因为管道的错综复杂特性经常会出现管道布置交错的现象，产生大量的碰撞问题。在依据设计图纸翻模的过程中，BIM 技术人员发现污水处理厂厂外管道连接至缓冲池时布置出现了管道的碰撞现象。问题发现后，施工方技术人员利用 BIM 模型生成管道布置的两种优化方案，并结合方案图纸提交至设计负责人确定最终解决方案。其中，进场管道修改后模型如图 6.5-58 所示，图 6.5-59 展示了最终现场实际的管道布置效果。在此深化设计实际应用中，设计变更问题得到了高效的解决，同时也避免了因碰撞问题造成的返工及施工停滞，节省了约两周工期。

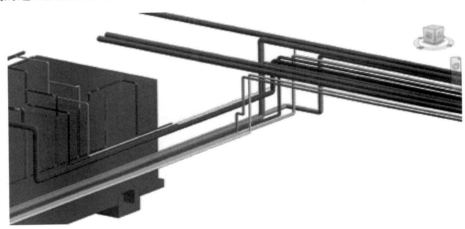

图 6.5-58 缓冲池进场管道 BIM 模型

图 6.5-59 实际进场管道搭接

案例 2: 青岛市公共卫生应急备用医院项目通过建立 BIM 方案级模型，根据设计图纸进行三维模型的创建。在这一过程中将图纸当中的设计错误提出 BIM 预警为设计方提供预警，将问题消除在萌芽阶段（图 6.5-60）；在规范允许的范围内，不改变功能的前提下，对部分设计进行优化，既方便后续施工，又可节约成本。

图 6.5-60 管线排布优化

案例 3：某电力工程项目在建设管理、碰撞校核和隐蔽工程管理等场景，基于三维设计模型进行深化设计的应用，实现了以下成果（图 6.5-61）。

建设管理中具体完成了施工图会检、进度模拟和交底培训等工作。通过 BIM 进行施工图会检，检查图纸是否符合相关条文规定，是否满足施工要求，施工工艺与设计要求是否矛盾，以及各专业之间是否冲突，从而减少了施工图中的差错，对完善设计，提高工程质量和保证施工顺利进行都有重要意义；采用基于 BIM 技术的施工动态模拟，测试和比较不同的施工方案并对施工方案进行优化，可直观、精确地反映整个工程的施工过程，有效缩短工期、降低成本、提高质量；通过 BIM 三维模型进行现场的三维技术交底，形象直观，使得工程各方有一个直观的感官认识，更加深入地理解领会技术要点，对于具体的细部构造及空间位置等可以通过 BIM 三维模型进行现场的查看，方便实用。

图 6.5-61 隐蔽工程管理应用情况

通过应用 BIM 模型的碰撞检测技术，对建筑结构、机电管线、装饰构件进行碰撞检测。在图纸预检过程中，快速生成碰撞检查报告，及时发现二维 CAD 图纸的设计问题，提高图纸会审的效率，降低工程返工率。从而加快了工程施工进度，减少了后期因图纸问题带来的成本支出。

基于 BIM 的隐蔽工程管理，实现了在三维可视化环境下，快速生成三维电缆实体模型并进行高效渲染，并保证电缆空间数据的准确性、完整性以及可获得性，建立可随时查看管线、管沟等管线位置及穿插关系的应用，减少实际施工过程中对隐蔽工程把握不准导致的错误。

本项目通过设计院出具的三维 BIM 模型进行深化设计，以模型模拟现场施工、辅助管理，减少管线碰撞，提高施工效率，降低设计变更，提高了项目的设计质量和施工水平。

3. 应用价值

对于大型复杂的工程项目，采用 BIM 技术进行深化设计有着明显的优势及意义。BIM 模型是对整个建筑设计的一次"预演"，建模的过程同时也是一次全面的"三维校审"过程。在此过程中可发现大量隐藏在设计中的问题，这些问题往往不涉及规范，但与专业配合紧密相关，或者属于空间高度上的冲突，在传统的单专业校审过程中很难被发现。三维深化设计则可以凭借其可视化特点对结构进行精确定位，也能保证施工前图纸的质量，减少施工后因图纸设计的错误而导致的返工。

4. 适用范围

三维深化设计适用于所有工程建设项目管理工作中，尤其是针对大型管线系统综合布置专业。

6.5.10 BIM 数字化移交

1. 功能原理

BIM 数字化移交是以工程对象为核心、数据为基础、编码为纽带，使工程数据、逻辑模型、三维模型、图纸、资料等信息进行有机关联，实现信息共享，对工程项目建设阶段产生的静态信息进行数字化创建直至移交的工作过程。其利用上游环节产生的工程信息支撑下游环节的工程实施并借此提升整个项目的建设、管理质量和效率。便于各参建单位协同工作的数字化移交系统，实现逻辑模型、三维模型、设计成品、采购文档、施工文档、厂家资料、安装调试资料等的数字化移交，并上传到云端管理器中，从而使项目相关方通过该系统浏览可视化、多维度的工程信息。

2. 应用案例及实施效果

案例 1：中交水规院钦州港大榄坪作业区 1~3 号泊位工程，在工程建设的全生命期，采用数字化信息管理平台的形式实现设计与施工不同阶段所产生的数据在各主要参与方之间流转，进而满足由设计阶段向施工阶段、施工阶段向运维阶段的数字化移交要求。在项目开展初期由建设方、设计方、施工管理方组成联合项目组进行系统的规划，形成明确的项目目标、需求清单与构建编码体系，并基于 BIM+GIS 数字化底板，采用 B/S 架构定制开发"钦州港大榄坪港区 1~3 号泊位工程管理平台"。平台实现工程项目产值跟踪、三维模型展示、设计和施工资料归集、进度模拟、IoT 设备集成、交工验收资料归档等功能，达到工程建设不同阶段对进度、质量、安全、投资信息的收集与展示要求（图 6.5-62 和图 6.5-63）。

图 6.5-62 平台项目概览模块

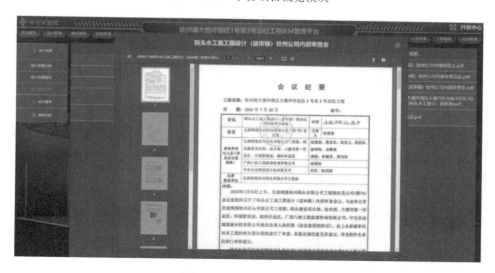

图 6.5-63 资料汇集归档

本项目应用 BIM 管理平台通过 BIM-4D 虚拟建造模拟复杂的施工过程，将工程施工数据与工程管理数据集成在数字模型中，在三维模型直观展示、可视化交底沟通方面效率提高约 30%；在施工方案细节直观展示、准确空间定位预制安装施工质量问题减少方面约 15%。移交平台汇集质量相关政策文件、设计方案、施工交底文件等全过程的关键成果与过程信息，形成工程核心数字资产，提高工程建设数字化管理水平。

案例 2：宁东——山东±660kV 直流输电示范工程中开展三维数字化移交研究工作，主要工作内容包含：移交平台开发、基础数据生产、设计图纸入库、线路三维建模、移交标准化以及后续工程推广应用研究等。其中三维数字化移交展现平台涵盖了数字化移交、三维可视化、遥感数据处理、地理信息系统、海量数据管理、框架支撑等技术，并将这些技术集成到 1 个平台，实现在统一平台下对线路工程相关信息的三维展示、查询和数字化管理。在三维数字化移交过程中，三维数字化移交平台（洛斯达公司开发）作为移交数据成果的载体，在工程竣工阶段，随线路实体工程一起移交建设方。其数字化移交平台数据成果组成如图 6.5-64 所示。

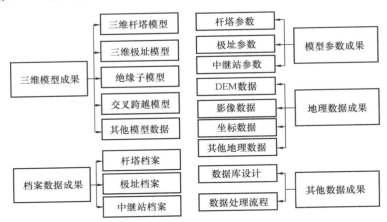

图 6.5-64　数字化移交平台数据成果组成

　　本项目数字化形式移交的地理信息模型成果，三维模型成果，设计资料档案库成果将以平台为载体，可服务于巡检、工程抢修等运维工作，平台的开放性保证了它可以与运维阶段相关信息系统实现良好的集成，打造完备的数据库，共同服务于电网的运维阶段，为智能电网提供数据支撑。

　　案例 3：青岛市公共卫生应急备用医院在工程竣工阶段，将全过程的文件进行整理。包括各个阶段的模型以及其他电子信息档案，上传到云端可供建设方后期随时查看与浏览，而建设过程当中所形成的数字化资料也可为后期安全运维提供科学支撑（图 6.5-65）。

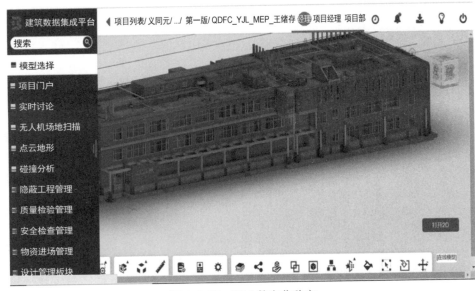

图 6.5-65　BIM 数字化移交

3. 应用价值

数字化移交是数字化转型要求的核心技术，是工程全生命周期中"环环相扣"的关键技术和纽带。数字化移交技术帮助工程建设的各参与方实现多阶段、多层级、多专业项目精细化管理，实现项目各参与方协同工作，提高工程建设数字化管理水平，提升建设阶段管理效能。通过三维数字化移交，将工程基建期的三维模型及数据集成，进行轻量化瘦身处理，实现向生产运维期的平滑移交，实现基建数据与生产运维数据的无缝对接。帮助项目管理者解决项目管理层面繁杂、各方信息孤岛严重、项目建设信息管控滞后等问题。并且数字化移交过程汇集工程从设计、施工到竣工全过程的关键成果与过程信息，形成数据资产的基础底座，为工程智慧运维奠定基础。

4. 适用范围

本技术可广泛应用于工程建设交付中。

6.5.11　无人机航拍辅助总平面管理

1. 功能原理

无人机航拍技术是借助无人驾驶飞机作为空中遥感平台，利用先进的通信技术、GPS定位技术、遥感传感器技术和无人驾驶飞行器技术等，从高空拍摄，获取俯视图像，具有机动灵活的起降方式、低空循迹的自主飞行方式等特点。通过采用无人机航拍为项目提供准确的地形环境，验证室外设计方案的合理性，以及为项目的建设规划与决策提供便利。

2. 应用案例及实施效果

案例1： 在泰兴经济开发区污水处理及生态环境提升PPP项目的实际运用中，无人机的实时监测技术已运用于辅助施工管理，将现场航拍的照片展示到施工进度报告中，如图6.5-66中航拍图展示了2号泵站的施工现场情况；同时，BIM技术也可与无人机航拍

图 6.5-66　2号泵站施工整体航拍图

技术相结合：将统一的视角形成的航拍视频与 BIM 模型动态浏览渲染形成的视频相互对比，可对现场施工进度情况进行整体的把握（图 6.5-67）。

图 6.5-67　污水处理厂漫游与无人机施工现场航拍图对比

案例 2：青岛理工大学人才公寓项目为提供准确的地形环境，验证室外设计方案的合理性，以及为建设规划提供便利，采用无人机先后多次次对项目进行航拍、建模。实现了 BIM＋GIS 领域的深度应用，有效地整合建筑信息和地理空间信息，可以构建出整个项目最重要最核心的基础数据库，并且通过结合 BIM，对智慧工地和智慧城市可以做一个很好的探索。

图 6.5-68　航拍实景模型

3. 应用价值

无人机的定期航拍技术可以真实、清晰地展示现场实况，从而加大了工程建设管理的监控力度，提高了工作效率；同时，与 BIM 技术结合形成的影像信息对比可以为项目管理者提供统计数据，这不仅提升了进度管理能力、为实现建设目标提供了保障，也对施工单位安全文明施工起到了监督作用。

4. 适用范围

无人机航拍技术主要适用于大面积户外工程建设项目的管理工作。

6.5.12 电子沙盘

1. 功能原理

综合 BIM+GIS 技术、物联网技术和数字孪生技术，以建设项目设计图纸为基础，附加视频监控信息和倾斜摄影数据，创建施工工地的电子沙盘，通过物联采集和项目管理系统汇聚项目施工有关数据，自动生成项目施工的里程碑节点的形象进度、施工环境等有关信息，以 2.5D/3D 等方式直观呈现建设项目的总体情况、工点情况，集成关键构筑物建造过程中的关键环节、关键工艺工法，项目施工重要风险源信息，以及与项目施工和应急处置有关的资源就位等情况，并进行数据挖掘分析，提供过程趋势预测及专家预案，实现工程施工可视化智能管理。

2. 应用案例及实施效果

案例 1：中交一公局川藏线隧道施工项目，施工周期长，施工条件恶劣，隧道施工风险多，施工作业面分散，安全生产任务艰巨。如图 6.5-69 所示，通过建立电子沙盘平台，将离散的信息源在同一个孪生平台上可视化呈现，可以明显提升项目对施工"人、机、料、环、法"的全面感知能力，提升安全生产资源调度能力，降低施工安全风险。

图 6.5-69　中交一公局某施工项目电子沙盘示意图

结合电子沙盘进行工程进度可视化管理，通过操作时间轴，分别推演计划生长动画及实际生长动画，并对工期滞后情况进行定期任务提醒，起到进度监控和预警功能，帮助实现工程进度可视化、信息化、便捷化监控管理。

在安全管理方面，结合物联网技术，跟踪隧道掌子面施工实时人员、设备状态，对异常状态预警（隧道人员聚集、人员健康状态异常状况、机械设备运行异常等情况），管理人员能实时掌握现场关键工程的安全施工动态，并根据异常情况采取针对性的干预和处置措施，从而提升现场施工安全管控水平。

案例 2：中交三公局南京 IC 集成电路研创园项目采用 B/S 模式的免插件架构，支持 PC 端和移动端的三维展示和互动操作，通过 BIM+GIS 多源数据集成，提供 GIS 中通用格式的矢量、影像、倾斜和三维场景数据的存储和管理，在空间位置将 BIM 微观建筑数据与 GIS 宏观大场景数据无缝集成。其次平台创建了基于 WebGL 实现了轻量 BIM+GIS

三维浏览交互功能，以三维地球的形式提供丰富的数据浏览和交互操作功能，包括施工方案模拟、底图设置、测量、查询、漫游动画、模型编辑、挖洞分析、BIM 构件定位等应用（图 6.5-70 和图 6.5-71）。

图 6.5-70　电子沙盘项目展示界面

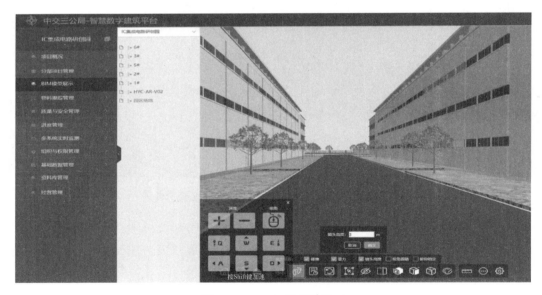

图 6.5-71　B/S 端漫游界面

本项目通过项目房建智慧建造平台的研发及应用，完成了 BIM、互联网、安全可视化管控等一系列数字化技术互通的应用，该平台的自定义场景用于对场景中所有元素进行层次化的管理，方便场景元素的查找和显示，三维图形处理引擎支持自定义的场景树，根据自定义的规则创建和维护场景树（图 6.5-72），例如，按照空间关系（建筑群、建筑、楼层等）将整个场景划分为不同的区域，或者按照系统关系（暖通、电气、给水排水等）对场景进行划分，只要自定义的规则遵循三维处理引擎的场景定义格式，就可以按照意愿

图 6.5-72 B/S 端可操作 BIM 模型获取相关数据界面

来组织 BIM 数据。在其强大的图形引擎系统应用过程中实现了智慧项目管理，数字建造施工指导，提高了项目管理水平，提高了项目的工作效率。

案例 3：青岛理工大学人才公寓项目基于 BIM 技术为基础，实现项目与之相关的影像、地形、矢量、人工设计模型、倾斜摄影模型、BIM 模型、CAD、激光点云等海量多源数据的高性能加载与显示。实现丰富的三维分析功能，突破单纯的三维查一查、看一看的不足，推动三维 GIS 升华为面向业务管理和辅助决策的深度应用（图 6.5-73）。

图 6.5-73 BIM＋GIS＋倾斜摄影电子沙盘

3. 应用价值

电子沙盘应用领域广泛，具有快速、简便、精确等特点，可以精确还原真实世界中的山川、道路、水路等项目周边环境信息，通过对地形地貌等地理地质景观的展现，使得项目管理人员快速获取工程结构物与周边环境的数据信息，在图纸设计、方案比选、临建选址、施工作业等阶段均可发挥较大作用，减轻周边环境对项目施工的影响，以此取得良好的经济效益及社会效益。

4. 适用范围

本技术适用于各类工程施工阶段的综合管控。

7　数字建造与生态发展展望

7.1　面对挑战

绝大多数企业信息化系统或平台建设都不是一步到位的，而是阶段性建设，由初级到中级，再由中级到高级，由下至上构建。信息化建设萌芽阶段的企业，因缺乏信息化建设意识与认知，多处于犹豫或观望阶段。基于这些限制，即使构建信息化系统也会根据业务的优先程度为主要考虑因素，能够带来收益的一线业务系统建设优先级别高，而不能短期快速带来价值的二线、三线业务优先级别较低。对于系统建设的要求，比起大而全、周期长的总体规划建设，更尊崇实用、易上、见效快的原则。

1. 已建系统之间难以互通

企业应用系统的构建不会采用一家包揽的形式，随着各行业业务的个性化与科技快速发展环境下的各应用系统功能逐渐走向趋同，很多应用厂商的产品涵盖越来越多的功能，例如：项目系统中包含专业的合同管理功能，计划系统中包含部分成本管理功能等，企业对应用系统的选择范围变得更广。不同应用系统所使用的互联网技术、开发环境、开发语言、技术标准、使用平台、工具等各不相同，由于不属于集成类产品，自然不会考虑统一数据标准或信息共享问题，产品也不会提供对外的集成接口，由此就会产生各个系统间的兼容性和集成性问题，随着系统增多，形成信息孤岛。

2. 数字建造标准不统一

对于数字建造自身而言，缺乏统一的标准化体系，各自为政形成信息孤岛的现象屡见不鲜。当前，标准化问题已成为制约我国数字城市建设的又一大瓶颈，因为缺乏统一的标准，形式各异的数据格式给社会化的数据共享、数据交换带来极大不便，例如：行业、部门标准不统一，有关信息数据标准不统一，有关信息技术标准尚未建立等。同时，国内相关软件存在低水平、重复开发的问题，总体效率低下，与国际接轨有较大差距。

3. 数字鸿沟与数字歧视

所谓"数字鸿沟"，是指国家或地区之间由于信息化技术发展程度不同，导致在信息的拥有量上存在"贫富不均"的情况。一方面，数字技术本身的日趋复杂化、专业化，通过对专业知识的调度而把各个时空段内的技术知识组合起来；这种技术知识的效果独立于利用它们的具体从业者和当事人。对个人而言，由于对具体技术体系知识全方位了解的缺乏，导致了个人在技术知识体系面前的手足无措、茫然无知，进而对技术知识体系唯唯诺诺与盲从，形成技术知识对个人日常经验的权威垄断。另一方面，在技术至上的建设过程中，需要投入巨大的人力、物力、财力，需要良好的经济基础与社会文化教育作保障。在现代社会中，由于经济、教育、年龄等社会原因处于社会分层边缘的人群，由于获取教育以及信息公共服务机会的严重不平等性，在新环境下形成"数字鸿沟"和"数字歧视"。

数字建造为建筑产业转型升级带来了历史性的机遇。但是就目前发展而言，数字建造的模式还需要持续不断地完善。

4. 缺少应用大数据技术的整体体系

建造大数据发展尚处于起步阶段，投资、设计、施工、监理、运营维保等各单元之间的数字鸿沟问题及产业"碎片化"与"系统性"的矛盾依然十分突出，缺乏一个集成平台。另外，由于项目各参与方利益冲突，资源还不能完全共享，很难达到各方的协调一致。

5. 数字化复合人才极为缺乏

缺乏大数据和专业化的复合型人才。数字建造与生态发展的关键是人才，行业缺乏同时掌握大数据技术和建造专业技术的高质量复合型人才。同时，高校在人才培养方面普遍存在缺乏大数据人才标准，人才培养方向不明，培养模式与产业战略缺乏协同等问题。

7.2　未来展望

7.2.1　基于 BIM 技术的数字孪生应用

通过使用 BIM 技术，能够模拟出实际的建筑细节，完成对整个施工工程量的计算。然后通过对招标工程量的对比，对其成本进行预算，而不会单纯的凭借自身的直觉和以往经验而决定价格，避免了不可预见的损失。借助数字孪生可以查看工地的各类详细信息，如在质量安全方面实现对深基坑、起重机械设备的可视化实时监测查看，对关键位置进行定点巡检等方式的巡检。

7.2.2　数字建造统筹规划

目前行业中企业信息孤岛现象严重，需要建立一套统一的标准，实现纵向贯通、横向联通，形成企业级薄弱环节数据分析。借助 5G 和物联网技术实现无人或少人化，现场施工设备实现远程控制，自动操控等，随着技术的突破和数字化技术的发展希望实现监测监控，实现现场真正的智能化。

1. 数字建造技术应用要突出重点，讲求实效。数字建造需要结合不同时期的特定和需求，突出重点，分步实施。同时，要根据各地区、各领域、各方向的现实状况和发展需求，具备条件的、特别急需的、重点保障的项目要优先安排。另外，数字建造要切合实际，以实际应用为导向，实现良性循环，避免因一味求大、求全、求新而造成资源浪费现象。

2. 数字建造技术应用机制上要实现政府引导，市场参与。政府应充分发挥在推进数字建造技术应用方面的引导作用，突出其在统筹管理、资源整合方面的优势，营造有利于信息利用和技术发展的政策环境。同时，政府还应充分发挥市场机制在信息化资源配置中的基础性与导向性作用，借助市场力量，优化资源，加快推进。通过政府和市场的优势互补，实现横跨整个政府的信息传播体系，为经济发展提供服务，提高信息价值，规避投资风险。

3. 数字城市建设应用要注重数据保障，实时更新。数据是数字建造的基础，也是实现数字建造的关键要素。为此，需要打破我国长期以来形成的条块分割式、纵向式、分散式的信息服务体系，逐步建立适用于现代高技术装备和应用需求的充分共享、横向联合的集中式新型信息服务体系，切实保障数字城市建设的数据要求。同时，建立信息沟通与交换渠道，形成有效的信息共享组织体系，保障数据的实时监测和实时上传。

4. 数字建造技术应用要强化技术评估，动态追踪。技术是数字建造发展的突破口，也是推动其不断向高级化演进的根本动力。目前我国许多地区数字化建设都选择引进国内外先进技术，这固然有好的一面。但是，不是所有的先进技术都适用于所有的地区和城市，在应用人员素质、应用需求等基础条件尚未具备之时，先进技术只能造成技术奢侈和浪费。因此，数字化建设需要进行强化评估，选择合适恰当的技术进行数字建设。同时，技术的动态追踪也应强化，避免"供不应求"的现象发生。

5. 数字产业化应"数字＋产业"同发展。一方面，建筑产业的主体仍然是建筑业企业，所以产业生态中包含建设方、设计方、施工方、供应商等建筑生态链企业；另一方面，建筑产业数字化转型需要科技公司的参与，所以还会有数字产业生态链，这些数字产业生态链中的企业将在产业大数据、产业应用等方面去丰富完善建筑产业互联网，为建筑产业提供数字化增值服务。

7.2.3 未来数字建造成熟度评价体系建设

数字建造成熟度评价应从业务场景的源头开展策划，逐步构建技术平台、业务系统和管理机制有机融合的安全管理体系，可以考虑包括数字化产品、数字化服务、数字化生态等类型的评价指标。

数字化产品：是否形成了不断迭代的数字化工具 BIM＋产品。数字化产品是在产品的全生命周期中对产品进行数字化的描述，其中包括产品全生命周期中各个阶段的数字化信息描述和各个阶段数字化信息之间相互关系的描述，以便进行产品的异地设计和制造，以及知识在产品全生命周期的传递，例如从设计、生产、维护到升级等。数字化产品转型定义是建立在企业数字化转换、数字化升级基础上，进一步触及企业核心业务，以新建一种商业模式为目标的高层次转型。

数字化服务：是否实现了数字化业务。通过数字化业务试点展开，把互联网、大数据、人工智能等先进技术与传统建造的服务深度融合，实现响应速度更快、更人性化、成本更低等，通过数字化业务带动其他业务发展。

数字化生态：核心是企业是否把产业相关方组织起来，包括产业上游、下游、合作伙伴等，建设自主可控、安全可靠的数字建筑平台，建立"平台＋生态"的发展模式，与产业各方共同挑起产业创新发展的重担。

未来，"云、大、物、移、智"将会给建筑业的建造模式带来巨大的发展契机，数字化将贯穿工程建造的设计、施工和运维的全生命周期，在运营模式上，"物物之间、人物之间、人人之间"能被数字化的都将会被数字化，能被连接都会被连接。

以前，数字化转型还是企业的选择题。现在，早已成为企业生存的必答题，因为高效的商业模式和低效的商业模式之间，不存在竞争，只会逐步取代。在基础设施建设上，商业模式的竞争也将逐渐显现，传统基建是物理基建，新基建是数字基建，数字基建与物理基建结合所形成的融合基建，是产业转型升级的必然趋势。

　　数字基建的发展需要形成数字化技术与基建技术的融合创新发展，不仅仅是形式上的融合，而是全面的渗透融合。该模式的创新不仅仅对现有技术的挑战，更是对生态模式的挑战，因此，在国内需要形成数字建造的生态体，以数字建造为基础，打造数字生态合作联盟体，推进数字建造的联合研发，实现数字建造的体系化创新，才能在数字建造领域形成更好更强的合力。

　　面对新一代数字化技术和"新基建"的发展机遇，以数字建造为基础，开展生态合作联合研发，我们需要与时间赛跑，与时代赛跑。

附：术 语 解 释

光纤光栅：一种通过一定方法使光纤纤芯的折射率发生轴向周期性调制而形成的衍射光栅，是一种无源滤波器件。

红外光谱：分子能选择性吸收某些波长的红外线，而引起分子中振动能级和转动能级的跃迁，检测红外线被吸收的情况可得到物质的红外吸收光谱，又称分子振动光谱或振转光谱。

网架：按一定规律布置的杆件通过节点连接而形成的平板型或微曲面形空间杆系结构，主要承受整体弯曲内力。

倾斜：包括基础倾斜和上部钢结构倾斜。基础倾斜指的是基础两端由于不均匀沉降而产生的差异沉降现象；上部结构倾斜指的是钢结构建筑的中心线或其墙、柱甘点相对于底部对应点产生的偏离现象。

基准点：为进行变形测量而布设的稳定的、长期保存的测量点。根据变形测量的类型，可分为沉降基准点和位移基准点。

监测点：布设在建筑场地、地基、基础、上部钢结构或周边环境的敏感位置上能反映其变形特征的测盘点。根据变形测量的类型，可分为沉降监测点和位移监测点。

立杆基础：对整个临时支撑结构起到承载作用的基础，又称支架基础。

立杆轴力监测：用测量仪器测定与立杆轴线相重合的轴力。

OpenRoads Designer：OpenRoads Designer 是一款功能完善、全面详细的道路设计 BIM 软件，适用于勘测、排水、地下设施和道路设计，取代以往通过 InRoads、GEOPAK、MX 和 PowerCivil 提供的所有功能。引入全新的综合建模环境，提供以施工驱动的工程设计，有助于加快路网项目交付，统一从概念到竣工的设计和施工过程。该应用程序提供完整且详细的设计功能，适用于勘测、排水、地下设施和道路设计。

Navigator：Bentley 旗下的 Navigator 是一款动态协同工作软件，支持查看、分析和补充项目等功能，为工程师、建筑师、规划师、承包商、制造商、IT 管理员、运营商以及维护工程师的需求提供完美的使用解决方案，满足他们各方面的使用需求，帮助各行业工程师们快速且有效率的完成各个项目工程。

API：又称之为应用程序编程接口，就是软件系统不同组成部分衔接的约定。API 之主要目的是提供应用程序与开发人员以访问一组例程的能力，而又无需访问源码，或理解内部工作机制的细节。

ODBC：一般指开放数据库连接，是为解决异构数据库间的数据共享而产生的。ODBC 为异构数据库访问提供统一接口，允许应用程序以 SQL 为数据存取标准，存取不同 DBMS 管理的数据；使应用程序直接操纵 DB 中的数据，免除随 DB 的改变而改变。用 ODBC 可以访问各类计算机上的 DB 文件，甚至访问如 Excel 表和 ASCI I 数据文件这类非数据库对象。

Revit：Revit 是 Autodesk 公司一套系列软件的名称，是我国建筑业 BIM 体系中使用最广泛的软件之一。Revit 系列软件是专为建筑信息模型（BIM）构建的，可帮助建筑设计师设计、建造和维护质量更好、能效更高的建筑。AutodeskRevit 作为一种应用程序提供，它结合了 AutodeskRevit Architecture、AutodeskRevit MEP 和 AutodeskRevit Structure 软件的功能。

Microstation：MicroStation 是国际上和 AutoCAD 齐名的二维和三维 CAD 设计软件，第一个版本由 Bentley 兄弟在 1986 年开发完成。其专用格式是 DGN，并兼容 AutoCAD 的 DWG/DXF 等格式。MicroStation 是 Bentley 工程软件系统有限公司在建筑、土木工程、交通运输、加工工厂、离散制造业、政府部门、公用事业和电讯网络等领域解决方案的基础平台。

GIS：GIS 一般指地理信息系统，它是一种特定的十分重要的空间信息系统。它是在计算机硬、软件系统支持下，对整个或部分地球表层（包括大气层）空间中的有关地理分布数据进行采集、储存、管理、运算、分析、显示和描述的技术系统。

B/S 架构：B/S 架构（Browser/Server，浏览器/服务器模式），是 WEB 兴起后的一种网络结构模式，WEB 浏览器是客户端最主要的应用软件。这种模式统一了客户端，将系统功能实现的核心部分集中到服务器上，简化了系统的开发、维护和使用。客户机上只要安装一个浏览器，如 Chrome、Safari、Microsoft Edge、Netscape Navigator 或 Internet Explorer，服务器安装 SQL Server、Oracle、MYSQL 等数据库。浏览器通过 Web Server 同数据库进行数据交互。